生物多样性与环境变化丛书

甲烷与气候变化
Methane and Climate Change

［英］Dave Reay　Pete Smith　主编
［荷］André van Amstel

赵　斌　彭容豪　等译

高等教育出版社·北京

内容提要

甲烷是大气中的重要痕量气体，由于其对于减缓气候变化有重要的潜力，因此成为本世纪继二氧化碳之后最为关注的温室气体。

本书采用如下结构进行组织。首先，有关甲烷研究的重要意义在本书的第 1 章进行了概述。考虑到地球上甲烷的主要来源都有微生物活动这一共同基础，于是本书第 2 章综述了目前对绝大部分大气甲烷释放过程的理解，包括微生物的产烷过程，以及不同微生物群落之间的相互作用。接着，分章介绍了湿地、地质过程、白蚁和植被等自然过程，以及生物质燃烧、水稻种植、反刍动物养殖、垃圾填埋和废物处理、化石能源开采等人为过程。之后，针对甲烷减排综述了业已证明有效并可能很快得到应用的 27 种策略，其中许多措施净成本很少甚至为零。最后得出结论，显著降低全球甲烷释放不仅在技术上可行，而且在许多情况下还是经济有效的减缓气候变化的策略。

本书适合于生态学、环境科学、自然保护和资源管理等学科的高年级本科生和研究生阅读，也可成为探讨气候变化的原因与生物效应相关课程的教学用书或参考书。

《生物多样性与环境变化丛书》总序

生物多样性是人类赖以生存、繁衍和发展的物质基础和自然资本,是人类自身几乎无法创造或生产的自然产品,无疑也是维持社会经济可持续发展、维护国家安全和社会稳定的战略性资源,具有巨大的经济和社会价值。生物多样性不仅为人类提供了生存的必需品(如食物、工业原料、药物等),而且还提供了无法替代的生态服务,其每年创造的生态服务价值接近人类社会创造的 GNP 的两倍。所以,具有自然生物多样性水平的健康生态系统是人类福祉的基础。

然而,人口的快速增长、工业化和城市化进程的加快以及农业的强化等导致的土地利用方式的改变、资源的不合理利用、外来物种入侵、气候变化、环境污染等主要环境变化过程,正在以前所未有的速度影响着生物多样性及其所栖息的生境。《千年生态系统评估》指出,当前物种灭绝的速度是化石记录速度的 1 000 倍,并预测未来物种灭绝速度将是当前的 10 倍多;全球温度上升 1 ℃,意味着 10% 的物种将面临灭绝的风险。

我国是世界上生物多样性最丰富的国家之一,物种丰富、特有种众多、遗传资源丰富,被誉为生物多样性大国。然而,我国同世界其他国家一样,生物多样性丧失问题日益严峻。根据中国履行《生物多样性公约》第四次国家报告,我国 90% 的草原存在不同程度的退化、沙化、盐渍化、石漠化;全国 40% 的重要湿地面临退化的威胁,特别是沿海滩涂和红树林正遭受严重的破坏;物种资源和遗传资源丧失问题突出,等等。

我国是世界上人口最多的国家,对生物多样性资源的依赖程度也是最高的,正因为此,我国也是对生物多样性造成威胁最严重的国家之一。针对生物多样性丧失的严峻态势,中国政府致力于从源头上消除造成生物多样性丧失的因素。随着中国政府加大生态保护和生物多样性保护的力度,生态恶化的趋势将可能得到局部的遏制,部分受损生态系统的结构与功能将得到一定程度的恢复;一些国家重点保护的动、植物物种和部分野生动、植物种群数量保持稳定或有所上升;生物栖息地质量逐渐得以改善。然而,总体来看,中国的生物多样性仍将面临严重的威胁,特别是随着中国人口的进一步增加、经济的持续增长以及环境变化的进一步加剧,生物多样性及其栖息地仍将面临巨大的压力,因此,亟待开展环境变化背景下生物多样性的保护与研究工作,从根本上扭转生物多样性丧失和退化的不利局面。值得注意的是,就目前的研究现状来看,对环境变化背景下我国生物多样性的动态、保护和可持续利用的研究与生物多样性所面临的威胁远不相称。所以,在我国加强环境变化下生物多样性的教育和基础与应用转化研究,不仅有助于有效保护生物多样性以及合理和可持续利用生物多样性资源,而且也有助于提升我国在生物多样性和环境变化科学研究中的整体水平和实力。

编辑和出版《生物多样性与环境变化丛书》,其目的是介绍生物多样性和环境变化科学的理论体系、研究方法和最新研究成就,向社会传播相关的科学知识。为此,本丛书将包括相关的中外优秀教学参考书(中文版)、研究性专著(中文或英文版)、科普性质的著作等。希望本丛书一方面能满足这两大领域发展所需专业人才培养以及知识普及的需要,另一方面能为我国生物多样性和环境变化科学的研究起到推动作用。

总之,人类活动所导致的生物多样性的丧失和环境变化已影响到人类自身的生存和社会的可持续发展。当下,我们需要自觉、理性地调整我们的价值观和行为,以使人与自然能和谐共存、协调发展。这样,我们才能做到为子孙后代留下地球,而不是向他们借用地球,从而能让他们继承地球——我们拥有的唯一星球。

希望本丛书所传播的知识能为遏制生物多样性的丧失和环境变化起到积极作用,这也正是我们编辑和出版这套丛书的努力所在。

2012 年立夏于复旦大学

译 者 序

自20世纪70年代以来，以气候变化为中心的全球变化问题业已成为生态学和地学工作者的研究重点。尽管对气候变化的机理还存在诸多分歧，但以碳为基础的温室气体对全球气候变化的重要影响已达成共识。因此，研究碳循环也就成了全球气候变化研究的重要议题。大气温室气体的三大元凶中，同属碳的化合物占两种，即氧化态的二氧化碳和还原态的甲烷。其中，二氧化碳由于在大气中的含量高而最先得到关注。根据不同的报道，甲烷分子的增温势是二氧化碳的15~30倍，也是近年来大气温室气体浓度增幅最大的一种，而同时甲烷还能与大气污染物（如氟利昂等）发生反应，产生其他温室气体，因而当之无愧地成为继二氧化碳之后最值得关注的温室气体。另外，地球甲烷源自身也可能受到气候变化的影响。特别值得注意的是，相比于二氧化碳，许多甲烷点源减排有可能更容易解决，这对于21世纪减缓气候变化的行动可能有立竿见影的作用。

《甲烷与气候变化》(Methane and Climate Change)这本书是我们所翻译的第三部气候变化相关书籍，前两本是《变化中的生态系统——全球变暖的影响》(Changing Ecosystems—Effects of Global Warming)和《气候变化生物学》(Climate Change Biology)，分别于2012年和2014年由高等教育出版社出版。《甲烷与气候变化》这本及时而权威的著作，为我们目前对地球甲烷源的理解提供了全面而客观的概述，并详细探讨了如何进行有效控制来应对未来的气候变化。这样，在我们的"全球变化生物学"课程中就又多了一本参考书，可加深读者对全球变化问题的理解，特别适合对全球变化有浓厚兴趣的学习者针对甲烷这个特定的温室气体进行更专业的探讨，更加深入地理解气候变化相关问题的复杂性。

虽然本书的翻译工作几乎是与《气候变化生物学》同时进行的，但由于本书是由众多作者共同写作的，行文风格本身存在一定的差异，有些句子写得也非常晦涩难懂，在翻译和校对过程中碰到了诸多麻烦，由此耽搁了不少时日。现在总算完成了整个翻译工作，也终于能在高等教育出版社编辑的帮助下如期出版了，这让我们在经历痛苦的翻译和校对之后总算有了一丝淡淡的欣慰。

同样，这本书的翻译工作是集体智慧的结晶，参与翻译工作的人员如下（括号中的数字是翻译的章号）：沙晨燕、王卿(4,5,7,10~13)、张墨谦(1,8)、王伟(1~3,14)、张婷婷(14)、李红(9)、阳祖涛(6)。在此，非常感谢他们的辛勤劳动和通力合作。本书的出版，得到了国家自然科学基金项目(31170450)的资助。这本书能够如期出版，也与高等教育出版社的李冰祥编审、柳丽丽编辑所付出的时间和劳动分不开，一并致谢！

赵斌、彭容豪

2015年5月6日于复旦大学江湾校区

献给格莱恩(Glyn)与艾伦(Allan)

目　　录

第 1 章　甲烷来源及全球甲烷收支（Dave Reay, Pete Smith and André van Amstel） ……… 1
　　1.1　引言 …………………………………………………………………………………… 1
　　1.2　全球甲烷收支 ………………………………………………………………………… 3
　　　　1.2.1　自然源 ………………………………………………………………………… 5
　　　　1.2.2　人为源 ………………………………………………………………………… 7
　　1.3　结论 …………………………………………………………………………………… 9
　　致谢 ………………………………………………………………………………………… 9
　　参考文献 …………………………………………………………………………………… 9

第 2 章　产烷微生物学（Alfons J. M. Stams and Caroline M. Plugge） …………………… 11
　　2.1　引言 …………………………………………………………………………………… 11
　　2.2　产烷古生菌 …………………………………………………………………………… 12
　　　　2.2.1　糖的发酵 ……………………………………………………………………… 14
　　　　2.2.2　氨基酸矿化 …………………………………………………………………… 15
　　　　2.2.3　核酸矿化 ……………………………………………………………………… 16
　　　　2.2.4　脂肪矿化 ……………………………………………………………………… 16
　　　　2.2.5　丙酸盐和丁酸盐的互养降解 ………………………………………………… 16
　　2.3　结论 …………………………………………………………………………………… 18
　　致谢 ………………………………………………………………………………………… 19
　　参考文献 …………………………………………………………………………………… 19

第 3 章　湿地（Torben R. Christensen） ……………………………………………………… 22
　　3.1　前言暨一叶科学史 …………………………………………………………………… 22
　　3.2　过程 …………………………………………………………………………………… 23
　　3.3　湿地释放估算 ………………………………………………………………………… 25
　　3.4　季节动态和小尺度释放 ……………………………………………………………… 26
　　3.5　不断变化的释放 ……………………………………………………………………… 27
　　3.6　结论 …………………………………………………………………………………… 28
　　参考文献 …………………………………………………………………………………… 29

第4章 地质甲烷（Giuseppe Etiope） ... 35
4.1 引言 ... 35
4.2 地质来源的一般分类 ... 36
4.2.1 沉积渗漏 ... 36
4.2.2 地热及火山释放 ... 40
4.2.3 一些问题及澄清 ... 41
4.3 通量及释放因子 ... 42
4.3.1 微渗漏 ... 42
4.3.2 陆上宏渗漏 ... 42
4.3.3 海底通量 ... 43
4.3.4 地热及火山通量 ... 43
4.4 全球释放估计 ... 43
4.4.1 不确定性 ... 46
4.5 结论 ... 46
参考文献 ... 47

第5章 白蚁（David E. Bignell） ... 52
5.1 前言 ... 52
5.2 甲烷产生的生物化学与微生物学 ... 52
5.3 白蚁的净甲烷排放 ... 53
5.4 尺度上推计算和全球甲烷收支 ... 56
5.5 结论 ... 57
参考文献 ... 58

第6章 植被（Andy McLeod and Frank Keppler） ... 63
6.1 序言 ... 63
6.2 实验室研究 ... 64
6.3 全球植被释放及其不确定性 ... 68
6.3.1 地球观测与冠层通量测量 ... 70
6.3.2 野外研究：气体交换箱 ... 72
6.4 植物"介导"的 CH_4 释放 ... 73
6.5 使用稳定同位素技术验证植被驱动的甲烷 ... 74
6.6 环境胁迫因子与植物叶片甲烷形成 ... 75
6.7 纵览与全球性意义 ... 75
参考文献 ... 76

第7章 生物质燃烧（Joel S. Levine） ... 82

- 7.1 前言 ... 82
- 7.2 生物质燃烧的全球影响 ... 83
- 7.3 生物质燃烧的地理分布 ... 84
  - 7.3.1 寒带森林的生物质燃烧 ... 85
  - 7.3.2 计算燃烧所产生气体和颗粒物的量 ... 87
  - 7.3.3 生物质燃烧的案例研究——1997年东南亚的野火 ... 88
- 7.4 全球估计与结论 ... 91
- 参考文献 ... 92

第8章 水稻种植（Franz Conen, Keith A. Smith and Kazuyuki Yagi） ... 96

- 8.1 前言 ... 96
  - 8.1.1 水稻生产 ... 97
- 8.2 甲烷生成的生物地球化学研究 ... 98
  - 8.2.1 甲烷氧化 ... 100
- 8.3 水稻耕种方式的影响 ... 100
  - 8.3.1 有机物和营养元素的作用 ... 101
  - 8.3.2 植物生理学与水稻品种差异的影响 ... 102
  - 8.3.3 用水管理的影响 ... 103
- 8.4 国家与全球尺度甲烷释放评估 ... 106
- 8.5 结论与展望 ... 107
- 参考文献 ... 108

第9章 反刍动物（Francis M.Kelliher and Harry Clark） ... 115

- 9.1 引言 ... 115
- 9.2 肠道甲烷排放量的确定 ... 116
- 9.3 采食量与肠道甲烷排放量 ... 118
- 9.4 减少肠道甲烷排放量的减缓措施 ... 121
  - 9.4.1 短期机会 ... 121
  - 9.4.2 中期机会 ... 122
  - 9.4.3 长期机会 ... 123
- 致谢 ... 123
- 参考文献 ... 123

第10章 废水与粪肥（Miriam H. A. van Eekert, Hendrik Jan van Dooren, Marjo Lexmond and Grietje Zeeman） ... 127

- 10.1 前言 ... 127

10.2 技术 ··· 129
　　10.2.1 厌氧反应器系统 ·· 129
　　10.2.2 厌氧系统中影响甲烷产量的因素 ··· 130
10.3 来源于粪肥的甲烷排放 ··· 132
10.4 来源于废水的甲烷排放 ··· 133
　　10.4.1 生活污水 ·· 134
　　10.4.2 工业废水 ·· 136
　　10.4.3 污泥处理 ·· 137
　　10.4.4 甲烷燃烧和燃排 ·· 139
10.5 结论与建议 ··· 139
　　10.5.1 动物粪便 ·· 139
　　10.5.2 废水 ·· 140
参考文献 ·· 141

第 11 章　垃圾填埋（Jean E. Bogner and Kurt Spokas） ······························ 146

11.1 前言与背景 ··· 146
11.2 垃圾填埋甲烷排放量的野外测量与甲烷氧化的实验室/野外测量 ······· 148
11.3 垃圾填埋中甲烷产生、氧化和排放的现有和改进中的工具与模型 ····· 155
11.4 结论、趋势和更广泛的认识 ··· 158
参考文献 ·· 159

第 12 章　化石能源与乏风瓦斯（Richard Mattus and Åke Källstrand） ······· 167

12.1 前言 ··· 167
　　12.1.1 天然气损失 ·· 167
　　12.1.2 石油相关的甲烷排放 ·· 168
12.2 煤层甲烷 ··· 168
12.3 在减缓气候变化中的潜在作用 ··· 169
　　12.3.1 乏风瓦斯 ·· 169
　　12.3.2 减缓 VAM 排放 ·· 170
　　12.3.3 VAM 处理的成功典范 ·· 170
　　12.3.4 VAM 处理的潜力 ·· 172
12.4 减缓气候变化的 VAM 技术机遇 ··· 173
12.5 结论 ··· 173
参考文献 ·· 173

第 13 章　甲烷控制的途径（André van Amstel） ··· 175

13.1 前言 ··· 175
13.2 哪些是甲烷减排的可行之道，其成本又如何？ ··································· 175

13.3	确定减排措施特征和成本	177
13.4	甲烷的技术减排潜力	179
	13.4.1　从煤炭开采方面减少甲烷排放	181
	13.4.2　从牲畜的肠道发酵方面减少甲烷排放	182
	13.4.3　动物粪便中的甲烷	184
	13.4.4　从废水和污水处理方面减排甲烷	185
	13.4.5　垃圾填埋场中的甲烷	186
	13.4.6　水稻种植中的甲烷	187
	13.4.7　生物质燃烧中的痕量气体	187
13.5	甲烷排放成本控制	188
	13.5.1　情景	188
	13.5.2　有关减排措施成本的一些假设	190
13.6	结果	194
	13.6.1　六种减排策略的成本估算	194
13.7	结论	196
	参考文献	197

第 14 章　总结（André van Amstel, Dave Reay and Pete Smith） 200

14.1	甲烷与气候变化	200
	14.1.1　气候控制	200
	14.1.2　《联合国气候变化框架公约》	200
	14.1.3　《京都议定书》	201
	14.1.4　国家温室气体排放清单	201
	14.1.5　甲烷清单	202
14.2	甲烷与气候变化的未来	202
14.3	结论	203
	参考文献	203

作者列表 204

缩略语对照表 206

索引 209

第1章

甲烷来源及全球甲烷收支

Dave Reay, Pete Smith and André van Amstel

1.1 引 言

18世纪晚期,当意大利物理学家伏特(Alessandro Volta)首次确认从水淹沼泽里冒出的气泡中所含可燃气体为甲烷(CH_4)[①]时,他根本不可能料想到,在随后的几个世纪中这种气体将被证实对人类社会有多么重要。今天,作为工业和民用燃料来源的CH_4在全世界被广泛采用。CH_4的开采已经带动了经济的持续发展,且长期被视为可提供替代煤炭和石油的低碳能源。作为一种能源,CH_4仍然具有很高的吸引力并受到推崇;实际上,英国履行《京都议定书》中相关承诺,即发电厂以燃气代替燃煤来减少温室气体释放时,作为能源(以天然气的形式)的CH_4起着主要作用。然而,由于其自身特性,CH_4现在越来越多地被认为是一种首要的温室气体。

在伏特收集沼气(biogas)气泡时,大气中的CH_4浓度在750 ppb[②]左右,约1个世纪后,John Tyndall论证了CH_4作为温室气体具有强烈吸收红外线的特性。与另两种主要温室气体二氧化碳(CO_2)和氧化亚氮(N_2O)一样,CH_4在大气中的浓度从前工业化时期开始迅速增加。冰芯记录以及更为近期的大气采样显示,从工业化时代开始,CH_4浓度持续增长,至目前为止已达1 750 ppb(图1.1),是原浓度的两倍多。该浓度远远超过前65万年内任何时期大气中的CH_4最大浓度,据估计,与1750年的水平相比,这将导致每平方米辐射能增加约0.5瓦特。

尽管CH_4浓度远低于CO_2(当今为386 ppm[③]),但它在吸收和再辐射红外线方面更为活跃。实际上,在百年尺度上单分子CH_4的全球增温势(GWP)是CO_2的25倍(见框1.1)。

---

① 文中甲烷与CH_4这两个词是混用的,没有任何区别,只是使用习惯的问题。其他类似二氧化碳与CO_2、氧化亚氮与N_2O也一样。——译者注

② ppb是part per billion的缩写,1 ppb=10^{-9}。——译者注

③ ppm是part per million的缩写,1 ppm=10^{-6}。——译者注

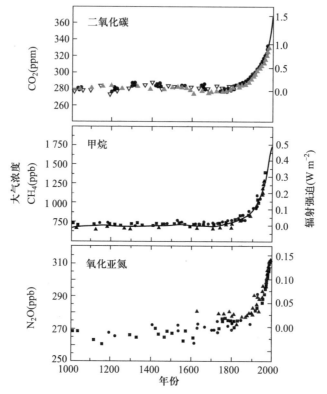

图 1.1 最近 1 000 年大气中的二氧化碳、甲烷和氧化亚氮浓度
来源：经 IPCC 允许重绘。

框 1.1　全球增温势

全球增温势（GWP）比较的是不同温室气体相对于 CO_2 的直接增温能力。GWP 由气体吸收红外辐射的能力、在大气中的存留时间以及对地球气候的作用时长（时程）三方面综合而成。对 CH_4 来说，还应考虑其间接作用，即因其破坏大气层造成的对流层臭氧与平流层水蒸气的增强，以及 CO_2 的产生。由于 CH_4 在大气中对气候有作用的存留时间仅为 12 年，这样在 20 年时程上其 GWP 为 72，在 100 年时程上为 25，在 500 年时程上为 7.6。

框 1.1 中 CH_4 的 GWP 数字来自政府间气候变化专门委员会（Intergovernmental Panel on Climate Change，IPCC）第四次评估报告（IPCC，2007）。不过，由于对 CH_4 在大气中的存留期及其间接作用的认识是逐渐提高的，对 GWP 的估算值在不同的文献中有所出入。例如，IPCC 第二次评估报告中关于 CH_4 在 100 年时程上的 GWP 数字为 21（IPCC，1995），比目前所用值略低，但该值已被广泛应用并成为大多数国家温室气体预算报告和交易的基础。本书中如果没有特别说明，我们默认 CH_4 在 100 年时程上的 GWP 数字是 21，即采用 IPCC 第二次评估报告中提供的数值（框 1.2）。

> **框 1.2 二氧化碳当量**
>
> 当评估 CH_4 通量的相对重要性和减缓策略时,常常采用二氧化碳当量(CO_2-eq)的概念,将 CH_4 通量转换为 CO_2 直接进行比较。这只需要简单地将 CH_4 通量乘以其 GWP 便可换算为 CO_2 的当量。一般采用 100 年时程上的 GWP 值(例如 21 或者 25),因此 CH_4 每减少 1 t,就意味着减少 21 t 或者 25 t 的 CO_2。但是,在考虑短时程时,GWP 的增加就相当大了,在 20 年时程上,CH_4 每减少 1 t 就相当于减少了 72 t 的 CO_2。100 年时程已成为国家温室气体释放预算和交易的基准。

在 20 世纪 90 年代和 21 世纪的最初数年中,大气 CH_4 浓度的增长速率很慢,几乎接近于零,但在 2007 年和 2008 年浓度再次增长。近些年的研究将此新增长归因于 2007 年的北极高温和 2008 年的热带地区降水增多,导致了更强的 CH_4 释放(Dlugokencky et al, 2009)。前者的响应反映了对气候变化的一项潜在巨大正反馈,高纬地区在 21 世纪的高温正促进 CH_4 从湿地、永冻土和 CH_4 水合物中释放。本书将讲述该正反馈与促使 CH_4 释放到大气的诸多其他自然和人为决定因素。

尽管 CO_2 的释放及其减缓问题依然主导着大部分气候变化研究和政策,但是近年来的研究达成了越来越多的共识,即通过降低 CH_4 的释放来减缓气候变化也许是一种更为有效和经济的方式。此外,目前预测 21 世纪温室气体浓度和产生的气候驱动作用时,需要加深对 CH_4 的自然源是如何响应气候变化的理解。因此,我们的目的是对现有的全球 CH_4 主要来源的科学理解提供整合,同时尽可能地考虑这些释放对预期气候变化的响应。随后我们聚焦于现有计划内的降低 CH_4 释放策略范畴,并考察在未来数十年间这些策略在何等程度上可被采纳为国家内乃至国际上处理由人类活动引起气候变化的努力之一部分。

1.2 全球甲烷收支

在全球甲烷收支中,CH_4 的来源范围非常广泛(见表 1.1 及第 4 章的图 4.5),由数量相当少的汇来平衡,两者间的任何不平衡都会导致大气中 CH_4 浓度的变化。对释放到大气中的 CH_4 有三个主要的汇,其中对流层内的羟基(OH)自由基对 CH_4 的破坏起主导作用。这个过程还会产生过氧自由基,也就是该过程随后促使了臭氧的形成,进而引发大气中的 CH_4 更为间接地气候驱动效应。此外,包含 OH 自由基的这种反应降低了大气的总体氧化能力(这延长了大气中其他 CH_4 分子的存留时间),并生成了 CO_2 和水蒸气。每年按照这种方式消耗的大气 CH_4 量估计为 429~507 Tg($1\ Tg = 10^6\ t$)。

其他汇就小很多,通过与平流层的 OH 自由基每年可消耗约 40 Tg CH_4,以土壤中使用 CH_4 为碳源和能源的 CH_4 氧化菌每年可消耗约 30 Tg CH_4。通过与空气和表层海水中的氯进行化学氧化也消耗了相对较少部分的 CH_4。尽管本书中某些章节在提及全球 CH_4 的汇时(特别是土壤 CH_4 汇),依据的是其对净 CH_4 释放的影响,但本书重点关注的是 CH_4 的释放源及其决定因素和减缓方法。有关 CH_4 的重要汇及其在全球尺度上的作用,可参见 Cicerone 和 Oremland(1988)、Crutzen(1991)和 Reay 等(2007)的研究。

表 1.1 全球 CH_4 源和汇的估算

自然源	CH_4 通量(Tg CH_4 yr^{-1})[a]	范围[b]
湿地	174	100~231
白蚁	22	20~29
海洋	10	4~15
水合物	5	4~5
地质过程	9	4~14
野生动物	15	15
森林火灾	3	2~5
总计(自然)	238	149~319
人为源		
煤矿开采	36	30~46
天然气、石油、工业	61	52~68
垃圾填埋和废弃物	54	35~69
反刍动物	84	76~92
水稻农业	54	31~83
生物质燃烧	47	14~88
总计(人为)	336	238~446
总计(全部来源)(AR4)[c]	574 (582)	387~765
汇		
土壤	~30	26~34
对流层 OH	~467	428~507
平流层损失	~39	30~45
总汇(AR4)	~536 (581)	484~586
不平衡(AR4)	38 (1)	-199~281

注:a 表示根据 Denman 等(2007,表 7.6)提供的平均值经四舍五入后得到的整数。他们引用了 8 个独立的研究,研究时间跨度为 1983—2001 年。b 根据 Denman 等(2007,表 7.6)提供的值。由于来源重叠,没有包括 Chen 和 Prinn(2006)关于人为源的值。c 括号内的值表示 IPCC 第四次评估报告(AR4)提供的 2000—2004 年的"最佳估计"。

来源:Denman et al(2007)。

在全球尺度上许多主要的 CH_4 来源(包括自然的和人为的),都有同一基础,即微生物活动引起的 CH_4 生成。尽管从本质上来说,大部分源自生物质的燃烧、植被、地质过程或化石燃料的 CH_4 并不是由微生物活动引起的,但是了解微生物介导的 CH_4 通量基本过程对量化 CH_4 释放,以及潜在地减少其他主要 CH_4 源释放而言,都是中心环节。在第 2 章"产烷微生物学"中,Alfons Stams 和 Caroline Plugge 综述了我们目前对导致绝大部分释放入大气 CH_4 的过程的理解:包括微生物产甲烷过程,以及不同微生物群落间的相互作用。

1.2.1 自然源

释放 CH_4 的主要自然源包括湿地、白蚁以及海滨和近海的地质源。近来,活植物体也被认为是一种重要的天然 CH_4 源。在向大气释放 CH_4 的全球重要来源中,人为源已经超过了天然源。两者每年释放的 CH_4 总量约为 582 Tg,其中,自然源的释放量约为 200 Tg(Denman et al, 2007)。考虑到全球 CH_4 的汇约为每年 581 Tg,因此,现在大气中 CH_4 的浓度应该每年只增加 1 Tg。然而,即使持续地采取各种措施降低 CH_4 人为释放,同时阻止大气中 CH_4 浓度增长的趋势,未来由于气候变化引起的 CH_4 自然释放仍会有所增强,这有可能抵消部分甚至全部的减排努力。

湿地

据估算,湿地(不含稻田)CH_4 的年释放量总计有 100~231 Tg(Denman et al, 2007),大约相当于全球 CH_4 释放量的四分之一。这些估值有较大的变幅,反映出湿地生态系统净 CH_4 通量的根本决定因素存在不确定性,由于全球变暖效应的加强,这种不确定性会变得更加复杂。我们知道,影响湿地 CH_4 释放的三个决定因素是温度(Christensen et al, 2003)、水位(MacDonald et al, 1998)和底物可利用性(Christensen et al, 2003),但是关于 CH_4 释放对这三个因素变化的敏感性,我们依然知之甚少。在这三个因素中,通常温度被认为是主导因素。例如,在一些北方湿地站点,CH_4 释放对升温存在很强的正响应,土壤温度变化可以解释 CH_4 释放观测值方差的 84%(Christensen et al, 2003)。因此,21 世纪气候变化对 CH_4 释放的影响可能是真实存在的。预计 CO_2 浓度加倍(增温 3.4 ℃)可导致湿地 CH_4 释放量增加 78%(Shindell et al, 2004)。据 Gedney 等(2004)估计,到 2100 年这种气候反馈机制将使人为辐射总强度增大 3.5%~5%。因此,湿地对目前和未来全球 CH_4 收支具有重要意义。

如果我们期望成功减缓并适应 21 世纪的气候变化,那么加深我们对这种反馈机制的了解是至关重要的。在第 3 章"湿地"中,Torben Christensen 综述了湿地 CH_4 通量、估算 CH_4 释放量和对其响应气候变化进行预测的科学基础。他认为新一代的生态系统模型将在进行气候预测时包含这种反馈,但是在我们的理解中依然存在着重大缺陷,我们尚不清楚热带湿地的 CH_4 释放如何响应降水变化,以及高纬湿地的 CH_4 释放如何响应温度变化。

地质甲烷

所谓"地质源"的 CH_4 自然释放通常指甲烷水合物(也称甲烷笼合物),这是在海洋沉积物中发现的由 CH_4 和水组成的类冰混合物,通常认为这一地质源每年向大气中释放 CH_4 达 4~5 Tg。近年来,CH_4 水合物及其在气候变暖条件下可能导致的释放已引起较多关注(例如 Westbrook et al, 2009)。不过,在第 4 章"地质甲烷"中,Giuseppe Etiope 认为对水合物释放 CH_4 的估计依然是高度推测性的,整个地质源 CH_4 的释放量比一般所报道的要大得多,且来源更为多样。他强调,渗漏点、泥火山以及地热/火山地区每年会释放大量的 CH_4,其累积释放量可达每年 40~60 Tg,这一释放量与最大的人为源等同,而作为一种天然源,其释放量仅次于湿地。Etiope 综述了滨海和近岸渗漏点 CH_4 显著流失的证据,区分了煤和石油沉积过程中的 CH_4 释放与人为开采化石燃料过程中的"天然"CH_4释放的差异,同时评价了地质CH_4是如何界定的。通常将其归类为"化石CH_4",即超过了5万年且因此不含放射性碳。最后,他评估了这些地质CH_4源的决定因素以及它们对地震活动、地质构造和岩浆作用的相关性,认为大气中温室气体的收支绝非独立于地球的地质过程之外。

白蚁

尽管有些种类的白蚁几乎一点也不产生CH_4,而那些产生CH_4的白蚁,每天每只的释放量也几乎不超过半微克。但是全球的白蚁数量甚多,因此白蚁对全球CH_4释放的贡献估计非常大(多达每年310 Tg)。在第5章"白蚁"中,David Bignell考察了由于理解和测量方法的改善,白蚁释放CH_4估算值减少的趋势及证据基础。他阐述了不同白蚁生成CH_4速度的差异及其原因,评价了这些测定中所使用的方法,强调了土壤介导的CH_4氧化过程对决定白蚁群落释放的净CH_4通量具有重要意义。Bignell还围绕CH_4通量的尺度上推以及土地利用方式改变(无论这是对人类活动抑或气候的响应),在决定白蚁CH_4释放中的重要性等问题展开了讨论。在结论中他认为,作为一种全球CH_4源,白蚁的重要性以前很可能被夸大了,在更精确的估计中其CH_4年释放量低于10 Tg,他还认为白蚁CH_4源是全球CH_4收支中相对较小的一部分。

对白蚁释放CH_4估计值的大幅度降低表明其他CH_4源的重要性实际上比以前所预计的要大得多。就像我们在研究地质CH_4源时,许多"失踪的"源都可以通过滨海和近海的CH_4渗漏点来解释。不过,2006年发现的一个新的CH_4源或许也有助于弥补全球CH_4收支的缺失,那就是我们即将谈到的植被。

植被

正如第2章对这方面所进行的详尽描述,每年以非化石燃料形式进入大气中的CH_4,大多受微生物活动的调控。例如,在湿地土壤中,CH_4生成的过程包括了在厌氧条件下微生物对有机碳的矿化,这种厌氧状况普遍存在于水饱和的土壤中。在厌氧条件下,有机碳(通常是简单的碳化合物,如乙酸盐或者二氧化碳)可作为一种替代性的末端电子受体,同时也为产甲烷菌提供了一种能源。在热带强降水期间与其后,以及在淹水的土壤中,CH_4释放会增加,这种微生物生成CH_4的大气信号可以被卫星清楚地检测到。这种关系存在一定异常,在地球的许多地方尤其是亚马孙流域已经观察到这种异常,考虑到该处土壤条件,大气中CH_4的浓度看起来比预计值高很多。Frank Keppler和他的研究组首先指出,这种反常现象可能是由于在有氧条件下、地表植被自身产生CH_4,因此增加了大气中CH_4的总浓度。他们提供了一个初步的估算,认为这种源的强度占全球年CH_4释放的10%~40%。在第6章"植被"中,Andy McLeod和Frank Keppler综述了这种全新CH_4源的证据以及关于这一机制不断发展的假说。他们特别强调紫外线和活性氧在决定植物CH_4释放过程中的潜在作用。包括他们自己的研究在内,在全球范围内有关这种CH_4源的估算研究极为有限,他们对这些研究进行了评估后认为,即使这些估算中存在很大的不确定性,但种植新森林并增强CO_2吸收所产生的气候强迫(climate-forcing)净效益,远远超过这些树木释放CH_4带来的负效应。

1.2.2 人为源

生物质燃烧

每年生物质燃烧可产生 14~88 Tg 的 CH_4。生物质燃烧产生的 CH_4 释放是由于不完全焚烧引起的,它的来源广泛,包括林地、泥炭地、稀树草原和农业废物。由于燃料具有高含水量和低氧供应的特点,泥煤和农业废物的燃烧会带来相当高的 CH_4 释放。考虑到各种燃烧事件的时空一致性以及区分大气信号的固有困难,很难从本质上区分"天然"和"人为"的生物质燃烧。在 Joel Levine 撰写的第 7 章"生物质燃烧"中,同样强调了两者皆为原因,作为同一个源,包括了全球 CH_4 通量中天然和人为的部分。他回顾了生物质燃烧的地区模式和来源,以及估算这类 CH_4 释放的方法。他认为从源头上来说,全球大多数的生物质燃烧及其 CH_4 释放是由于人类活动引起的。Levine 也指出在热带以外生物质燃烧的重要性,强调由于气候变化引起降水的减少和北方森林中生物质燃烧的增强之间的关系。最后,他讨论了未来气候和土地利用方式变化在全球尺度上是如何影响生物质燃烧及其所释放 CH_4 的。Levine 警告说,若 21 世纪气候如预想般变化,全球由生物质燃烧引起的 CH_4(和 CO_2)释放很可能会增加,这是一项非常重要的潜在正反馈机制。

水稻种植

诸多水稻田中常见的频繁浸水土壤会提供微生物快速产生 CH_4 所需的厌氧、富碳条件(见第 2 章)。尽管在世界各地耕种的品种、耕作方式及水分管理状况差别很大,但对大多数水稻田来说,约有三分之一的时间处于淹水状态。与白蚁的研究类似,由于对 CH_4 释放的决定因素、实地测量和模型模拟有了更进一步的了解并改进了估算方法,近年来对水稻种植导致的 CH_4 释放估算量有降低的趋势。但预计到 2050 年全球需供养 90 亿人口,水稻种植是世界农业用地中的重要组成部分,若不采取干预措施,稻田届时很可能依然将是全球 CH_4 释放的一项重要源。

在第 8 章"水稻种植"中,Franz Conen、Keith Smith 和 Kazuyuki Yagi 给出了稻田 CH_4 释放量的估值,近年来 CH_4 年释放量的估值为 25~50 Tg。他们强调了水稻产量逐渐增加的需求对于未来 CH_4 释放的重要性,并提供了关于稻田土壤微生物介导的 CH_4 产生及氧化过程的概述。作者考察了各种耕种策略及其所处地域,同时评估它们在 CH_4 释放中的相对重要性。按单位面积计算,持续淹水/灌溉的稻田是最强的 CH_4 源,而易旱的雨养稻田中 CH_4 排放量要低得多,甚至为零。Conen 等随后调查了单位产量 CH_4 释放是如何随土地和水分管理、种植水稻的种类以及施用化肥和有机肥的改变而变化的。最后,他们综述了全球稻田 CH_4 释放量的估算值、估算方法以及将来的减排潜力。

反刍动物

反刍牲畜如牛、绵羊、山羊和鹿会生成 CH_4,这些 CH_4 是饲料在它们的瘤胃里发酵的一种副产物。这些 CH_4 中的大部分(>90%)会通过打嗝释放到大气中,有些奶牛每天可以通过这样的方

式排放出几百升 CH_4。2005 年,反刍牲畜的年 CH_4 释放量据估计约有 72 Tg。与水稻种植一样,反刍动物排放的 CH_4 量与社会需求压力高度相关,由于全球对肉制品和乳制品的消费日益增加,预计到 2010 年时以这种方式释放的 CH_4 会升高到每年 100 Tg 左右。在第 9 章"反刍动物"中,Francis Kelliher 和 Harry Clark 综述了全球和国家尺度上反刍动物 CH_4 释放量的估值、估算方法及这些估算中存在的不确定性。随后他们评价了饲料的种类及品质在决定反刍动物 CH_4 释放中的作用,并进一步描述了目前在短期、中期和更长时间尺度上降低这些 CH_4 释放的各种策略,包括减少对反刍动物肉制品和乳制品的需求、改变牲畜的食物和产烷效率,以及疫苗使用。

废水与粪肥

由于底物(乙酸盐、二氧化碳和氢气)含量高以及厌氧环境占优势,在牲畜粪便和废水中的微生物能够产生相当多的 CH_4。在全球范围内每年由农业废物和废水导致的 CH_4 释放为 14~25 Tg。与反刍动物直接释放 CH_4 一样,因牲畜粪便导致的 CH_4 释放与对牲畜的需求压力一致,对肉制品和乳制品需求的增加势必增加粪便量及其引起的 CH_4 释放。同样,迅速增长的人口数量本身就会增加世界各地需处理的生活污水和工业废水量,而这很可能会极大增强 CH_4 释放量。在估算时,牲畜粪便的 CH_4 释放量往往包含在反刍牲畜的总 CH_4 释放量里,但在考虑减排措施时,区分这些源是有用的。在第 10 章"废水与粪肥"中,Miriam van Eekert、Hendrik Jan van Dooren、Marjo Lexmond 和 Grietje Zeeman 回顾了导致粪便和废水产生 CH_4 的关键过程及其估算方法。随后他们聚焦于一系列已确立的和推定的减排策略,包括厌氧消化、粪便和泥浆处理,以及牲畜饲料调控。对于粪便和废水,厌氧消化在有效截留 CH_4 与作为常规化石燃料的替代能源两方面均有很大的潜力。

垃圾填埋场

垃圾填埋场能够提供 CH_4 产生的理想条件:在厌氧条件下有充足的底物供应,若不加以控制,有些填埋场会成为 CH_4 释放强点源。由于废水污泥和农业废物也可能汇入填埋物,这两类 CH_4 的源强度(source strength)会在一定程度上被重复计算。然而,对于世界大多数地区来说,是由生活垃圾厌氧分解产生的 CH_4 而非农业废物释放的 CH_4 占优势。早期估算结果显示,全球垃圾填埋场的 CH_4 释放量约为每年 70 Tg,但在一些发达国家,有效施行的减排措施可降低其释放量。在第 11 章"垃圾填埋"中,Jean Bogner 和 Kurt Spokas 回顾了垃圾填埋场的 CH_4 源、决定因素及其管理。他们考察并更新了有关减缓垃圾填埋场 CH_4 释放方法的进展,包括收集 CH_4 和增加覆盖填埋物的表土中的 CH_4 氧化速率。他们认为,尽管垃圾填埋场的 CH_4 释放量仅占全球人为温室气体排放总量的一小部分(约 1.3%),但改进的 CH_4 收集和表土 CH_4 氧化措施可进一步降低 CH_4 释放,且前者能提供一种行之有效的化石燃料替代能源。

化石能源

每年约有 75 Tg 的 CH_4 释放是由使用化石燃料引起的,这其中大部分释放来自化石燃料的开采、存储、加工和运输过程,另有一些 CH_4 释放源自化石燃料的不完全燃烧。煤的开采和提炼每年释放 30~46 Tg CH_4,这是引起 CH_4 释放的人为活动源中最大的一个。CH_4 形成于煤生成的地质过程,大量 CH_4 依然存储在煤层内部或附近,在采煤过程中被释放。煤矿空气中 CH_4 浓度在

5%~15%预示可能出现爆炸事故,因此在深井煤矿中经常采用通风设备来排放CH_4气体。在第12章"化石能源与乏风瓦斯"中,Richard Mattus 和 Åke Källstrand 先简要综述了化石燃料 CH_4 释放的来源,再聚焦于降低源自煤矿乏风 CH_4 释放量的各种策略。

最后,在第13章"甲烷控制的途径"中,André van Amstel 确认并综述了一系列共27种不同的减排策略,它们都已被证明有效并能很快得到运用。他检视了1990到2100年间在地区和全球尺度上使用这些策略的相对成本和收效,并得出如下结论:在未来数十年中,很多措施可在净成本很少乃至为零的情况下顺利实施。

1.3 结 论

在介绍后续章节的过程中,我们已经对 CH_4 释放所呈现的一系列复杂过程以及最新估算方法有了大体了解。我们还提供了一种标示来表明 CH_4 释放对气候变化以及21世纪人口膨胀的响应方式,最重要的是,指出了怎样通过已确立和涌现中的减排措施,从根本上降低一些重要 CH_4 源的释放。在未来几十年中,CH_4 减排措施在减缓人为引起的气候变化上的潜在作用是巨大的。尤其是在短期和中期,对许多部门来说,这代表了对减排措施而言"触手可及的成果(low-hanging fruit)"。如果我们想要避免"危险的气候变化",那么理解并从根本上降低 CH_4 释放,必须成为全球响应行动的组成部分。

致 谢

Pete Smith 是英国皇家学会 Wolfson 研究荣誉奖获得者。Dave Reay 关于 CH_4 通量的研究是由英国自然环境研究委员会支持的。

参 考 文 献

Chen, Y.-H., and Prinn, R. G. (2006) 'Estimation of atmospheric methane emissions between 1996 and 2001 using a three-dimensional global chemical transport model', *Journal of Geophysical Research*, vol 111, D10307, doi:10.1029/2005JD006058

Christensen, T. R., Ekberg, A., Ström, L., Mastepanov, M., Panikov, N., Öquist, M., Svensson, B. H., Nykänen, H., Martikainen, P. J. and Oskarsson, H. (2003) 'Factors controlling large scale variations in methane emissions from wetlands', *Geophysical Research Letters*, vol 30, pp1414, doi:10.1029/2002GL016848

Cicerone, R. J. and Oremland, R. S. (1988) 'Biogeochemical aspects of atmospheric methane', *Global Biogeochemical Cycles*, vol 2, pp299-327

Crutzen, P. (1991) 'Methane's sinks and sources', *Nature*, vol 350, pp380-381

Denman, K. L., Chidthaisong, A., Ciais, P., Cox, P. M., Dickinson, R. E., Hauglustaine, D., Heinze, C., Holland, E., Jacob, D., Lohmann, U., Ramachandran, S., da Silvas Dias, P. L., Wofsy, S. C. and Zhang, X. (2007) 'Couplings between changes in the climate system and biochemistry', in S. Solomon, D. Qin, M. Manning, Z. Chen, M. Marquis, K. B. Averyt, M. Tignor and H. L. Miller (eds) *Climate Change 2007: The Physical Science Basis*, Cambridge University Press, Cambridge, pp499-587

Dlugokencky, E. J., Bruhwiler, L., White, J. W. C., Emmons, L. K., Novelli, P. C., Montzka, S. A., Masarie, K. A., Lang, P. M., Crotwell, A. M., Miller, J. B. and Gatti, L. V. (2009) 'Observational constraints on recent increases in the atmospheric CH_4 burden', *Geophysical Research Letters*, vol 36, L18803, doi: 10.1029/2009GL039780

Gedney N., Cox, P. M. and Huntingford, C. (2004) 'Climate feedback from wetland methane emissions', *Geophysical Research Letters*, vol 31, L20503

IPCC (Intergovernmental Panel on Climate Change) (1995) *Contribution of Working Group I to the Second Assessment of the Intergovernmental Panel on Climate Change*, J. T. Houghton, L. G. Meira Filho, B. A. Callender, N. Harris, A. Kattenberg and K. Maskell (eds), Cambridge University Press, Cambridge, UK

IPCC (2007) *Climate Change 2007: The Physical Science Basis, Contribution of Working Group I to the Fourth Assessment Report of the Intergovernmental Panel on Climate Change*, S. Solomon, D. Qin, M. Manning, Z. Chen, M. Marquis, K. B. Averyt, M. Tignor and H. L. Miller (eds), Cambridge University Press, Cambridge, UK and New York, NY

MacDonald, J. A., Fowler, D., Hargreaves, K. J., Skiba, U., Leith, I. D. and Murray, M. B. (1998) 'Methane emission rates from a northern wetland: response to temperature, water table and transport', *Atmospheric Environment*, vol 32, pp3219-3227

Reay, D., Hewitt, C. N., Smith, K. and Grace, J. (2007) *Greenhouse Gas Sinks*, CABI, Wallingford, UK

Shindell, D. T., Walter, B. P. and Faluvegi, G. (2004) 'Impacts of climate change on methane emissions from wetlands', *Geophysical Research Letters*, vol 31, L21202

Westbrook, G. K. Thatcher, K. E., Rohling, E. J., Piotrowski, A. M., Pälike, H., Osborne, A. H., Nisbet, E. G., Minshull, T. A., Lanoisellé, M., James, R. H., Huhnerbach, V., Green, D., Fisher, R. E., Crocker, A. J., Chabert, A., Bolton, C., Beszczynska-Möller, A., Berndt, C. and Aquilina, A. (2009) 'Escape of methane gas from the seabed along the West Spitsbergen continental margin', *Geophysical Research Letters*, vol 36, L15608, doi: 10.1029/2009GL039191

第 2 章

产烷微生物学

Alfons J. M. Stams and Caroline M. Plugge

2.1 引 言

有机物的厌氧分解产生 CH_4 和 CO_2，这是需要厌氧细菌和产烷古生菌互养合作（syntrophic cooperation）的复杂微生物过程。简单而言，生物聚合物被水解并发酵，形成的产物汇集成可被产烷菌利用的混合物（图 2.1）。多糖转化为糖类，同时蛋白质转换为氨基酸和小肽混合物。油脂分解为甘油和长链脂肪酸。有机物厌氧矿化的常规方式是有发酵能力的细菌将可降解化合物（如糖、氨基酸、嘌呤、嘧啶和甘油）分解为脂肪酸、二氧化碳、甲酸盐和氢气。然后，产乙酸菌降解脂肪酸（长链）为乙酸盐、二氧化碳、甲酸盐和氢气。随后这些化合物便作为产烷生物所需的基质（Schink and Stams，2006；Stams and Plugge，2009）。这些过程是同时进行的，但由于所涉及

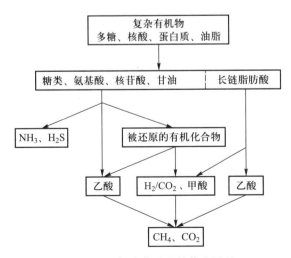

图 2.1 厌氧消化过程的普遍原理

微生物的生长速率和活动强度差异,不同的过程在一定程度上是解耦的,这会导致有机酸的积累。从产烷菌通过种间氢转移,强烈影响发酵型细菌和产乙酸菌的新陈代谢,在此意义上CH_4产生一种动态过程(Schink and Stams,2006;Stams and Plugge,2009)。但最重要的是,若所有微生物功能群俱在,分解作用始终导向生成CH_4和CO_2,铵盐和少量硫化氢。

2.2 产烷古生菌

产烷生物是产生CH_4的微生物。它们严格厌氧,并属于古生菌。在系统发育上其包括多个类群,分为5个确定的目:甲烷杆菌目(Methanobacteriales)、甲烷球菌目(Methanococcales)、甲烷微菌目(Methanomicrobiales)、甲烷八叠球菌目(Methanosarcinales)和甲烷火菌目(Methanopyrales),进而可以分为10个科和31个属(Liu and Whitman,2008)。产烷生物已从各种厌氧环境中被分离出来,包括海洋和淡水沉积物、人类与动物的胃肠道、厌氧消解装置、垃圾填埋场和地热与极地系统等。产烷生物的生境随不同的温度、盐度和pH有很大差异。尽管产烷生物在系统分类上非常多样,但它们在生理上却是饱受限制的。它们可以在大量简单有机分子和氢上存活(表2.1)。产烷基质可分为三个大的类型(Liu and Whitman,2008;Thauer et al,2008):

(1) H_2/CO_2,甲酸盐和一氧化碳(CO);
(2) 甲醇和甲基化合物;
(3) 乙酸盐。

表 2.1 产烷古生菌的能量转移反应

		$\Delta G^{0\prime}$ [kJ/CH_4]
$4H_2+CO_2$	$\longrightarrow CH_4+2H_2O$	−131
$4HCOO^-$(甲酸根)$+4H^+$	$\longrightarrow CH_4+3CO_2+2H_2O$	−145
$4CO+2H_2O$	$\longrightarrow CH_4+3CO_2$	−211
CH_3COO^-(乙酸根)$+H^+$	$\longrightarrow CH_4+CO_2$	−36
$4CH_3OH$(甲醇)	$\longrightarrow 3CH_4+CO_2+2H_2O$	−106
H_2+CH_3OH(甲醇)	$\longrightarrow CH_4+H_2O$	−113

来源:吉布斯自由能(Gibbs free energy,$\Delta G^{0\prime}$)数据来自Thauer等(1977)。

CH_4产生的常规途径如图2.2所示。尽管一些物种能够利用乙醇和丙酮酸,但更复杂的有机物则不会被产烷生物降解。

大多数产烷生物能以氢气为电子供体将CO_2还原为CH_4。许多此类氢自养产烷生物也能利用甲酸或CO作为电子供体。在氢自养产烷生物中,CO_2通过甲酸基、亚甲基和甲基层次逐步还原为CH_4。C_1部位由特定辅酶载运,即甲烷呋喃(MFR)、四氢甲烷蝶呤(H_4MPT)和辅酶M(HS—CoM)。第一步,CO_2结合MFR被还原至甲酸基层。在这个还原步骤中,铁氧化还原蛋白(Fd)是电子供体,可被氢还原。甲酰—MFR(CHO—MFR)的生成是一个吸能的转化过程,由

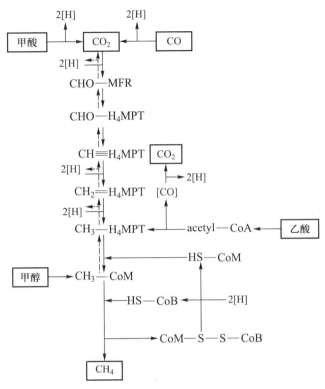

图 2.2 来自氢气/CO_2(一氧化碳,甲酸),甲醇和乙酸的甲烷生成的结合途径

注：MFR = 甲烷呋喃；H_4MPT = 四氢甲烷蝶呤；HS—CoM = 辅酶 M；HS—CoB = 辅酶 B。

离子梯度驱动。随后甲酰基团被转移到 H_4MPT，形成甲酰—H_4MPT(CHO—H_4MPT)。甲酰基团脱水成为亚甲基基团，这些亚甲基基团继而还原为亚甲基—H_4MPT(CH_2—H_4MPT)，接着是甲基—H_4MPT(CH_3—H_4MPT)。在这两个还原步骤中，还原因子 F_{420}($F_{420}H_2$)是电子供体。甲基基团转移到 CoM，形成甲基—CoM(CH_3—CoM)。在最后的还原过程中，甲基—CoM 被甲基辅酶 M 还原酶还原为 CH_4。甲基辅酶 M 还原酶是 CH_4 生成的关键酶。在这个还原过程中，辅酶 B (HS—CoB)是电子供体，氧化后和 HS—CoM 一起，形成异二硫化物(heterodisulphide)CoM—S—S—CoB。异二硫化物被还原为 HS—CoB 和 HS—CoM。甲基从 H_4MPT 转移到 HS—CoM，以及 CoM—S—S—CoB 的还原作用是发生守恒能量转移的两个步骤(Liu and Whitman, 2008; Thauer et al, 2008)。

第二种基质类型是含甲基的化合物，包括甲醇、甲基胺和甲基硫化物。产烷菌中的甲烷八叠球菌目(Methanosarcinales)和甲烷球形菌属(*Methanosphaera*)转化甲基化合物。甲基基团首先被转移到一种类咕啉蛋白质中，然后转移到 HS—CoM，其中牵涉到甲基转移酶。甲基—CoM 进入甲烷产生途径并被还原为 CH_4。这种还原所需的电子来自将甲基—CoM 氧化为 CO_2 的过程，由前述氢营养菌生成甲烷的逆向方式所实现。一些产烷微生物(如甲烷微球菌 *Methanomicrococcus blatticola*[①],还有甲烷球形菌属的若干种)的甲基营养生长是 H_2 依赖型的(Sprenger et al, 2005; Liu and Whitman, 2008)。

在厌氧食物链中,乙酸盐是主要的中间产物,生物学过程产生的甲烷中约三分之二是来源于乙酸盐的。奇怪的是,已知细菌中仅有两个属是利用乙酸盐来产生甲烷的:甲烷八叠球菌属和甲烷鬃菌属(*Methanosaeta*)(Jetten et al, 1992)。乙酸盐在激活乙酰辅酶 A 后分裂为 CH_4 和 CO_2,进而分裂为甲基—CoM 和 CO。甲基—CoM 被还原为 CH_4,而 CO 被氧化为 CO_2。甲烷八叠球菌属是产烷生物中的泛化者,它在甲醇和甲胺上显示出快速生长,但在乙酸上较慢。其中许多种类也利用 H_2/CO_2,但不能利用甲酸盐。甲烷鬃菌属是产烷生物中的专性者,它只利用乙酸盐。甲烷鬃菌属能够利用浓度为 $5 \sim 20~\mu mol~L^{-1}$ 的乙酸盐,而甲烷八叠球菌属所需的最小乙酸盐浓度约为 $1~mmol~L^{-1}$。乙酸盐亲和力的不同是由于乙酸盐激活机制不同。甲烷八叠球菌属利用低亲和力的乙酸盐激酶/磷酸转乙酰酶系统以形成乙酰辅酶 A,而甲烷鬃菌需要高亲和力的乙酰辅酶 A 合成酶,其与乙酸盐激酶相比,需投入更高的能量。

2.2.1 糖的发酵

糖可以经过多种微生物的不同发酵过程转化为典型的终产物(Gottschalk, 1985)。一般来说,C6 糖会被糖酵解作用降解或通过恩-杜二氏途径(Entner-Doudoroff route)转化为丙酮酸,而 C5 糖通过将戊糖途径与糖酵解或者恩-杜二氏途径结合转为丙酮酸。糖转化为丙酮酸导致烟酰胺腺嘌呤二核苷酸(NAD^+)的还原,形成还原型烟酰胺腺嘌呤二核苷酸(NADH)。丙酮酸进一步的代谢依赖于生物化学机制,通过该机制糖酵解微生物处理还原当量。兼性好氧微生物执行混酸发酵,导致乙醇、乳酸、琥珀酸、甲酸和丁二醇的形成。这些细菌通过丙酮酸:甲酸裂解酶产生甲酸。甲酸在甲酸:氢裂解酶作用下裂解为 H_2 和 CO_2。乙醇发酵、乳酸发酵、同质乙酸发酵、丙酸和丁酸发酵都是由厌氧微生物进行特定发酵的例子。混合微生物群落所进行的这些发酵接连发生,会产生多种产物。除了丙酸、丁酸和长链脂肪酸外,这些还原化合物可进一步被特定的微生物类群继续发酵。

产烷生物利用氢影响那些以质子作为电子受体汇(electron sinks)的发酵微生物的新陈代谢。一个典型的例子是白色瘤胃球菌(*Ruminococcus albus*)对葡萄糖的发酵(Ianotti et al, 1973)。在纯培养中产生乙酸、二氧化碳、氢气和乙醇,而在共培养中则不产生乙醇(图 2.3)。

瘤胃球菌通过糖酵解途径来降解葡萄糖,产生 NADH 和还原型 Fd。还原型 Fd 的氧化很容易与氢的生成耦联起来,而从 NADH 形成 H_2 则只可能发生在氢分压较低时:

$$2Fd_{(red)} + 2H^+ \longrightarrow 2Fd_{(ox)} + H_2 \quad \Delta G^{0\prime} = +3.1~kJ/mol$$
$$NADH + H^+ \longrightarrow NAD^+ + H_2 \quad \Delta G^{0\prime} = +18.1~kJ/mol$$

当由产烷生物产生的氢分压为 1 帕斯卡时,上面两式中的 $\Delta G^{0\prime}$ 约为 -26 和 -11 kJ/mol。在纯培养中,由 *R. albus* 引起的糖酵解会积累氢,正因为如此,NADH 不再可能被氧化并对质子进行

---

① 作者所说的该物种,没有找到对应的中文译名,这是在美洲蟑螂后肠中找到的一种还原甲醇和甲胺的产烷生物。——译者注

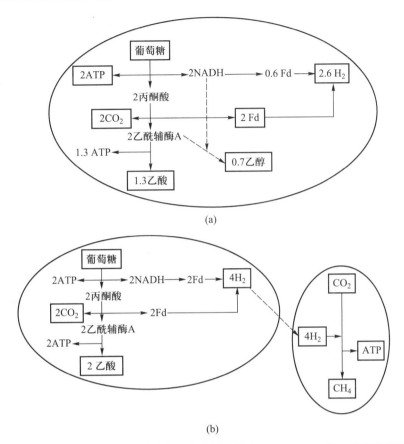

图 2.3　在(a)纯培养和(b)混合培养中由白色瘤胃球菌(*Ruminococcus albus*)引起的糖酵解过程

注：ATP＝三磷酸腺苷。

还原作用。作为替代，乙酰辅酶 A 或者乙醛被用来作为形成乙醇时的电子受体。在除氢的条件下共同培养时，氢被有效清除，乙醇就不会产生了。在其他糖发酵微生物产生乙醇、乳酸、琥珀酸、丙酸或丁酸的过程中也发现了类似效应(Stams, 1994; Schink and Stams, 2006)。有些糖发酵细菌只能将糖转化为乙酸、氢气、二氧化碳和甲酸。这些细菌严格依赖于产烷生物造成的除氢环境，并在这种条件下生长(Krumholz and Bryant, 1986; Müller et al, 2008)。

2.2.2　氨基酸矿化

蛋白质是由约 20 种结构各异的氨基酸组成的，其在降解中需要不同的生化途径。由混合微生物群落完成的氨基酸厌氧降解，与上述糖降解过程相比要复杂得多。降解过程包括一个或者多个氨基酸的氧化和还原反应，这被称为史蒂克兰德氏(Stickland)反应。这是在梭状芽胞杆菌降解氨基酸过程中已被熟知的机制。在史蒂克兰德氏反应中，一种氨基酸的氧化会耦合另一种的还原降解。经典的史蒂克兰德氏混合是丙氨酸加甘氨酸，其中，硒依赖的谷氨酸还原酶起着至关重要的作用(Andreesen, 1994, 2004)，但也存在许多其他配对(Barker, 1981)。氨基酸降解受产烷生物的影响。Nagase 和 Matsuo (1982)发现在混合产烷微生物群落里，丙氨酸、缬氨酸和亮氨酸的降解被产烷生物抑制,而 Nanninga 和 Gottschal（1985）发现在群落中加入利用氢的厌氧菌会促进这些氨基酸的降解。一些厌氧菌与产烷生物共培养时在氨基酸利用上属于互惠生长（McInerney, 1988; Stams, 1994）。丙氨酸、缬氨酸、亮氨酸和异亮氨酸的降解,其最初步骤是对相应酮酸的 NAD^+ 或 $NADP^+$ 依赖性脱氨基作用。当与氢的生成相耦合时,这种脱氨基反应的 $\Delta G^{0\prime}$ 约为+60 kJ/mol,因此需要产烷生物来推动这个反应。酮酸进而转换为脂肪酸,该反应则更易进行（$\Delta G^{0\prime}$ 约为-50 kJ/mol）。

2.2.3 核酸矿化

核糖核酸（RNA）和脱氧核糖核酸（DNA）的水解分别会生成五碳糖、核糖和脱氧核糖,同时还有嘌呤和嘧啶。嘌呤和嘧啶在厌氧条件下很容易发酵（Gottschalk, 1986）。鸟嘌呤、腺嘌呤和许多杂环化合物如次黄嘌呤、尿酸和黄嘌呤会被梭菌属（*Clostridium*）发酵（Berry et al, 1987）。在乙二醇梭菌（*C. glycolicum*）和尿梭菌（*C. uracillum*）①作用下,尿嘧啶被转化为 β-丙氨酸、CO_2 和铵,而生孢梭菌（*C. sporogenes*）能够转化胞嘧啶和胸腺嘧啶。迄今为止,还没有进行过有关产烷生物对核酸降解的研究。

2.2.4 脂肪矿化

脂肪被裂解为甘油和长链脂肪酸。甘油很容易被发酵,经过一些酶促步骤,甘油被转化为糖酵解过程的中间产物。长链脂肪酸通过所谓 β-分解来进行降解（McInerney et al, 2008; Sousa et al, 2009）。经过一连串反应,乙酰基团被裂解出来,产生乙酸和氢气。长链脂肪酸最初被活化成 HS-CoA 衍生物,之后乙酰辅酶 A 单元被裂解开。长链脂肪酸氧化为乙酸和氢气是非常困难的,这只可能发生在互惠群落中。已知的有互营单胞菌属（*Syntrophomonas*）和互营菌属（*Syntrophus*）的细菌,能很好地与产烷生物共同利用长链脂肪酸生长。能降解长链脂肪酸的细菌也能利用丁酸生存。

2.2.5 丙酸盐和丁酸盐的互养降解

丙酸盐和丁酸盐是多糖和蛋白质在发酵过程中的重要产物。这些脂肪酸被专性互养的细菌和产烷生物结合体所降解。产烷生物需要移除产物乙酸和氢气。只有在低氢分压的条件下,这些化合物的降解才是可行的（表 2.2）。

Boone 和 Bryant（1980）报道了一种与产烷生物互养合作生长的细菌——沃氏互养杆菌（*Syntrophobacter wolinii*）。此后一些生长方式相似的细菌也被报道,其中包括革兰氏阴性细菌（互养杆菌属和史密斯氏菌属）和革兰氏阳性细菌（*Pelotomaculum* 属和脱硫肠状菌属）。在系统发育上,这两组细菌都是硫酸盐还原菌,且有些确实可以通过还原硫酸盐进行生长（互养杆菌属和脱硫肠状菌属）。

---

① 没有找到该种名的中文翻译,目前这个翻译是根据其拉丁文含义自行翻译的。——译者注

表 2.2　丙酸盐和丁酸盐的互养降解中所包括的反应

	$\Delta G^{0\prime}$ [kJ/mol]	$\Delta G^{0\prime}$ [kJ/mol]
产乙酸反应		
丙酸根 + $2H_2O \longrightarrow$ 乙酸根 + CO_2 + $3H_2$	+72	−21
丁酸根 + $2H_2O \longrightarrow$ 2 乙酸根 + H^+ + $2H_2$	+48	−22
产甲烷反应		
乙酸根 + H^+ + $H_2O \longrightarrow CO_2 + CH_4$	−36	−36
$4H_2 + CO_2 \longrightarrow CH_4 + 2H_2O$	−131	−36
总反应		
丙酸根 + H^+ + $0.5H_2O \longrightarrow 1.75CH_4 + 1.25CO_2$	−62	−84
丁酸根 + H^+ + $H_2O \longrightarrow 2.5CH_4 + 1.5CO_2$	−90	−112

注：$\Delta G'$的值根据$P_{H_2} = 1$ Pa，$P_{CH_4} = P_{CO_2} = 10^4$ Pa 以及其他化合物为 10 mmol/L 的情况计算。

已知丙酸盐的新陈代谢有两种形式：甲基丙二酰-辅酶 A 途径和一种歧化作用途径。在后一种途径里，两个丙酸分子被转化为乙酸和丁酸，后面将要论述，丁酸会继续降解为乙酸和氢气。迄今为止，该途径仅在史密斯氏菌（Smithella propionica）中被发现（Liu et al, 1999; de Bok et al, 2001）。甲基丙二酰-辅酶 A 途径在其他互养型丙酸氧化菌中发现（McInerney et al, 2008）。在弗氏互养杆菌（S. fumaroxidans）中通过从乙酰-辅酶 A 转移的辅酶 A 基团，将丙酸激活为丙酰-辅酶 A，以及在羟基转化酶作用下，从草酰乙酸中转移出羟基来合成甲基丙二酰-辅酶 A。甲基丙二酰-辅酶 A 被重排以形成琥珀酰-辅酶 A，继而被转化为琥珀酸，并从二磷酸腺苷（ADP）形成 ATP。琥珀酸被氧化为延胡索酸，之后再水合成苹果酸并被氧化成为草酰乙酸。通过去羧基作用形成丙酮酸，丙酮酸被辅酶 A 依赖的去羧基作用氧化为乙酰-辅酶 A 并最终转化为乙酸。图 2.4a 的途径显示在每个丙酸的降解中，通过基质水平的磷酸化作用可生成一个 ATP。

然而，从琥珀酸氧化得到电子进而产生氢气（或甲酸）是很困难的。该氧化过程中 FAD 作为氧化还原反应的媒介，而高能的 $FADH_2$ 转化为 FAD 和 H_2 是高度吸能的：

$$FADH_2 \longrightarrow FAD + H_2 \quad \Delta G^{0\prime} = +37.4 \text{ kJ/mol}$$

即使氢分压为 1 Pa，这个反应也是不可行的。吉布斯自由能的变化仍然是正的。弗氏互养杆菌的摩尔增长产量研究表明，通过电子传递的逆过程将琥珀酸氧化为延胡索酸需要一个 ATP 能量的三分之二。因此，每个丙酸降解产生的 ATP 能量中仅三分之一可供细菌生长使用（van Kuyk et al, 1998）。

McInerney 等（1981）报道了沃氏互养杆菌这种可与产烷菌共生，并降解丁酸和其他一些短链脂肪酸的细菌。此后其他种类的一些丁酸氧化菌也已被报道。具有代谢互养丁酸能力的嗜常温菌都是互养单胞菌（McInerney et al, 2008）。

丁酸是通过 β-氧化作用进行氧化的（图 2.4b）。丁酸通过从乙酰-辅酶 A 转移的辅酶 A 基团激活丁酰-辅酶 A。丁酰-辅酶 A 之后转化为两个丁酰-辅酶 A，该过程包括两个氧化步骤，丁酰-辅酶 A 转化为丁烯酰基-辅酶 A（FAD 依赖），3-羟基丁酰-辅酶 A 氧化为乙酰乙酰-辅酶 A（NAD^+ 依赖）。与前述情况相似，反向电子转移是必需的，可使得 $FADH_2$ 发生氧化并产生氢气。

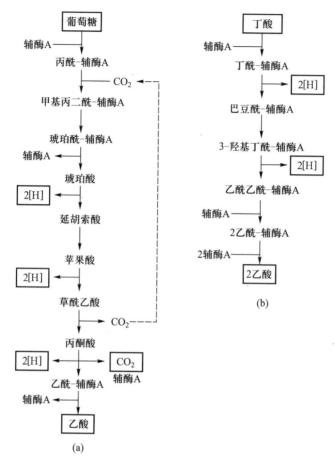

图 2.4 （a）丙酸盐和（b）丁酸盐的互养氧化途径

2.3 结 论

甲烷产生是一个不同种类微生物相互作用,通过降解有机物生成 CO_2 和 CH_4 的过程。产烷生物影响发酵细菌和产乙酸菌的新陈代谢。其中的一些专性和兼性作用在本章已经描述了,但实际上厌氧食物链更为复杂。产乙酸菌群能够用氢气将 CO_2 还原为乙酸。这些产乙酸菌会与产烷生物竞争可利用的氢气,同时它们能够把糖降解为单一的乙酸(Drake et al, 2008)。但在耗氢产烷生物存在时,它们把糖降解为乙酸、氢气和 CO_2(Winter and Wolfe, 1980)。有些厌氧菌能够利用乙酸充当最终电子受体,并产生丙酸或丁酸作为最终还原产物(Bornstein and Barker, 1948; Laanbroek et al, 1982)。此外,产烷生物的基质乙酸、甲醇和甲酸也能被细菌和产烷古生菌组成的互养群落所降解(Schnürer et al, 1996; Dolfing et al, 2008)。

当类似于硫酸盐的无机电子受体进入产烷区域时,厌氧食物链会发生彻底改变。在这种情况下，硫酸盐还原细菌将与产烷古生菌竞争氢气、甲酸盐和乙酸盐，并与共生互养群落竞争基质（如丙酸盐和丁酸盐等）（Muyzer and Stams，2008）。有趣的是，硫酸盐还原者也能在没有硫酸盐的条件下生长，此时它们与产烷生物构成互养联合体。因此，硫酸盐还原者可能会与产烷生物进行竞争，或与后者互养生长，这取决于占优势的环境条件（Muyzer and Stams，2008）。

致　　谢

我们的研究由来自化学科学部（CW）、地球和生命科学部（ALW），荷兰科学基金（NWO）中的技术基金部（STW）以及达尔文生物地质学中心的资金赞助和支持。

参 考 文 献

Andreesen, J. R. (1994) 'Glycine metabolism in anaerobes', *Antonie van Leeuwenhoek*, vol 66, pp223-237

Andreesen, J. R. (2004) 'Glycine reductase mechanism', *Current Opinion in Chemical Biology*, vol 8, pp454-461

Barker, H. A. (1981) 'Amino acid degradation by anaerobic bacteria', *Annual Reviews of Biochemistry*, vol 50, pp23-40

Berry, D. F., Francis, A. J. and Bollag, J.-M. (1987) 'Microbial metabolism of homocyclic and heterocyclic aromatic compounds under anaerobic conditions', *Microbiological Reviews*, vol 51, pp43-59

Boone, D. R. and Bryant, M. P. (1980) 'Propionate-degrading bacterium, *Syntrophobacter wolinii* sp.nov. gen. nov., from methanogenic ecosystems', *Applied and Environmental Microbiology*, vol 40, pp626-632

Bornstein, B. T. and Barker, H. A. (1948) 'The energy metabolism of *Clostridium kluyveri* and the synthesis of fatty acids', *Journal of Biological Chemistry*, vol 172, pp659-669

de Bok, F. A. M., Stams, A. J. M., Dijkema, C. and Boone, D. R. (2001) 'Pathway of propionate oxidation by a syntrophic culture of *Smithella propionica* and *Methanospirillum hungatei*', *Applied and Environmental Microbiology*, vol 67, pp1800-1804

Dolfing, J., Jiang, B., Henstra, A. M., Stams, A. J. M. and Plugge, C. M. (2008) "Syntrophic growth on formate: A new microbial niche in anoxic environments', *Applied and Environmental Microbiology*, vol 74, pp6126-6131

Drake, H. L., Gössner, A. S. and Daniel, S. L. (2008) 'Old acetogens, new light', *Annals of the New York Academy of Sciences*, vol 1125, pp100-128

Gottschalk, G. (1985) '*Bacterial Metabolism*', 2nd Edition, Springer Verlag, NewYork

Hilton, M. G., Mead, G. C. and Elsden, S. R. (1975) 'The metabolism of pyrimidines by proteolytic clostridia', *Archives of Microbiology*, vol 102, pp145-149

Ianotti, E. L., Kafkewitz, D., Wolin, M. J. and Bryant, M. P. (1973) 'Glucose fermentation products by *Ruminococcus albus* grown in continuous culture with *Vibrio succinogenes*: Changes caused by interspecies transfer of H_2', *Journal of Bacteriology*, vol 114, pp1231-1240

Jetten, M. S. M., Stams, A. J. M. and Zehnder, A. J. B. (1992) 'Methanogenesis from acetate: A comparison of the acetate metabolism in *Methanothrix soehngenii* and *Methanosarcina* spp.', *FEMS Microbiological Reviews*, vol 88, pp181-198

Keltjens, J. T. and van der Drift, C. (1986) 'Electron transfer reactions in methanogens', *FEMS Microbiological Reviews*, vol 39, pp259-303

Krumholz, L. R. and Bryant, M. P. (1986) '*Syntrophococcus sucromutans* sp. nov. gen. nov. uses carbohydrates as electron donors and formate, methoxymonobenzoids or *Methanobrevibacter* as electron acceptor systems', *Archives of Microbiology*, vol 143, pp313-318

Laanbroek, H. J., Abee, T. and Voogd, I. L. (1982) 'Alcohol conversions by *Desulfobulbus propionicus* Lindhorst in the presence and absence of sulphate and hydrogen', *Archives of Microbiology*, vol 133, pp178-184

Liu, Y., and Whitman, W. B. (2008) 'Metabolic, phylogenetic, and ecological diversity of the methanogenic archaea', *Annals of the New York Academy of Sciences*, vol 1125, pp171-189

Liu, Y., Balkwill, D. L., Aldrich, H. C., Drake, G. R. and Boone, D. R. (1999) 'Characterization of the anaerobic propionate-degrading syntrophs *Smithella propionica* gen. nov., sp. nov. and *Syntrophobacter wolinii*', *International Journal of Systematic Bacteriology*, vol 49, pp545-556

McInerney, M. J. (1988) 'Anaerobic hydrolysis and fermentation of fats and proteins', in A. J. B. Zehnder (ed) *Biology of anaerobic microorganisms*, John Wiley & sons, New York, pp373-415

McInerney, M. J., Bryant, M. P., Hespell, R. B. and Costerton, J. W. (1981) '*Syntrophomonas wolfei* gen. nov. sp. nov, an anaerobic syntrophic, fatty acid-oxidizing bacterium', *Applied and Environmental Microbiology*, vol 41, pp1029-1039

McInerney, M. J., Struchtemeyer, C. G., Sieber, J., Mouttaki, H., Stams, A. J. M., Schink, B., Rohlin, L. and Gunsalus, R. P. (2008) 'Physiology, ecology, phylogeny, and genomics of microorganisms capable of syntrophic metabolism', *Annals of the New York Academy of Sciences*, vol 1125, pp58-72

Müller, N., Griffin, B. M., Stingl, U. and Schink, B. (2008) 'Dominant sugar utilizers in sediment of Lake Constance depend on syntrophic cooperation with methanogenic partner organisms', *Environmental Microbiology*, vol 10, pp1501-1511

Muyzer, G. and Stams, A. J. M. (2008) 'The ecology and biotechnology of sulphate-reducing bacteria', *Nature Reviews Microbiology*, vol 6, pp441-454

Nagase, M. and Matsuo, T. (1982) 'Interaction between amino-acid degrading bacteria and methanogenic bacteria in anaerobic digestion', *Biotechnology and Bioengineering*, vol 24, pp2227-2239

Nanninga, H. J. and Gottschal, J. C. (1985) 'Amino acid fermentation and hydrogen transfer in mixed cultures', *FEMS Microbiology Ecology*, vol 31, pp261-269

Schink, B. and Stams, A. J. M. (2006) 'Syntrophism among prokaryotes', in M. Dworkin, S. Falkow, E. Rosenberg, K. H. Schleifer and E. Stackebrandt (eds) *The Prokaryotes: An Evolving Electronic Resource for the Microbiological Community*, 3rd Edition, vol 2, Springer-Verlag, New York, pp309-335

Schnürer, A., Schink, B. and Svensson, B. H. (1996) '*Clostridium ultunense* sp.nov., a mesophilic bacterium oxidizing acetate in syntrophic association with a hydrogenotrophic methanogenic bacterium', *International Journal of Systematic Bacteriology*, vol 46, pp1145-1152

Sousa, D. Z., Smidt, H., Alves, M. M. and Stams. A. J. M. (2009) 'Ecophysiology of syntrophic communities that degrade saturated and unsaturated long-chain fatty acids', *FEMS Microbiology Ecology*, vol 68, pp257-272

Sprenger, W. W., Hackstein, J. H. and Keltjens, J. T. (2005) 'The energy metabolism of *Methanomicrococcus blatticola*: Physiological and biochemical aspects', *Antonie van Leeuwenhoek*, vol 87, pp289-299

Stams, A. J. M. (1994) 'Metabolic interactions between anaerobic bacteria in methanogenic environments', *Antonie van Leeuwenhoek*, vol 66, pp271-294

Stams, A. J. M. and Plugge, C. M. (2009) 'Electron transfer in syntrophic communities of anaerobic bacteria and archaea', *Nature Review Microbiology*, vol 7, pp568-577

Thauer, R. K., Jungermann, K. and Decker, K. (1977) 'Energy conservation in chemotrophic anaerobic bacteria', *Bacteriological Reviews*, vol 41, pp100-180

Thauer, R. K., Kaster, A. K., Seedorf, H., Buckel, W. and Hedderich, R. (2008) 'Methanogenic archaea: Ecologically relevant differences in energy conservation', *Nature Reviews Microbiology*, vol 6, pp579-591

Van Kuijk, B. L. M., Schlösser, E. and Stams, A. J. M. (1998) 'Investigation of the fumarate metabolism of the syntrophic propionate-oxidizing bacterium strain MPOB', *Archives of Microbiology*, vol 169, pp346-352

Winter, J. and Wolfe, R. S. (1980) 'Methane formation from fructose by syntrophic associations of *Acetobacterium woodii* and different strains of methanogens', *Archives of Microbiology*, vol 124, pp73-79

第 3 章

湿　　地

Torben R. Christensen

3.1　前言暨一叶科学史

　　湿地代表大气中 CH_4 的一项关键来源。简言之,如果没有人为增强的 CH_4 释放,则全球湿地的 CH_4 释放动态会是大气中 CH_4 浓度的基本源。因此,之前关于大气 CH_4 浓度的研究中,湿地引起了许多关注,如对冰芯的分析(Chappellaz et al, 1993; Loulergue et al, 2008)。温度驱动的热带湿地 CH_4 释放和北方湿地的冰缘发育已显示出对全新世大气 CH_4 浓度的强烈影响(Loulergue et al, 2008),而且对挥发性有机化合物的释放及其对大气分解 CH_4 能力的影响也有重要作用(Harder et al, 2007)。这些过程的平衡决定了过去大气 CH_4 的自然动态。

　　大气温室作用对气候的影响由法国学者傅里叶(Fourier)和之后的普耶特(Pouillet)在 19 世纪早期第一次提出(Handel and Risbey, 1992)。Tyndall(1861)首次指出大气 CO_2 浓度的变化可能会影响气候。Hunt(1863)第一次指出,与 CO_2 一样,包括沼气在内的其他气体也会影响气候,但这篇文章在当时明显没有引起重视(Handel and Risbey, 1992)。Arrhenius(1896)首次定量讨论了 CO_2 对气候的影响,随后提出气体的人为释放行为会带来气候的变化(Arrhenius, 1908)。

　　尽管数十年前有关沼气的释放就已众所周知,但直到 20 世纪中叶大气中的 CH_4 才算真正被"发现"(Migeotte, 1948)。在随后的数十年里,不同作者逐渐开始考虑大气 CH_4 的问题(参见 Wahlen, 1993)。尽管当时对生态系统与大气间真实气体通量开展的测定还寥寥无几,但 Ehhalt(1974)还是第一次估算了包括湿地、苔原和淡水等生态系统在内的 CH_4 释放。19 世纪 60 年代晚期和 70 年代早期,对湿地 CH_4 通量的首次测量得以开展,这是与国际生物计划(IBP)相关的研究。这些研究包括 Clymo 和 Reddaway(1971)在英国沼泽屋(Moor House)的研究,以及 Svensson(1976)在瑞典北部对靠近北极的泥沼进行的研究。这样的研究是纯生物学调查,与气候变化无关。过去数十年来,气候变化这一论题成为数量急剧增长的湿地 CH_4 释放研究的背景,这些研究的发展情势将在本章进行简单回顾。

3.2 过　　程

长期以来,湿地环境已被认识到是大气 CH_4 的重要贡献者:在淹水土壤中的厌氧部分,有机物进行厌氧分解产生 CH_4(Ehhalt,1974; Fung et al,1991; Bartlett and Harriss,1993)。在这些潮湿的厌氧环境中,CH_4是通过产烷微生物过程形成的(参阅第 2 章)。CH_4 伴着一系列复杂的生态系统过程而产生,这个过程开始于有机大分子的初级发酵作用生成乙酸,以及其他的羧酸、醇类、二氧化碳和氢气。随后,经过醇类和羧酸的二级发酵作用,产生醋酸、氢气和二氧化碳,这些产物最终由产烷微生物完全转化为 CH_4(Cicerone and Oremland, 1988; Conrad, 1996)。这些过程的发生涉及一系列因素的控制,最显著的是温度、厌氧条件的持续时间、通过植物维管束的气体运输,以及易分解有机底物的供应(Whalen and Reebugh,1992; Davidson and Schimel, 1995; Joabsson and Christensen, 2001; Ström et al,2003)。图 3.1 显示了不同时间和空间尺度上 CH_4 形成速度的各种控制因素。

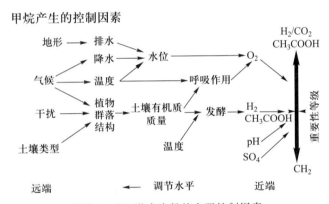

图 3.1　CH_4形成途径的主要控制因素

注:显示了远端和近端的控制参数,及其在复杂生态系统背景中的重要性等级。
来源:基于 Schimel(2004)。

CH_4在土壤中产生,但同时也在土壤的含氧处被消耗。该反应发生在微生物基于甲烷营养(methanotrophy)的全过程中,甚至还发生在干燥土壤中,其含有依赖大气 CH_4 生存的细菌(Whalen and Reeburgh, 1992; Moosavi and Crill, 1997; Christensen et al, 1999)。基于甲烷的营养过程占深层土壤产生 CH_4 所发生氧化作用的 50%(Reeburgh et al,1994),因此与 CH_4 的产生一样,其对 CH_4 净释放来说也是一个重要的过程。与 CH_4 氧化过程相比,生成 CH_4 的厌氧过程对温度更为敏感。这项区别的机理尚不清楚,但其生态系统后果是相当明确的:尽管 CH_4 的产生与消耗这两个相反的过程是同时受到激发的,但在其他条件不变时,土壤增温会加速 CH_4 释放(这就是产生与消耗之间的差异)(Ridgwell et al,1999)。在土壤更深处的 CH_4 主要产生部位,温度变化的效应会得到缓冲。但若无其他变化,增温依然会促进 CH_4 产生及其净释放。

因此,CH_4 释放的控制是由一系列相当复杂的各自反向的过程所组成。有关湿地 CH_4 交换的早期经验模型表明了其对气候变化的敏感性(Roulet et al, 1992; Harriss et al, 1993)。有一个苔原 CH_4 释放的简单机理模型考虑了温度、湿度和活土层厚度的综合效应,表明 CH_4 释放的显著变化是由气候变化引起的(Christensen and Cox, 1995)。随着对控制 CH_4 通量最主要步骤的逐步了解,湿地 CH_4 释放模型已经向复杂化发展(Panikov, 1995; Christensen et al, 1996; Cao et al, 1996; Walter and Heimann, 2000; Granberg et al, 2001; Wania, 2007)。已发现在秋、冬发生的过程对 CH_4 的年净释放有着强烈影响(Panikov and Dedysh, 2000; Mastepanov et al, 2008)。研究发现,从大区域到全球尺度,CH_4 释放的变异在很大程度上由温度驱动,并同时受到维管植物物种组成叠加效应的重要调节(Christensen et al, 2003a; Ström et al, 2003)。于是,根据经验研究的观点预计,初始的增温会增加 CH_4 的释放,但增加的幅度取决于与之相关联的土壤水分条件变化,以及植被组成变化的次生效应。

连续维持高水位且富含有机物的土壤(如泥炭土)往往具有最高的 CH_4 释放量。植被生产力能进一步扩大产生 CH_4 的源强度,这种交互作用在各尺度上进行了研究,范围从地下微生物调查(Panikov, 1995; Thomas et al, 1996; Joabsson et al, 1999)到联系 CH_4 参数化的大尺度植被模型(Cao et al, 1996; Christensen et al, 1996; Walter and Heimann, 2000; Zhuang et al, 2004; Sitch et al, 2007)。各研究已将这种关系归因于不同的机制,例如:

(1) 增加可利用碳底物刺激 CH_4 的生成(通过根分泌物和凋落物生产量将有机质输入土壤);

(2) 建立植物衍生的泥炭地沉积,保持水分并提供厌氧土壤环境;

(3) 去除矿化植物营养,例如,硝酸盐和硫酸盐,这些是 CH_4 产生的竞争抑制剂(竞争性电子受体);

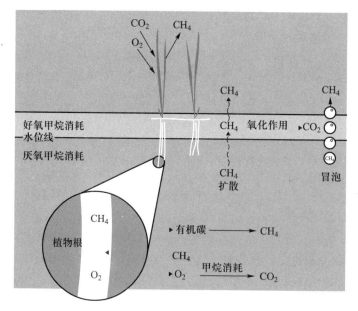

图 3.2　湿地环境中影响 CH_4 净释放的主要作用

注:如文中所述,与维管植物相联系的过程起关键作用。
来源:根据 Joabsson 和 Christensen(2001)的图修改。

（4）利用根的通气组织作为气体导管，增强从产甲烷土层到大气之间的气体传输，绕开了土壤中潜在的 CH_4 氧化区域。

除了这些 CH_4 释放的刺激效应，某些特定的植物也会通过根附近的活性氧化作用（根际氧化）来降低 CH_4 释放。图 3.2 总结了植被影响湿地 CH_4 释放的可能方式。

3.3 湿地释放估算

Denman 等（2007）对六个研究进行评价后，得出全球湿地 CH_4 的年释放量在 100~231 Tg，这可同总量 503~610 Tg 的全球年 CH_4 排放进行比较。忽略所有的不确定因素，这些研究的共同点在于即使考虑所有的人为排放，湿地仍然是大气中 CH_4 的最大来源。有意思的是，在 IPCC 第四次评估报告（Denman et al, 2007）中，有关 CH_4 释放估算的平均值和变异与早期所做的全球湿地 CH_4 释放估算是非常近似的。图 3.3 对 IPCC 第四次评估报告中全球总 CH_4 释放及湿地 CH_4 释放所占的比例，同当年第一次发表的全球甲烷收支数据（Ehhalt, 1974）进行了比较。尽管总的 CH_4 释放量和不确定性都有所降低，但是现在大家普遍认同的 CH_4 释放量大小与 Ehhalt（1974）的研究是极其相似的。

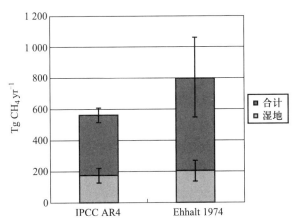

图 3.3　最新的 IPCC 第四次评估报告中估计的全球大气 CH_4 负荷及全球湿地产生量的比率
注：进行对比的是由 Ehhalt（1974）首次整理的全球 CH_4 收支。
来源：Denman 等（2007）。

最近的反演研究表明，包括北极圈苔原在内的北半球湿地所释放的 CH_4 约占全球湿地 CH_4 释放的 30%，由于北极圈的气候变异会影响到年际变异，所以该处也存在明显的 CH_4 源年际变异（Bousquet et al, 2006）。Bousquet 等（2006）把 21 世纪早期所观测到的全球湿地 CH_4 释放增速的明显放缓归因于 1999 年之后的干旱趋势。近年来（2007—2008），CH_4 释放的增速再次提升，这被认为可能还是与湿地 CH_4 释放的增加有关，特别是北纬地区（Dlugokencky et al, 2009，个人通讯），然而羟基化学过程也被认为是近来这个变化的关键影响因素（Rigby et al, 2008）。

基于地面测定角度，推测北方湿地 CH_4 释放量将在很长一段时间内保持 20~100 $Tg\ CH_4\ yr^{-1}$

Sebacher 等（1986）估算北极圈和北方湿地的 CH_4 释放为 45~106 Tg CH_4 yr^{-1}，Crill 等（1988）估算北纬 40°未排水泥炭地的 CH_4 释放为 72 Tg CH_4 yr^{-1}。Whalen 和 Reeburgh（1992）估算，湿润草地和草灌苔原的 CH_4 释放量为 42±26 Tg CH_4 yr^{-1}，Christensen（1993）在阿拉斯加北坡类似的生境获得了与此近似的释放估算量，为 20±5 Tg CH_4 yr^{-1}。参阅 Bartlett 和 Harriss（1993）当时的一些文章，估算北纬 45°湿地的排放量为 38 Tg CH_4 yr^{-1}，这与目前采用反演模型推导的北半球总释放估算值（42~45 Tg CH_4 yr^{-1}）相差不大（Chen and Prinn，2006）。

早些时候，淡水湖也被认为是全球范围内大气 CH_4 的主要来源。Ehhalt（1974）估算全球湖泊的 CH_4 释放量为 1.25~25 Tg CH_4 yr^{-1}。随着大量的甲烷释放被观测，位于阿拉斯加和西伯利亚的近北极圈区域以及北极的湖泊系统，近些年来重新获得了关注（Walter et al，2006），在尝试推算全球 CH_4 释放的早期工作中（例如 Ehhalt，1974；Matthews and Fung，1987），可能只计算了其中的一部分。Bastviken 等（2004）对一个宽广的湖泊（包括与之可比的瑞典湖泊）进行了考察，还包括类似的瑞典湖泊，也都报道了来自北方、近北极圈以及北极地区的显著释放。对这些释放的估计值均与热带淡水生态系统（Bartlett et al，1988）和苔原湖泊生态系统（Bartlett et al，1992）的大部分研究是近似的。CO_2 释放也是这样，对湖泊的估算应该区分①小湖和大湖，②永冻层存在与否（Bastviken et al，2004；Walter et al，2006）。最近 Walter 等（2007）根据西伯利亚、阿拉斯加的数据以及文献估算出北方地区湖泊（排除了可能具有低释放的大湖泊）释放量为 15~35 Tg CH_4 yr^{-1}，其中大多数释放是通过气泡形成的（ebullition，冒泡作用）。

一些研究尝试上推热带湖泊和淹水生态系统的 CH_4 通量。Bartlett 等（1988）仅对亚马孙流域中部的释放进行了估算，介于 3~21 Tg CH_4 yr^{-1}，Melack 等（2004）应用遥感分析对此结果进行了上调，接近 22 Tg CH_4 yr^{-1}。

3.4 季节动态和小尺度释放

一般来说，北方湿地的年释放显示出一种明显由生长季峰值主导的季节模式（Crill et al，1988；Whalen and Reeburgh，1992；Rinne et al，2007）。在高排放的北方湿地，生长季的平均释放峰值是 5~10 mg CH_4 m^{-2} h^{-1}。近来，北方高纬度永冻湿地显示出与冰封期相关的一些有趣的额外峰值释放（Mastepanov et al，2008）。这项特征的普遍性及其发生频率尚需要更为详尽的记录。

热带释放与大部分湿地地区会出现的季节性洪水密切相关。在淹水季热带湿地 CH_4 的释放水平高于北方湿地，但在每年的非淹水季 CH_4 释放就会有非常明显的下降。峰值季节的平均 CH_4 释放超过 15 mg CH_4 m^{-2} h^{-1}。图 3.4 是比较从北方高纬度苔原，跨越通常的北方湿地直至热带地区季节波动的一项综合示意图。

释放途径也可能存在季节变化。在有植被覆盖的生长季，由于植被主导的维管传输机制，通过气泡迸发的通量可能不到 50%。在整个通量中，纯扩散性 CH_4 通量通常只占很小的一部分（Bartlett et al，1988；Christensen et al，2003b）。在北方湿地的非生长季，气泡迸发通量也许是相对更具主导性的一种释放途径，物理过程对已储存气体释放的影响是非常重要的（Mastepanov et al，2008）。

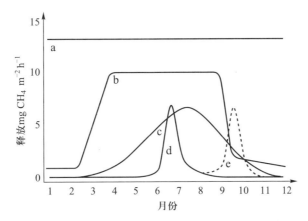

图 3.4　热带和北方湿地甲烷释放季节性波动差异的综合示意图

注：热带 CH_4 释放主要受淹水的空间尺度的影响，而北方湿地具有明显的温度反应。线 a 表示持续淹水的热带高释放湿地，线 b 表示常见的季节性淹水热带湿地，线 c 表示北方季节性温度依赖的释放模式，线 d 表示与永冻环境相关的特殊动态，以及近期所发现的与该环境相关的冰封迸发（freeze-in bursts，以虚线 e 表示）。

来源：本综合示意图是根据 Bartlett 等（1988），Melack 等（2004），Mastepanov 等（2008）和 Jackowicz-Korczyński 等（2010）的通量测定绘制的。

3.5　不断变化的释放

Bousquet 等（2006）指出湿地 CH_4 释放存在巨大的年际变异。在热带，这种变异受到湿地范围变化的强烈影响，在北纬地区受气候变异的影响最大。由于气候变暖对北半球高纬度地区影响最为强烈，而且这些地区的 CH_4 释放对气候的敏感性最高，因此对高纬度地区的 CH_4 释放应给予相当的重视。

如果永冻层加速融化，表层土壤和湖泊环境的主体将变得更为温暖和湿润，作为气候变暖的结果，北半球高纬度地区 CH_4 释放就可能发生剧烈变化。在 CH_4 释放背后至少有两种不同的机制可能会发生：① 随着活土层变厚，近地面有机物和泥炭的厌氧分解会增强，而土壤会变得更加温暖和湿润；② 在正逐步扩张的解冻湖泊中沉积的陈年有机质的分解增加。

近来的调查结果表明，在某种程度上，这两种过程都正在发生。对阿拉斯加、加拿大以及北斯堪的纳维亚的研究指出，在冻土层边缘日益衰退的地区具有更为湿润的条件（Turetsky et al, 2002；Payette et al, 2004；Malmer et al, 2005）。这种变化被证明是从整体上增加 CH_4 释放的原因（Christensen et al, 2004；Johansson et al, 2006）。而解冻湖泊也同样是众所周知的 CH_4 源（Bartlett et al, 1992），在西伯利亚和阿拉斯加，这些情况的数量和范围都在增加，并已有相关报道（Walter et al, 2006），显示出至少在短期内将对全球大气 CH_4 的收支存在巨大的潜在影响（Walter et al, 2007）。

敏感性及未来释放

与北方湿地相比,主要的热带湿地甲烷释放很少受温度的影响。在热带地区,淹水期的季节性和长度是决定大气中 CH_4 负荷主要变化的重要因子。相反,极地附近 CH_4 释放的估算值为 30~60 $Tg\ yr^{-1}$,对气候变暖的敏感性更为直接,同时它对日益变化的气候反馈可能有重大潜力。大尺度 CH_4 通量模型目前还无法达到常规碳循环模型那么先进,它很少考虑对未来进行基于情景的气候变化预测。早期对评价和模拟气候变化驱动的苔原 CH_4 释放的尝试,其结果都显示释放增加的可能性(Roulet et al, 1992; Harriss et al, 1993; Christensen et al, 1995),而更先进的机理模型(Walter and Heimann, 2000; Granberg et al, 2001)正在接近这样的阶段:在进一步发展的形式中,它将和大气环流模型(GCM)进行充分结合,评价未来近极地附近的 CH_4 释放(Sitch et al, 2007; Wania, 2007)。在上文中未涉及的一个关键因素,即除了对土壤过程的机理响应(北方湿地的显著响应)外,还有湿地的地理范围(热带湿地的显著特性),以及它们在未来是如何变化的。为了提高对全球湿地释放变化预测的确定性,必须将预测水文学和生态系统过程模拟结合起来。不过毫无疑问,在土壤变暖和变湿的气候情形下 CH_4 释放会增加,而在变暖和变干的情形下 CH_4 释放几乎没有什么变化,或者相对于目前尺度释放会有所降低。

由 Walter 和 Heimann(2000)开发并由 Walter 等(2001a,2001b)采用的模型已被广泛用于预测。Shindell 等(2004)利用该模型来检测湿地 CH_4 释放对气候变化的潜在反馈。他们的模拟得出,若大气 CO_2 浓度加倍,CH_4 的释放将增加 78%。这种增加不仅在热带地区是显著的,并且在北方湿地释放也会加倍,模型计算结果为 24~48 $Tg\ CH_4\ yr^{-1}$。Gedney 等(2004)对湿地的大量释放进行了估算,预计到 2100 年会加倍。这将导致他们的模型与 Cox 等(2000)的 CO_2 反馈模拟相比整体辐射强度增加近 5%。但是,正如 Limpens 等(2008)指出,要考虑到后者在整个 21 世纪碳-气候的耦合模拟中是较大的两个影响因子。因此,湿地 CH_4 释放的反馈效应可能会比 Gedney 等(2004)的模型中所认为的要大。Wania(2007)所报道的基于 Walter 模型对过程模拟进行的完善是一个例证,预计到 21 世纪末,大量湿地区域的 CH_4 释放量将增加 250%。

3.6 结 论

本章简单概括了数十年来有关湿地 CH_4 释放的研究。尽管从 1970 年代以来,湿地释放的总体规模并没有发生很大的变化,但关于 CH_4 释放的动态、控制因素以及北方湿地与热带湿地之间相对释放量的研究有了重大进展。生态系统模型正朝探讨变暖气候下湿地 CH_4 释放变化的反馈机制,并与气候变化预测全面整合的阶段而发展。但是,重大的挑战仍然存在,特别是对热带地区因水文条件改变而导致的湿地 CH_4 释放季节性,以及对北方湿地 CH_4 释放气候敏感性的理解,尤其是平季(shoulder season[①])期间以及受融化永冻土的影响。

---

① 指介于旺季、淡季之间的季节。——译者注

参 考 文 献

Arrhenius, S. (1896) 'On the influence of carbonic acid in the air upon the temperature on the ground', *Philosophical Magazine* (Ser. 5), vol 41, pp237–276

Arrhenius, S. (1908) *Worlds in the making*, Harper, New York

Bartlett, K. B. and Harriss, R. C. (1993) 'Review and assessment of methane emissions from wetlands', *Chemosphere*, vol 26, pp261–320

Bartlett, K. B., Crill, P. M., Sebacher, D. I., Harriss, R. C., Wilson, J. O. and Melack, J. M. (1988) 'Methane flux from the central Amazonian floodplain', *Journal of Geophysical Research*, vol 93, pp1571–1582

Bartlett, K. B., Crill, P., Sass, R. C., Harriss, R. C. and Dise, N. B. (1992) 'Methane emissions from tundra environments in the Yukon-Kuskokwim Delta, Alaska', *Journal of Geophysical Research*, vol 97, pp16645–16660

Bastviken, D., Cole, J., Pace, M. and Tranvik, L. (2004) 'Methane emissions from lakes: Dependence of lake characteristics, two regional assessments, and a global estimate', *Global Biogeochemical Cycles*, vol 18, GB4009, doi: 10.1029/2004GB002238

Bousquet, P., Ciais, P., Miller, J. B., Dlugokencky, E. J., Hauglustaine, D. A., Prigent, C., van der Werf, G., Peylin, P., Brunke, E., Carouge, C., Langenfelds, R. L., Lathiere, J., Ramonet, P. F. M., Schmidt, M., Steele, L. P., Tyler, S. C. and White, J. W. C. (2006) 'Contribution of anthropogenic and natural sources methane emissions variability', *Nature*, vol 443, pp439–443

Cao, M. K., Marshall, S. and Gregson, K. (1996) 'Global carbon exchange and methane emissions from natural wetlands: Application of a process-based model', *Journal of Geophysical Research – Atmospheres*, vol 101, pp14399–14414

Chappellaz, J. A., Fung, I. Y. and Thompson, A. M. (1993) 'The atmospheric CH_4 increase since the last glacial maximum: 1. Source estimates', *Tellus*, vol 45B, pp228–241

Chen, Y. H. and Prinn, R. G. (2006) 'Estimation of atmospheric methane emissions between 1996 and 2001 using a three-dimensional global chemical transport model', *Journal of Geophysical Research – Atmospheres*, vol 111, D10307

Christensen, T. R. (1993) 'Methane emission from Arctic tundra', *Biogeochemistry*, vol 21, pp117–139

Christensen, T. R. and Cox, P. (1995) 'Response of methane emission from Arctic tundra to climatic change: Results from a model simulation', *Tellus*, vol 47B, pp301–310

Christensen, T. R., Jonasson, S., Callaghan, T. V. and Havström, M. (1995) 'Spatial variation in high latitude methane flux along a transect across Siberian and Eurasian tundra environments', *Journal of Geophysical Research*, vol 100D, pp21035–21045

Christensen, T. R., Prentice, I. C., Kaplan, J., Haxeltine, A. and Sitch, S. (1996) 'Methane flux from northern wetlands and tundra: An ecosystem source modelling approach', *Tellus*, vol 48B, pp651–660

Christensen, T. R., Michelsen, A. and Jonasson, S. (1999) 'Exchange of CH_4 and N_2O in a subarctic heath soil: Effects of inorganic N and P amino acid addition', *Soil Biology and Biochemistry*, vol 31, pp637–641

Christensen T. R., Joabsson, A., Ström, L., Panikov, N., Mastepanov, M., Öquist, M., Svensson, B. H., Nykänen, H., Martikainen, P. and Oskarsson, H. (2003a) 'Factors controlling large scale variations in methane emissions from wetlands', *Geophysical Research Letters*, vol 30, pp1414

Christensen, T. R., Panikov, N., Mastepanov, M., Joabsson, A., Öquist, M., Sommerkorn, M., Reynaud, S. and Svensson, B. (2003b) 'Biotic controls on CO_2 and CH_4 exchange in wetlands – A closed environment study', *Biogeochemistry*, vol 64, pp337–354

Christensen, T. R., Johansson, T., Malmer, N., Åkerman, J., Friborg, T., Crill, P., Mastepanov, M. and Svensson, B. (2004) 'Thawing sub-arctic permafrost: Effects on vegetation and methane emissions', *Geophysical Research Letters*, vol 31, L04501, doi: 10.1029/2003GL018680

Cicerone, R. J. and Oremland, R. S. (1988) 'Biogeochemical aspects of atmospheric methane', *Global Biogeochemical Cycles*, vol 2, pp299–327

Clymo, R. S. and Reddaway, E. J. F., (1971) 'Productivity of *Sphagnum* (bog-moss) and peat accumulation', *Hidrobiologia*, vol 12, pp181–192

Conrad, R. (1996) 'Soil microorganisms as controllers of atmospheric trace gases (H_2, CO, CH_4, OCS, N_2O and NO)', *Microbiological Reviews*, vol 60, pp609–640

Cox, P. M., Betts, R. A., Jones, C. D., Spall, S. A. and Totterdell, I. J. (2000) 'Acceleration of global warming due to carbon-cycle feedbacks in a coupled climate model', *Nature*, vol 408, pp184–187, 750

Crill, P. M., Bartlett, K. B., Harriss, R. C., Gorham, E., Verry, E. S., Sebacher, D. I., Madzar, L. and Sanner, W. (1988) 'Methane flux from Minnesota peatlands', *Global Biogeochemical Cycles*, vol 2, pp371–384

Crill, P., Bartlett, K. and Roulet, N. (1992) 'Methane flux from boreal peatlands', *Suo*, vol 43, pp173–182

Davidson, E. A. and Schimel, J. P. (1995) 'Microbial processes of production and consumption of nitric oxide, nitrous oxide, and methane', in P. Matson and R. Harriss (eds) *Methods in Ecology: Trace Gases*, Blackwell Scientific, Oxford, pp327–357

Denman, K. L., Brasseur, G., Chidthaisong, A., Ciais, P., Cox, P. M., Dickinson, R. E., Hauglustaine, D., Heinze, C., Holland, E., Jacob, D., Lohmann, U., Ramachandran, S., da Silva Dias, P. L., Wofsy, S. C. and Zhang, X. (2007) 'Couplings between changes in the climate system and biogeochemistry', in S. Solomon, D. Qin, M. Manning, Z. Chen, M. Marquis, K. B. Averyt, M. Tignor and H. L. Miller (eds) *Climate Change* 2007: *The Physical Science Basis. Contribution of Working Group I to the Fourth Assessment Report of the Intergovernmental Panel on Climate Change*, Cambridge University Press, Cambridge and New York, pp499–587

Ehhalt, D. H. (1974) 'The atmospheric cycle of methane', *Tellus*, vol 26, pp58-70

Friedlingstein, P., Cox, P., Betts, R., Bopp, L., Von Bloh, W., Brovkin, V., Cadule, P., Doney, S., Eby, M., Fung, I., Bala, G., John, J., Jones, C., Joos, F., Kato, T., Kawamiya, M., Knorr, W., Lindsay, K., Matthews, H. D., Raddatz, T., Rayner, P., Reick, C., Roeckner, E., Schnitzler, K. G., Schnur, R., Strassmann, K., Weaver, A. J., Yoshikawa, C. and Zeng, N. (2006) 'Climate-carbon cycle feedback analysis: Results from the (CMIP)-M-4 model intercomparison', *Journal of Climate*, vol 19, pp3337-3353

Fung, I., John, J., Lerner, J., Matthews, E., Prather, M., Steele, L. P. and Fraser, P. J. (1991) 'Three-dimensional model synthesis of the global methane cycle', *Journal of Geophysical Research*, vol 96, pp13033-13065

Gedney, N., Cox, P. M. and Huntingford C. (2004) 'Climate feedback from wetland methane emissions', *Geophysical Research Letters*, vol 31, L20503

Granberg, G., Ottosson-Lofvenius, M., Grip, H., Sundh, I. and Nilsson, M. (2001) 'Effect of climatic variability from 1980 to 1997 on simulated methane emission from a boreal mixed mire in northern Sweden', *Global Biogeochemical Cycles*, vol 15, pp977-991

Handel, M. D. and Risbey, J. S. (1992) 'An annotated-bibliography on the greenhouse-effect and climate change', *Climatic Change*, vol 21, pp97-253

Harder, S. L., Shindell, D. T., Schmidt, G. A. and Brook, E. J. (2007) 'A global climate model study of CH_4 emissions during the Holocene and glacial-interglacial transitions constrained by ice core data', *Global Biogeochemical Cycles*, vol 21, GB1011

Harriss, R., Bartlett, K., Frolking, S. and Crill, P. (1993) 'Methane emissions from northern high-latitude wetlands', in R. S. Oremland (ed) *Biogeochemistry of Global Change: Radiatively Active Trace Gases*, Chapman & Hall, New York, pp449-486

Hunt, T. S. (1863) 'On the Earth's climate in palaeozoic times', *Philosophical Magazine*, vol IV, pp323-324

Jackowicz-Korczyn'ski, M., Christensen T. R., Bäckstrand, K., Crill, P., Friborg, T., Mastepanov, M. and Ström, L. 'Annual cycle of methane emission from a subarctic peatland', *Journal of Geophysical Research, Biogeosciences*, in press

Joabsson, A., and Christensen, T. R. (2001) 'Methane emissions from wetlands and their relationship with vascular plants: An Arctic example', *Global Change Biology*, vol 7, pp919-932

Joabsson, A., Christensen, T. R. and Wallén, B. (1999) 'Vascular plant controls on methane emissions from northern peatforming wetlands', *Trends in Ecology and Evolution*, vol 14, pp385-388

Johansson, T., Malmer, N., Crill, P. M., Mastepanov, M. and Christensen, T. R. (2006) 'Decadal vegetation changes in a northern peatland, greenhouse gas fluxes and net radiative forcing', *Global Change Biology*, vol 12, pp2352-2369

Limpens, J., Berendse, F., Blodau, C., Canadell, J. G., Freeman, C., Holden, J., Roulet, N., Rydin, H. and Schaepman-Strub, G. (2008) 'Peatlands and the carbon cycle: From local processes to global implications – a synthesis', *Biogeosciences*, vol 5, pp1475–1491

Loulergue, L., Schilt, A., Spahni, R., Masson-Delmotte, V., Blunier, T., Lemieux, B., Barnola, J. M., Raynaud, D., Stocker, T. F. and Chappellaz, J. (2008) 'Orbital and millennial-scale features of atmospheric CH_4 over the past 800,000 years', *Nature*, vol 453, pp383–386

Malmer, N., Johansson, T., Olsrud, M. and Christensen, T. R. (2005) 'Vegetation, climatic changes and net carbon sequestration', *Global Change Biology*, vol 11, pp1895–1909

Mastepanov, M., Sigsgaard, C., Dlugokencky, E. J., Houweling, S., Strom, L., Tamstorf, M. P. and Christensen, T. R. (2008) 'Large tundra methane burst during onset of freezing', *Nature*, vol 456, pp628–631

Matthews, E. and Fung, I. (1987) 'Methane emission from natural wetlands: Global distribution, area, and environmental characteristics of sources', *Global Biogeochemical Cycles*, vol 1, pp61–86

McGuire, A. D., Anderson, L. G., Christensen, T. R., Dallimore, S., Guo, L., Hayes, D. J., Heimann, M., Lorenson, T. D., Macdonald, R. W. and Roulet, N. (2009) 'Sensitivity of the carbon cycle in the Arctic to climate change', *Ecological Monographs*, vol 79, pp523–555

Melack, J. M., Hess, L. L., Gastil, M., Forsberg, B. R., Hamilton, S. K., Lima, I. B. T. and Novo, E. (2004) 'Regionalization of methane emissions in the Amazon Basin with microwave remote sensing', *Global Change Biology*, vol 10, pp530–544

Migeotte, M. V. (1948) 'Spectroscopic evidence of methane in the Earth's atmosphere', *Physical Review*, vol 73, pp519–520

Moosavi, S. C., and Crill, P. M. (1997) 'Controls on CH_4 and CO_2 emissions along two moisture gradients in the Canadian boreal zone', Journal of Geophysical Research, vol 102, pp29261–29277

Panikov, N. S. (1995) *Microbial Growth Kinetics*, Chapman & Hall, London

Panikov, N. S. and Dedysh, S. N. (2000) 'Cold season CH_4 and CO_2 emission from boreal peat bogs (West Siberia): Winter fluxes and thaw activation dynamics', *Global Biogeochemical Cycles*, vol 14, pp1071–1080

Payette, S., Delwaide, A., Caccianiga, M. and Beauchemin, M. (2004) 'Accelerated thawing of sub-arctic peatland permafrost over the last 50 years', *Geophysical Research Letters*, vol 31, L18208

Reeburgh, W. S., Roulet, N. T. and Svensson, B. (1994) 'Terrestrial biosphere-atmosphere exchange in high latitudes', in R. G. Prinn (ed) *Global Atmospheric-Biospheric Chemistry*, Plenum Press, New York, pp165–178

Ridgwell, A. J., Marshall, S. J. and Gregson, K. (1999) 'Consumption of atmospheric methane by soils: A process-based model', *Global Biogeochemical Cycles*, vol 13, pp59–70

Rigby, M., Prinn, R. G., Fraser, P. J., Simmonds, P. G., Langenfelds, R. L., Huang, J., Cunnold, D. M., Steele, L. P., Krummel, P. B., Weiss, R. F., O'Doherty, S., Salameh, P. K., Wang, H. J., Harth, C. M., Muhle, J. and Porter, L. W. (2008) 'Renewed growth of atmospheric methane', *Geophysical Research Letters*, vol 35, L22805

Rinne, J., Riutta, T., Pihlatie, M., Aurela, M., Haapanala, S., Tuovinen, J. P., Tuittila, E. S. and Vesala, T. (2007) 'Annual cycle of methane emission from a boreal fen measured by the eddy covariance technique', *Tellus B*, vol 59, pp449–457

Roulet, N., Moore, T., Bubier, J. and Lafleur, P. (1992) 'Northern fens: Methane flux and climatic change', *Tellus*, vol 44, pp100–105

Sebacher, D. I., Harriss, R. C., Bartlett, K. B., Sebacher, S. M. and Grice, S. S. (1986) 'Atmospheric methane sources: Alaskan tundra bogs, an alpine fen, and a subarctic boreal marsh', *Tellus*, vol 38, pp1–10

Schimel, J. (2004) 'Playing scales in the methane cycle: From microbial ecology to the globe', *Proceedings of the National Academy of Sciences of the United States of America*, vol 101, pp12400–12401

Shindell, D. T., Walter, B. P. and Faluvegi, G. (2004) 'Impacts of climate change on methane emissions from wetlands', *Geophysical Research Letters*, vol 31, L21202

Sitch, S., McGuire, A. D., Kimball, J., Gedney, N., Gamon, J., Emgstrom, R., Wolf, A., Zhuang, Q. and Clein, J. (2007) 'Assessing the circumpolar carbon balance of arctic tundra with remote sensing and process-based modeling approaches', *Ecological Applications*, vol 17, pp213–234

Ström, L., Ekberg, A. and Christensen, T. R. (2003) 'Species-specific effects of vascular plants on carbon turnover and methane emissions from a tundra wetland', *Global Change Biology*, vol 9, pp1185–1192

Svensson, B. H. (1976) 'Methane production in tundra peat', in H. G. Schlegel, G. Gottschalk and N. Pfennig (eds) *Microbial Production and Utilization of Gases* (H_2, CH_4, CO), E. Goltze, Göttingen, pp135–139

Thomas, K. L., Benstead, J., Davies, K. L. and Lloyd, D. (1996) 'Role of wetland plants in the diurnal control of CH_4 and CO_2 fluxes in peat', *Soil Biology and Biochemistry*, vol 28, pp17–23

Turetsky, M. R., Kelman Wieder, R. and Vitt, D. H. (2002) 'Boreal peatland fluxes under varying permafrost regimes', *Soil Biology and Biochemistry*, vol 34, pp907–912

Tyndall, J. (1861) 'The Bakerian Lecture: On the absorbtion and radiation of heat by gases and vapours, and on the physical connexion of radiation, absorption and conduction', *Proceedings of the Royal Society of London*, vol 11, pp100–104

Wahlen, M. (1993) 'The global methane cycle', *Annual Review of Earth and Planetary Science*, vol 21, pp407–426

Walter, B. P. and Heimann, M. (2000) 'A process-based, climate-sensitive model to derive methane emissions from natural wetlands: Application to five wetland sites, sensitivity to model parameters, and climate', *Global Biogeochemical Cycles*, vol 14, pp745–766

Walter B., Heimann, M. and Matthews, E. (2001a) 'Modelling modern methane emissions from natural wetlands: 1. Model description and results', *Journal of Geophysical Research*, vol 106, D24, doi: 10.1029/2001JD900165

Walter, B., Heimann, M. and Matthews, E. (2001b) 'Modelling modern methane emissions from natural wetlands: 2. Interannual variations 1982–1993', *Journal of Geophysical Research*, vol 106,

D24, doi: 10.1029/2001JD900164

Walter, K. M., Zimov, S. A., Chanton, J. P., Verbyla, D. and Chapin, F. S. (2006) 'Methane bubbling from Siberian thaw lakes as a positive feedback to climate warming', *Nature*, vol 443, pp71–75

Walter, K. M., Smith, L. C. and Chapin, F. S. (2007) 'Methane bubbling from northern lakes: Present and future contributions to the methane budget', *Philosophical Transactions of the Royal Society A*, vol 365, pp1657–1676, doi:10.1098/rsta.2007.2036

Wania, R. (2007) 'Modelling northern peatland land surface processes, vegetation dynamics and methane emissions', PhD thesis, University of Bristol, Bristol

Whalen, S. C. and Reeburgh, W. S. (1992) 'Interannual variations in tundra methane emissions: A four-year time-series at fixed sites', *Global Biogeochemical Cycles*, vol 6, pp139–159

Zhuang, Q., Melillo, J. M., Kicklighter, D. W., Prinn, R. G., McGuire, A. D., Steudler, P. A., Felzer, B. S. and Hu, S. (2004) 'Methane fluxes between terrestrial ecosystems and the atmosphere at northern high latitudes during the past century: A retrospective analysis with a process-based biogeochemistry model', *Global Biogeochemical Cycles*, vol 18, GB3010

第4章

地 质 甲 烷

Giuseppe Etiope

4.1 引　　言

甲烷的自然释放并非仅由同时代的生物化学源(如湿地、白蚁、海洋、森林火灾及野生动物)产生,而化石甲烷(即地质上古老的、无放射性碳的甲烷)也不单在化石燃料工业中释放。除了生物圈及人类活动产生的甲烷外,还存在第三种被称为地球排气(earth's degassing)的甲烷"呼吸"存在。

关于术语"排气",人们一般会联想到火山和地热的情景(爆发、喷气孔、碳酸喷气、陆地或海底的热液涌出),这些过程会释放二氧化碳、水蒸气及含硫气体,但其仅为地球排气的一部分景象。地球同样会释放烃类气体,尤其是在地质学上"寒冷"的地区,如在沉积盆地中大量的天然气通过断层和断裂的岩石,从浅层或深层的岩石以及储存库中移动到表层。这种现象称为"渗漏"(seepage),其中的气体几乎全部为甲烷,仅含少量(从数百 ppmv 到百分之几)的其他烃类气体(主要是乙烷和丙烷)以及一些非烃类气体(CO_2、N_2、H_2S、Ar 和 He)。气态烃类在浅层低温的沉积岩中,是由地质学上古老的微生物活动所产生的;而在深层、温暖的岩石中,则是通过产热过程完成的。因此,渗漏也是化石甲烷的自然来源。

迄今为止,在科学文献中(Lelieveld et al,1998),地质渗漏所释放的甲烷通常一直被忽略,或被认为是"次要源"(minor source)。政府间气候变化专门委员会(IPCC)第二和第三次评估报告(Schimel et al,1996;Prather et al,2001)中仅仅把天然气水合物作为甲烷的地质来源。天然气水合物,有时被称为甲烷水合物,是捕集于海洋沉积物中的水和甲烷的冰状混合物(Kvenvolden,1998)。这种气体从融化的深海水合物中逃逸出来,大部分溶于海水中,并不会进入大气。然而,据报道,全球由天然气水合物释放进入大气的甲烷粗略估计约有 3 Tg yr^{-1}(Kvenvolden,1998)~10 Tg yr^{-1}(Lelieveld et al,1998),这些数据完全是推测性的,因为它们并未进行过直接测量,可能是以讹传讹。

过去十年的研究明确指出,存在比天然气水合物重要得多的地质甲烷来源。近海渗漏是与天然气水合物相互独立的,它作为全球尺度上甲烷排入大气的贡献者而备受关注(Judd et al,2002;Judd and Hovaland,2007)。自 2001 年以来,从实验中获得的通量数据提供了越来越多的证据表明,陆地滨海(onshore)有大量的甲烷气体释放,包括宏渗漏(macroseep)和土壤中弥散的微渗漏(microseepage)(Etiope et al,2008;Etiope,2009 及其引用文献)。地热释放是从属于上述释放的,但在全球范围内仍然值得考虑,而火山喷发似乎并不是重要的 CH_4 贡献者。

目前已有非常明确的共识,地质释放是全球甲烷的重要来源;如今,地球排气被认为是仅次于湿地甲烷释放的第二大自然源(Etiope,2004;Kvenvolden and Rogers,2005;Etiope et al,2008)。关于甲烷地质源的全球最新估计收录在 IPCC 第四次评估报告中(Denman et al,2007)。同样,在欧洲环境保护局的释放清单指南(EMEP/EEA,2009)和美国环境保护局有关甲烷自然释放的新近报告中,地质渗漏都被认为是新的甲烷自然释放源。

4.2 地质来源的一般分类

本节主要描述地质甲烷的类型和来源分类,特别强调专业术语的正确使用。为避免混淆和误解,在讨论甲烷来源时,这一点是非常必要的。

地质甲烷的两种主要来源可区分如下:① 沉积盆地的烃类产生过程(狭义上的渗漏),② 地热和火山散发物。

4.2.1 沉积渗漏

含烃(含石油的)沉积盆地中的气体渗漏,包括以低温甲烷为主的气体(一般为 80%~99% v/v)的表现形式,以及同以下四类相关的散发物:

(1) 海岸泥火山(mud volcanoes)[①]
(2) 海岸渗漏(独立的泥火山);
(3) 海岸微渗漏;
(4) 近海(海底)宏渗漏(包括海底泥火山)。

在历史上,这种气体表现形式一直被认为是地表下烃类积聚的重要指标,且至今仍推动着石油和天然气的地球化学勘探(Schumacher and Abrams,1996;Abrams,2005)。在这些区域中,甲烷的产生可归因于微生物过程和(或)产热过程。微生物甲烷是通过沉积物中有机物质的细菌分解形成的,并提供了独特的碳同位素组分,其中 $\delta^{13}C$-CH_4 含量低于 -60 ppm。在较深的地方,通过有机物或重烃类的热分解过程产生热生甲烷,其中 $\delta^{13}C$-CH_4 的含量介于 -50~-25 ppm。在石油地质学文献中,有大量关于化石甲烷在地层和构造圈闭中的迁移和积聚过程的描述(Hunt,1996)。这些地区的甲烷气体借助压力或浓度梯度,主要经过活动渗透断层和断裂岩石的长距离

---

① 泥火山,由泥构成的火山。说"泥",是因为它由黏土、岩屑、盐粉等成土物质构成;说"火山",却又不是通常意义上的火山,后者最基本的特征为:由岩浆形成,并具有岩浆通道,而泥火山则由泥浆形成,不具岩浆通道。不过,泥火山不仅形状像火山,具有喷出口,还有喷发冒火现象。——译者注

迁移之后,自然释放进入大气(Etiope and Martinelli,2002)。

海岸泥火山

如今,有关泥火山的大量科学信息已得到了认识,包括形成机理和分布等描述(Milkov,2000;Dimitrov,2002;Kopf,2002)。泥火山是在厚实的沉积岩受到构造压缩并常受浮力作用产生运动的区域中,由释放的气体、水和沉积物形成的锥形结构,有时还含有油和(或)角砾岩成分。泥火山在陆地上有900多座,在海洋大陆架中有300座,它们沿着断层分布,形成了阿尔卑斯山-喜马拉雅山、太平洋和加勒比海地质带的石油和天然气储蓄库(图4.1)。海岸泥火山释放的气体主要是热生甲烷(Etiope et al,2009),其释放可以通过火山口(图4.2所示)、通风孔[热泉(gryphon)、冒泡池塘或泥火山①]以及周围土壤连续(稳定状态)散发,或是间歇性的爆裂和喷发(Etiope和Milkov,2004)。

图4.1 碳氢化合物地质源的全球分布

注:圆点代表主要的石油渗漏地区;叉形代表主要的地热及火山地区。
来源:修改自 Etiope 和 Ciccioli(2009)。

其他宏渗漏

除泥火山外的所有气体表现形式可以归为"其他渗漏",包括"湿渗漏"和"干渗漏"(Etiope et al,2009)。湿渗漏伴随着排水作用释放大量气相物质(冒泡泉水、地下水或烃井),这些地方水的来源很深,在上升至表面的过程中与周围的气体发生作用。干渗漏只释放气相物质,例如,从露出地表的岩层、土壤层、河/湖床释放气体。从充满地下水的水井或其他浅滩水体中排出的气泡可认为是干渗漏,因为气流仅通过地表水。从岩石和干土壤中排出的干气体能够产生绚丽的

---

① 原文中的 salse 和 mud volcano 在本书都统一为泥火山。——译者注

图4.2 泥火山气体散发实例

注：(a) 阿塞拜疆的 Dashgil；(b) 意大利的 Regnano；(c) 阿塞拜疆的 Bakhar satellite；(d) 罗马尼亚的 Paclele Beciu。
来源：(a) 巴贝什-鲍里亚大学的 C. Baciu；(b) 和 (d) 国家地理学暨火山学研究所(INGV)的 G. Etiope；(c) 国家地理学暨火山学研究所的 L. Innocenzi。

火焰(图4.3)。许多渗漏在干燥的夏天或全年会自然发生燃烧现象。许多火山口非常容易人为点燃。

某些火焰被称为是"连续不断的"或"永久的"，这是由于在历史记录中连续不断地报道了火焰的出现。有些持续渗漏不仅与古老的宗教传统有关(如与阿塞拜疆的琐罗亚斯德教[①]有关；见 Etiope et al, 2004a)，而且在如今的考古遗址中依旧活跃(如土耳其中的奇美拉(Chimaera)渗漏；Hosgormez et al, 2008)。在总共 112 个拥有总油气系统(total petroleum systems, TPS)的国家中，几乎都有活动渗漏的发生。据猜测,陆地上存在着 10 000 多个渗漏(Clarke 和 Cleverly, 1991)，并可在与活动构造断层相关的所有含石油地区(图 4.1)找到。

微渗漏

微渗漏是甲烷和烷烃从沉积盆地中缓慢而不易察觉的持续释放。甲烷不断地从土壤中渗透、扩散，这就解释了干旱土壤中出现甲烷正通量或负通量减弱的原因，表明土壤中嗜甲烷细菌的消耗量可能低于地下来源的输入(Etiope and Klusman, 2002, 2010)。正通量一般为几或几十 $mg\ m^{-2}\ d^{-1}$，在广阔的地质构造和断层区域可达数百 $mg\ m^{-2}\ d^{-1}$。所有含油气盆地中都有微渗漏，这被无数关于油气勘探方面的调查所证实(Hunt, 1996; Saunders et al, 1999; Wagner et al, 2002;

---

① 琐罗亚斯德教(Zoroastrism)是流行于古代波斯(今伊朗)及中亚等地的宗教,中国史称拜火教。——译者注

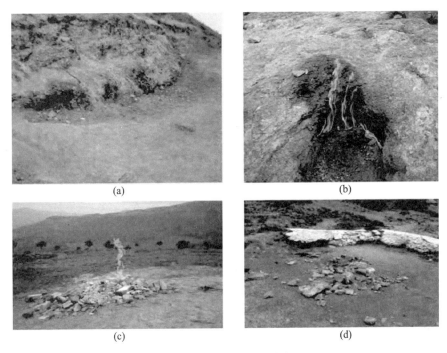

图 4.3 持续火焰渗漏实例

注:(a) 阿塞拜疆的亚纳尔达(Yanardag);(b) 土耳其的奇美拉(Chimaera);(c) 意大利的蒙特布斯卡(Monte Busca);(d) 罗马尼亚的安德烈亚舒(Andreiasu)。
来源:(a) 国家地理学暨火山学研究所(INGV)的 L. Innocenzi;(b) 伊斯坦布尔大学的 H. Hosgormez;(c) 和(d) 国家地理学暨火山学研究所的 G. Etiope。

Abrams,2005;Khan and Jacobson,2008)。世界上超过 75% 的含油气石油盆地中有地表渗漏(Clarke and Cleverly,1991)。Klusman 等(1998,2000)认为微渗漏区可能包括干燥气候下所有在一定深度具有石油和天然气产生过程的沉积盆地,其面积估计达 $43.4 \times 10^6 km^2$。现在所获得的通量数据表明,微渗漏在空间分布上与烃类储存库、煤层和温度已达或曾达 70℃ 以上(生热作用)的部分沉积盆地密切相关。相应地,Etiope 和 Klusman(2010)假定微渗漏会在 TPS 中发生。TPS 是石油地质学中的术语(Magoon and Schmoker,2000),用以描述岩石圈中所有的烃类流体,包括石油和天然气积累、迁移和渗漏所必需的元素和过程。世界上 98% 的石油由 42 个国家生产,另有 70 个国家生产 2%,而有 70 个国家的生产百分比为 0。因此,在 112(即 42+70)个国家中,TSP 是发生微渗漏的潜在因素,这表明微渗漏是一种潜在的普遍现象,广泛分布于全世界。

Etiope 和 Klusman(2010)对全球范围内潜在的微渗漏区进行了评估,用 2000 年美国地质研究世界石油评估及其相关地图的 GIS 数据集,对所有 937 个石油地区和盆地中油气田的分布进行分析。对每个地区,在交互地图上绘制一个包围所有油气田分布点的多边形,其面积可通过图形软件进行估算。采用这种方法,确定出重要的油气田分布区至少存在于 120 个地区。总的油气田分布区面积估计为 $(3.5 \sim 4.2) \times 10^6 km^2$(Etiope and Klusman,2010),约占全球旱地面积的 7%。

海底释放

　　海底沉积盆地所释放的甲烷主要通过冷泉(cold seeps)、泥火山及海底麻坑(pockmarks)[①]实现(参见 Judd and Hovland,2007 的综述)。与近地面环境中的流动性不同,甲烷在进入大气前若渗透到海洋环境会遭遇到相当大的阻碍。从海底沉积物中渗出的甲烷通常在硫酸盐-甲烷过渡带被氧化(Borowski et al,1999);如果甲烷的供应量多于厌氧消耗,甲烷气泡则可逃逸到水体中,被完全或部分溶解和氧化。甲烷在海水中的溶解程度主要取决于水深、温度以及升至水面气泡的大小。模型及现场数据均表明,一般只有在深度小于 100~300 m 发生的海底渗漏对大气有重要影响(Leifer and Patro,2002;Schmalee tal,2005)。

4.2.2　地热及火山释放

　　地热火山释放是在高温环境下以水或二氧化碳为主的气体表现形式,其中甲烷是通过无机反应(非生物甲烷)或有机碳氢化合物热裂解产生的。甲烷浓度通常在几个 ppmv 至百分之几之间(Taran and Giggenbach,2003;Fiebig et al,2004;Etiope et al,2007a)。"火山"释放和"地热"释放通常不易区分,尤其是在地热和火山系统邻近的区域。在这些区域,从地热区释放的甲烷很可能源于与封闭火山循环系统(volcanic circulation system)相关的流体(反之亦然)。不过,既然两种来源产生不同的释放因子,同时"火山群"(volcanoes)这一术语出现在 UNECE/EMEP 大气释放清单指南(EEA,2004)内的甲烷来源列表中,故两者还是应该区分开来。

　　Etiope 等(2007a)提出以下定义:

　　(1) 火山释放——现存或历史上的活火山中,从火山口或其侧面释放出的气体。从岩浆中释放的气体在向表面移动的过程中,在亚临界液相几乎无溶解地扩散出去。因此,具有非常高的 H_2O 含量及高的 CO_2/CH_4 比。

　　(2) 地热释放——从深成岩(plutonic)或热变质岩(thermometamorphic)环境中释放出的气体。该环境中无岩浆同时从表面输出,气体通常通过沸腾或排气从水热溶液中释放。包括在死火山、古火山带及活动构造带富含 CO_2 的"冷"出口所释放的气体,此类区域的气体是在深层的热变质过程及断层中产生的。地热或火山甲烷能从局部位点释放[点源:气体释放口、碳酸喷气孔(mofette)、火山带与火山口喷气孔(crater exhalation)],亦可在大范围内扩散和普遍渗漏(面源)。这种从土壤的扩散排气相当于沉积盆地的微渗漏。唯一的区别在于甲烷的来源及在上升气相中的含量(CO_2 在地热扩散排气中占主要地位)。不过,术语"微渗漏"描述的是从沉积源(而非地热源)的释放。

---

① 据 CNKI 词典翻译。——译者注

4.2.3 一些问题及澄清

非生物成因的非火山甲烷释放如何呢？

明显较小的第三类甲烷释放属于非火山地区的非生物成因（无机成因）范畴。这些释放可能源于深层断裂带的低温（非热液性的）蛇纹岩化（serpentinization）过程及地幔排气（Abrajano et al, 1998; Sano et al, 1993; Hosgormez et al, 2008）。尽管对某些陆上区域非生物成因的渗漏已经了解得很清楚（如在土耳其、菲律宾及阿曼地区），但只有一个案例研究了其通量（奇美拉渗漏；Hosgormez et al, 2008），并且未进行对全球释放的评估（来自蛇纹岩化的粗略估计除外，该项全年释放约 1.3 Tg 甲烷，这主要是针对海底及热溶液过程的气体释放；见 Emmanuel and Ague, 2007）。因此，非生物成因的非火山甲烷确实是另一种源，目前在全球收支上还无法定量计算，需要进一步的详细研究。

从煤层释放的甲烷属于自然源吗？

来自沉积盆地煤层中的甲烷渗漏一般不被看作是自然源，因为此区域的甲烷释放总是通过采矿行为中的煤层脱水而产生（如 Thielemann et al, 2000）的。与含煤地层相关的自然气体渗漏情况曾有过相关报道。Thielemann 等（2000）认为，在德国鲁尔河（Ruhr）流域①中某些热源气体释放明显与采矿无关；Judd 等（2007）报道，在爱尔兰海（Irish Sea）大量甲烷衍生的内源碳酸盐与石炭系含煤岩有关。因此，不能排除与煤层相关的重要自然渗漏的可能性，其作为甲烷来源的实际作用应通过对未受采矿干扰的含煤盆地进行实地测量来评估。

化石与现代甲烷

迄今为止，术语"地质甲烷"已被用于指代"化石"甲烷（Etiope and Klusman, 2002; Kvenvolden and Rogers, 2005; Etiope et al, 2008），其中不含放射性碳（大约 50 000 年前），通过放射性碳（$^{14}C\text{-}CH_4$）分析，可与土壤或浅层沉积物中近代有机物所释放的"现代"（modern）气体相区分。然而，在河口、三角洲和海湾或永冻土环境下更新世末期及全新世时期的沉积物中所产生的甲烷，尽管不一定是由化石产生的，却也被正式认为是地质甲烷。Judd（2004）、Judd 和 Hovland（2007）已广泛讨论了"近代"（recent）天然气。在文献调研以及对泥炭地、湿地和海洋的来源分类中，应考虑近代和当代（contemporary）微生物活动所产生的现代微生物甲烷。

---

① 著名煤矿产区。——译者注

4.3 通量及释放因子

4.3.1 微渗漏

目前对微渗漏释放量是基于可辨认同质区域的实际平均贡献值进行计算的,采用如下算式:$E=A\times <F>$,式中 A 代表区域面积(km^2 或 m^2),$<F>$ 代表平均通量值($t\ km^{-2}\ yr^{-1}$ 或 $kg\ m^{-2}\ d^{-1}$)。接下来是数据库统计分析,其中的 563 个测量值是由美国及欧洲不同油气盆地中进行的干燥土壤静态箱实验所获得(Etiope and Klusman, 2010)。微渗漏释放因子可划分为三种主要等级:

(1) 等级 1:高微渗漏($>50\ mg\ m^{-2}\ d^{-1}$);
(2) 等级 2:中微渗漏($5\sim 50\ mg\ m^{-2}\ d^{-1}$);
(3) 等级 3:低微渗漏($0\sim 5\ mg\ m^{-2}\ d^{-1}$)。

一般,等级 1 和 2 主要发生在以宏渗漏为主的区域和冬季的沉积盆地中。563 个通量数据点中,276 个为正通量(49%),而 3% 属于等级 1 范围(平均为 $210\ mg\ m^{-2}\ d^{-1}$)。等级 2 代表了约 12% 的调查区域(平均为 $14.5\ mg\ m^{-2}\ d^{-1}$),等级 3 一般出现在冬季远离宏渗漏的地区,约占被调查沉积区域的 34%(平均为 $1.4\ mg\ m^{-2}\ d^{-1}$)。这些百分比应被认为是释放因子的首个空间解集(disaggregation)。为获得更可靠、更具全局代表性的解集,必需获取更多的数据点。实际上,微渗漏通量取决于两个主要的地质因素:油藏气体的数量和压力,以及岩石和断层的通透性,而此两者又受控于地壳构造活动及脆性岩性反应。因此,在活动构造、新构造活动及地震活动较频繁的地区,预计释放因子会更高。

4.3.2 陆上宏渗漏

陆上宏渗漏通量主要来自在欧洲、阿塞拜疆(Etiope, 2009 及其参考文献)、亚洲(Yang et al, 2004)以及美国(例如, Duffy et al, 2007)等地的一些测定。宏渗漏气体通量的变化范围较大。小型泥火山($1\sim 5\ m$ 高)的单个排气口或火山口每年可释放数十吨的甲烷。一座完整的泥火山(含数十或数百个排气口)每年能够连续释放数百吨甲烷,泥火山爆发时则能在几小时内释放数千吨的甲烷。从 1810 年至今,在阿塞拜疆地区的 60 座泥火山已观测到多于 250 次的爆发。干渗漏(非泥火山)一般会带来较高的通量,每年可达数千吨(Etiope, 2009)。

同样值得考虑的是,在渗漏区周围总是伴随有大范围的微渗漏带,排气口有光晕,在计算总的气体渗漏释放时应包括微渗漏。此外,宏渗漏区的释放计算由宏渗漏通量部分($E_{macro}=\sum F_{vent}$,测量或估算的所有排气口通量总和)加上微渗漏部分($E_{micro}=A\times <F>$)的总和所决定。

迄今为止,对所有泥火山地区的测量(意大利、罗马尼亚、阿塞拜疆以及中国台湾地区),包含微渗漏和宏渗漏(排除爆发时的释放量)在内的具体通量范围在 $100\sim 1\ 000\ t\ km^{-2}\ yr^{-1}$(Etiope et al, 2002, 2004a, 2004b, 2007b; Hong and Yang, 2007)。

测量排气口通量有几种技术,包括封闭箱法系统、倒转漏斗系统、流量计(及配套的便携式气相色谱仪)、半导体组件及红外激光传感器。这些技术之前已在 Etiope 等(2002,2004a)中描述过。在某些情况下,火山爆发所产生的释放量仅通过目视或间接方法进行估计。

4.3.3 海底通量

海底释放数据主要来自美国(加利福尼亚的近海地区及墨西哥湾)、北海(the North Sea)、黑海、西班牙、丹麦、中国台湾地区及日本。但在很多情况下,这些数据仅仅反映从海底输出到水体的气体,而非直接排入大气的部分。在一万多平方千米的区域内,每年海底渗漏可释放出 $10^3 \sim 10^6$ 吨气体(Judd et al,1997)。个别渗漏或成群的气泡流每年的单独通量即可达几吨(Hornafius et al,1999;Judd,2004)。在区域及全球进行推算时所面临的主要问题之一,是与实际的活动渗漏面积相关的不确定性。

海底气体通量通常是以地球物理影像(回声探测仪、地震仪、浅底地层剖面仪、侧扫声呐记录仪)和气泡参数(气泡羽流及单一气泡的尺寸)为基础进行估算的,有时与海水的地球化学分析相关(如,Judd et al,1997)。近期的研究提出,可采用基于机载可见光/红外成像光谱法的遥感技术进行分析(Leifer et al,2006)。

4.3.4 地热及火山通量

火山并不是重要的甲烷释放源。火山气体中的甲烷浓度通常在几个 ppmv 级,其释放量一般通过 CO_2/CH_4 或 H_2O/CH_4 比率以及 CO_2 或 H_2O 通量推导出来,每年为数吨至数十吨(Ryan et al,2006;Etiope et al,2007a)。从地热流体(以无机合成、热变质作用和有机物的热裂解作用为主)中释放的甲烷,在全球范围来看是微不足道的。

地热排气口、碳酸喷气孔及冒泡泉水(bubbling spring)的气体组成中,CO_2 含量通常超过 90%。甲烷含量很低,一般在 0.01%~1%,但当气体排放总量的数量级达每年 $10^3 \sim 10^5$ 吨时,就会导致大量的甲烷被释放到大气中(单个排气口每年释放 $10^1 \sim 10^2$ 吨)。与之相比,土壤排气的单位面积通量一般数量级为 $1 \sim 10$ t km^{-2} yr^{-1} (Etiope et al,2007a)。在缺乏对甲烷直接测定的情况下,其释放量可通过已知的 CO_2 通量及 CO_2/CH_4 浓度比,或者水汽通量及水汽/CH_4 浓度比进行估算(Etiope et al,2007a)。

4.4 全球释放估计

对来自地质甲烷自然释放源的全球释放估计列于表 4.1;最新的估计总结在图 4.4 中。

表 4.1 地质来源甲烷的全球释放量

	释放量(Tg yr^{-1})	参考文献
海底渗漏	18~48	Hornafius et al（1999）
	10~30（20）	Kvenvolden et al（2001）
泥火山	5~10	Etiope and Klusman（2002）
	10.3~12.6	Dimitrov（2002）
	6	Milkov et al（2003）
	6~9	Etiope and Milkov（2004）
其他宏渗漏	3~4	Etiope et al（2008）
微渗漏	>7	Klusman et al（1998）
	10~25	Etiope and Klusman（2010）
地热/火山地区	1.7~9.4	Lacroix（1993）
	2.5~6.3[a]	Etiope and Klusman（2002）
	<1[b]	Etiope et al（2008）
	30~70[c]	Etiope and Klusman（2002）
总计	13~36[d]	Judd（2004）
	35~45[e]	Etiope and Milkov（2004）
	45[c,e]	Kvenvolden and Rogers（2005）
	40~60[c]	Etiope（2004）；Etiope and Klusman（2010）
	42~64[c]	Etiope et al（2008）-最佳估计
	30~80[c]	Etiope et al（2008）-扩展范围

注：a 未考虑火山；b 仅火山；c 未考虑天然气水合物；d 未考虑微渗漏；e 之前的微渗漏估计。

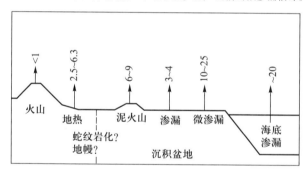

图 4.4 地质来源的甲烷释放估计，基于 Etiope 等（2008）的数据

全球的海底甲烷释放估算并用两套方法，一套基于渗漏通量，另一套基于地质甲烷的产量和可供渗漏的量（Kvenvolden et al,2001）。这两种方法带来了可相互比较的结果，分别为 30 Tg yr^{-1} 和 10 Tg yr^{-1}，平均约为 20 Tg yr^{-1}，这算是达成了某种共识但仍需细化（Judd,2004）。

不同于海底渗漏，全球的陆地甲烷释放量是基于自 2001 年以来数百个通量测量结果进行估算的。其中某些估算值（泥火山、微渗漏及地热源）采用 EMEP/CORINAIR 指南中所推荐的尺度上推（upscaling）方法，基于"释放因子"及"面源"或"点源"等基本概念（EEA,2004;ETIOPE et al,2007a）。

尽管对泥火山甲烷释放量的估算来自不同的数据集和方法，但其结果仅有细微差别。最近一次估算是基于 Etiope 和 Milkov（2004）的研究，以直接通量测量为基础，是唯一同时包括排气口排气以及火山口与排气口周围扩散微渗漏的估计。这项估算也是根据面积大小分类的泥火山进行计算的,之后汇总了 120 座泥火山的数据。其他渗漏的全球释放量是通过通量数据库计算的,而这些通量是基于对 12 个国家 66 个天然气渗漏处的直接测量或者目测估计获得的,并假设其通量和大小分布能代表全球至少 12 500 处的宏渗漏群体(Etiope et al,2008)。

最近的全球微渗漏释放量基于全球油、气田面积的精确估算,以及 TPS,即根据全球数据集的 563 个测量值在三个公认的微渗漏水平上计算的平均通量,这里假定三个水平出现的百分率(3%、12%和 34%)在全球尺度上也是有效的(Etiope and Klusman,2010)。由于在每个季节都进行了测量,因此季节变化也被整合到数据集中。将测量范围扩展到所有油、气田区域,微渗漏释放总值的数量级达到 11~13 Tg yr^{-1}。外推至全球的潜在微渗漏区域(TSP:~8 000 000 km^2),结果为 25 Tg yr^{-1}。这些估计与 Klusman 等(1998)以及 Etiope 和 Klusman(2002)最早提出的低限值 7 Tg yr^{-1}一致。然而,为了细化三个水平的分类和实际的渗漏面积,还需要针对不同区域和不同季节的更多测量。最终,Lacroix(1993)初步提出,全球地热甲烷通量的估计值为 0.9~3.2 Tg yr^{-1}。Etiope 和 Klusman(2002)报道了更大范围的数据集,保守估计全球地热甲烷通量介于 2.5~6.3 Tg yr^{-1}。Lacroix(1993)也计算出全球火山甲烷通量为 0.8~6.2 Tg yr^{-1}。更近的研究中,火山释放的甲烷被认为不会超过 1 Tg yr^{-1}(Etiope et al,2008)。

因此,全球地质甲烷释放的估算,以泥火山为主加上其他渗漏,再加上微渗漏、海底渗漏、地热及火山释放,范围在 42~64 Tg yr^{-1}(平均为 53 Tg yr^{-1}),约占总甲烷释放量的 10%,这意味着地质甲烷释放为仅次于湿地释放的重要自然甲烷源。最近重新评价了化石甲烷收支对大气的贡献(~30%),确认地质甲烷源代表着化石甲烷中失踪的部分(参见 Lassey et al,2007;Etiope et al,2008),这也意味着化石甲烷总释放量要比化石燃料产业所释放的甲烷要高。据 IPCC,全球地质甲烷释放的估计值相对于其他来源(如生物质燃烧、白蚁、野生动物、海洋及湿地)处于同一水平或更高一些(Denman et al,2007)(图 4.5)。

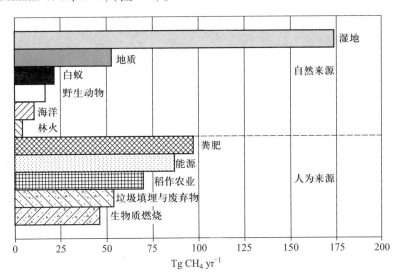

图 4.5 重新评估全球甲烷释放源

数据来源:自然与人为来源部分来自 IPCC AR4 的数据(Denmen et al,2007;表 7.6 中的平均值);地质甲烷来源部分来自 Etiope 等(2008)。

4.4.1　不确定性

微渗漏和宏渗漏等的释放因子及其相关范围是众所周知的。全球甲烷释放量估算的不确定性主要是由于对浅海底部宏渗漏的实际面积缺乏了解,甚至更重要的是,对无形的微渗漏旱地面积也缺乏认识。显然,所有的渗漏及微渗漏地带都出现在含烃地区,尤其是 TPS 区域内(Etiope and Klusman, 2010),但实际微渗漏面积却并不清楚。因此,随着对不确定性估算的增加,空间解集的三个主要水平是可以确定的:包括(包含)已查清的微渗漏通量位点的面积;包含宏渗漏的面积(此地区非常可能会发生微渗漏);包含油气田的面积(可能会发生微渗漏)。

这种分类可用于尺度上推过程,但到目前为止尚无已查清微渗漏的详细地图。甲烷释放估算中面积的定义基于同质可识别面积的辨认情况以及通量测量的空间差异情况。最近的估算是基于油田分布进行的,并根据之前的一些数据集,假定约有 50% 的油田区域其甲烷释放来源于土壤(Etiope and Klusman, 2010)。从油田分布地图中识别的区域继而转变为多边形,之后用于计算。所绘的多边形被用作估计释放区域面积的粗略方法。要补充说明的是,多边形的使用很可能导致高估和(或)低估释放面积。不过在某种意义上整个情景(scenario)的释放估值要比料想更为接近实际值,因为面积估算的误差已经被抵消了。

从定性角度看,微渗漏的释放量冬季较高,夏季较低,这是因为甲烷氧化菌的活性在两个季节是不同的。甲烷氧化菌可使甲烷在进入大气层之前就被氧化掉。其他的短期或季节性变化主要是由气象和土壤条件引起的。长期变化(十年、百年和千年)是由内源因素(岩石、构造应力等压力梯度的变化)所造成的。

对宏渗漏而言,不确定性的主要来源为释放的时间变化。占最大部分的释放发生在"单独"地质事件和火山爆发期间,因而是难以模拟的。最后综合的释放量也同样不易计量。因此,一般进行计算时使用假设:已计数排气口为连续气体释放。同样,排气口的调查又是一项附加的不确定性来源。无论是在陆上还是海底,多数大型宏渗漏已经被识别并进行了研究,但大多数小型的还未被确定、调查或记录表征。

4.5　结　　论

地质释放为仅次于湿地的第二大气态碳氢化合物自然释放源,等于或高于其他人为释放源。大气层中化石甲烷组分估计约占 30%,这支持了有关地质甲烷源强度至少是人为化石释放 50% 的说法,达 $90\sim100$ Tg yr^{-1}(Lassey et al, 2007; Etiope et al, 2008)。

地质来源的释放因子已经了解得很清楚了。然而,由于来自土壤和海底微渗漏的释放面积不是特别清楚,因此产生了许多不确定性。不过此处全球释放估算的不确定性要低于来自文献和 IPCC 报告中的一些其他传统方法,或与之相当。因此,为了减少不确定性,需要基于直接现场测量(特别是微渗漏扩散及水下源)的进一步研究。

由于新构造运动(Neotectonics)、地震活动和岩浆作用可控制地下气体的积累、迁移和释放,因此对行星排气有深远的影响(Morner and Etiope, 2002)。泥火山活跃度也与地震事件有关(Mellors et al, 2007)。切削更新世岩沉积物的新构造断层(faults)和断裂(fractures)被公认为流体从底辟构造(diapir)和油气聚集(hydrocarbon accumulation)处上升的迁移途径(如, Revil, 2002)。盐构造(Salt tectonics)本身就是产生地壳脆弱地带的有利因素,是非常有效的气体迁移路径(Etiope et al, 2006)。地质甲烷源在岩石和沉积物中的气体迁移基本上遵循物理定律(即断裂介质中气体的迁移方程;如 Etiope and Martinelli, 2002)。如今非常清楚的是,大气中温室气体的收支并非独立于固态地球的地球物理学过程,后者导致的岩石圈排气被称为我们这颗行星的第三种"呼吸"。

参 考 文 献

Abrajano, T. A., Sturchio, N. C., Bohlke, J. K., Lyon, G. L., Poreda, R. J. and Stevens, C. M. (1988) 'Methane-hydrogen gas seeps, Zambales Ophiolite, Philippines: Deep or shallow origin?', *Chem. Geol.*, vol 71, pp211–222

Abrams, M. A. (2005) 'Significance of hydrocarbon seepage relative to petroleum generation and entrapment', *Mar. Petrol. Geol.*, vol 22, pp457–477

Borowski, W. S., Paull, C. K. and Ussler, W. (1999) 'Global and local variations of interstitial sulfate gradients in deep-water, continental margin sediments: Sensitivity to underlying CH_4 and gas hydrates', *Mar. Geol.*, vol 159, pp131–154

Clarke, R. H. and Cleverly, R. W. (1991) 'Petroleum seepage and post-accumulation migration', in W. A. England and A. J. Fleet (eds) *Petroleum Migration*, Geological Society Special Publication N. 59, Geological Society of London, Bath, pp265–271

Denman, K. L., Brasseur, G., Chidthaisong, A., Ciais, P., Cox, P. M., Dickinson, R. E., Hauglustaine, D., Heinze, C., Holland, E., Jacob, D., Lohmann, U., Ramachandran, S., da Silva Dias, P. L., Wofsy S. C. and Zhang, X. (2007) 'Couplings between changes in the climate system and biogeochemistry' in S. Solomon, D. Qin, M. Manning, Z. Chen, M. Marquis, K. B. Averyt, M. Tignor and H. L. Miller (eds) *Climate Change 2007: The Physical Science Basis*, Cambridge University Press, Cambridge and New York, pp499–587

Dimitrov, L. (2002) 'Mud volcanoes – the most important pathway for degassing deeply buried sediments', *Earth-Sci. Rev.*, vol 59, pp49–76

Duffy, M., Kinnaman, F. S., Valentine, D. L., Keller, E. A. and Clark J. F. (2007) 'Gaseous emission rates from natural petroleum seeps in the Upper Ojai Valley', *California Environ. Geosciences.*, vol 14, pp197–207

EEA (European Environment Agency) (2004) *Joint EMEP/CORINAIR Atmospheric Emission Inventory Guidebook*, 4th Edition, European Environment Agency, Copenhagen, http://reports.eea.eu.int/EMEPCORINAIR4/en

EMEP/EEA (European Monitoring and Evaluation Programme/EEA) (2009) *EMEP/EEA Air Pollutant Emission Inventory Guidebook – 2009. Technical Guidance to Prepare National Emission Inventories*, EEA Technical report No 6/2009, European Environment Agency, Copenhagen, doi:

10.2800/23924

Emmanuel, S. and Ague, J. J. (2007) 'Implications of present-day abiogenic methane fluxes for the early Archean atmosphere', *Geophys. Res. Lett.*, vol 34, L15810

Etiope, G. (2004) 'GEM-Geologic Emissions of Methane, the missing source in the atmospheric methane budget', *Atm. Environ.*, vol 38, pp3099–3100

Etiope, G. (2009) 'Natural emissions of methane from geological seepage in Europe', *Atm. Environ*, vol 43, pp1430–1443

Etiope, G. and Ciccioli, P. (2009) 'Earth's degassing-A missing ethane and propane source', *Science*, vol 323, no 5913, p478

Etiope, G. and Klusman, R. W. (2002) 'Geologic emissions of methane to the atmosphere', *Chemosphere*, vol 49, pp777–789

Etiope, G. and Klusman, R. W. (2010) 'Microseepage in drylands: Flux and implications in the global atmospheric source/sink budget of methane', *Global Planet. Change*, doi: 10.1016/j.gloplacha.2010.01.002, in press

Etiope, G. and Martinelli, G. (2002) 'Migration of carrier and trace gases in the geosphere: An overview', *Phys. Earth Planet. Int.*, vol 129, no 3–4, pp185–204

Etiope, G. and Milkov, A. V. (2004) 'A new estimate of global methane flux from onshore and shallow submarine mud volcanoes to the atmosphere', *Env. Geology*, vol 46, pp997–1002

Etiope, G., Caracausi, A., Favara, R., Italiano, F. and Baciu, C. (2002) 'Methane emission from the mud volcanoes of Sicily (Italy)', *Geophys. Res. Lett.*, vol 29, no 8, doi: 10.1029/2001GL014340

Etiope, G., Feyzullaiev, A., Baciu, C. L. and Milkov, A. V. (2004a) 'Methane emission from mud volcanoes in eastern Azerbaijan', *Geology*, vol 32, no 6, pp465–468

Etiope, G., Baciu, C., Caracausi, A., Italiano, F. and Cosma, C. (2004b) 'Gas flux to the atmosphere from mud volcanoes in eastern Romania', *Terra Nova*, vol 16, pp179–184

Etiope, G., Papatheodorou, G., Christodoulou, D., Ferentinos, G., Sokos, E. and Favali, P. (2006) 'Methane and hydrogen sulfide seepage in the NW Peloponnesus petroliferous basin (Greece): Origin and geohazard', *Amer. Assoc. Petrol. Geol. Bulletin*, vol 90, no 5, pp701–713

Etiope, G., Fridriksson, T., Italiano, F., Winiwarter, W. and Theloke, J. (2007a) 'Natural emissions of methane from geothermal and volcanic sources in Europe', *J. Volc. Geoth. Res.*, vol 165, pp76–86

Etiope, G., Martinelli, G., Caracausi, A. and Italiano, F. (2007b) 'Methane seeps and mud volcanoes in Italy: Gas origin, fractionation and emission to the atmosphere', *Geophys. Res. Lett.*, vol 34, doi:10.1029/2007GL030341

Etiope, G., Lassey, K. R., Klusman, R. W. and Boschi, E. (2008) 'Reappraisal of the fossil methane budget and related emission from geologic sources', *Geophys. Res. Lett.*, vol 35, no L09307, doi:10.1029/2008GL033623

Etiope, G., Feyzullayev, A. and Baciu, C. L. (2009) 'Terrestrial methane seeps and mud volcanoes:

A global perspective of gas origin', *Mar. Petroleum Geology*, vol 26, pp333–344

Fiebig, J., Chiodini, G., Caliro, S., Rizzo, A., Spangenberg, J. and Hunziker, J. C. (2004) 'Chemical and isotopic equilibrium between CO_2 and CH_4 in fumarolic gas discharges: Generation of CH_4 in arc magmatic-hydrothermal systems', *Geochim Cosmochim Acta*, vol 68, pp2321–2334

Hong, W. L. and Yang, T. F. (2007) 'Methane flux from accretionary prism through mud volcano area in Taiwan – from present to the past', *Proceed. 9th International Conference on Gas Geochemistry*, 1–8 October, 2007, National Taiwan University, pp80–81

Hornafius, J. S., Quigley, D. and Luyendyk, B. P. (1999) 'The world's most spectacular marine hydrocarbon seeps (Coal Oil Point, Santa Barbara Channel, California): Quantification of emissions', *J. Geoph. Res.*, vol 104, pp20703–20711

Hosgormez, H., Etiope, G. and Yalçın, M. N. (2008) 'New evidence for a mixed inorganic and organic origin of the Olympic Chimaera fire (Turkey): A large onshore seepage of abiogenic gas', *Geofluids*, vol 8, pp263–275

Hunt, J. M. (1996) *Petroleum geochemistry and geology*, W. H. Freeman and Co., New York

Judd, A. G. (2004) 'Natural seabed seeps as sources of atmospheric methane', *Env. Geology*, vol 46, pp988–996

Judd, A. G. and Hovland, M. (2007) *Seabed Fluid Flow: Impact on Geology, Biology and the Marine Environment*, Cambridge University Press, Cambridge, UK, web material: www.cambridge.org/catalogue/catalogue.asp?isbn=9780521819503&ss=res

Judd, A. G., Davies, J., Wilson, J., Holmes, R., Baron, G. and Bryden, I. (1997) 'Contributions to atmospheric methane by natural seepages on the UK continental shelf', *Mar. Geology*, vol 137, pp165–189

Judd, A. G., Hovland, M., Dimitrov, L. I., Garcia Gil, S. and Jukes, V. (2002) 'The geological methane budget at Continental Margins and its influence on climate change', *Geofluids*, vol 2, pp109–126

Judd, A. G., Croker P., Tizzard, L. and Voisey, C. (2007) 'Extensive methane-derived authigenic carbonates in the Irish Sea', *Geo-Marine Lett.*, vol 27, pp259–268

Khan, S. D. and Jacobson, S. (2008) 'Remote sensing and geochemistry for detecting hydrocarbon microseepages', *GSA Bulletin*, vol 120, no 1–2, pp96–105

Klusman, R. W., Jakel, M. E. and LeRoy, M. P. (1998) 'Does microseepage of methane and light hydrocarbons contribute to the atmospheric budget of methane and to global climate change?', *Assoc. Petrol. Geochem. Explor. Bull.*, vol 11, pp1–55

Klusman, R. W., Leopold, M. E. and LeRoy, M. P. (2000) 'Seasonal variation in methane fluxes from sedimentary basins to the atmosphere: Results from chamber measurements and modeling of transport from deep sources', *J. Geophys. Res.*, vol 105D, pp24661–24670

Kopf, A. J. (2002) 'Significance of mud volcanism', *Rev. Geophysics*, vol 40, no 1005, pp1–52, doi:10.1029/2000RG000093

Kvenvolden, K. A. (1988) 'Methane hydrate and global climate', *Global Biog. Cycles*, vol

2, pp221-229

Kvenvolden, K. A. and Rogers, B. W. (2005) 'Gaia's breath-global methane exhalations', *Mar. Petrol. Geol.*, vol 22, pp579-590

Kvenvolden, K. A., Lorenson, T. D. and Reeburgh, W. (2001) 'Attention turns to naturally occurring methane seepage', *EOS*, vol 82, p457

Lacroix, A. V. (1993) 'Unaccounted-for sources of fossil and isotopically enriched methane and their contribution to the emissions inventory: A review and synthesis', *Chemosphere*, vol 26, pp507-557

Lassey, K. R., Lowe, D. C. and Smith, A. M. (2007) 'The atmospheric cycling of radiomethane and the "fossil fraction" of the methane source', *Atmos. Chem., Phys.*, vol 7, pp2141-2149

Leifer, I., and Patro, R. K. (2002) 'The bubble mechanism for methane transport from the shallow sea bed to the surface: A review and sensitivity study', *Cont. Shelf Res.*, vol 22, pp2409-2428

Leifer, I., Roberts, D., Margolis, J. and Kinnaman, F. (2006) 'In situ sensing of methane emissions from natural marine hydrocarbon seeps: A potential remote sensing technology', *Earth and Planetary Science Letters*, vol 245, pp509-522

Lelieveld, J., Crutzen, P. J. and Dentener, F. J. (1998) 'Changing concentration, lifetime and climate forcing of atmospheric methane', *Tellus*, vol 50B, pp128-150

Magoon, L. B. and Schmoker, J. W. (2000) 'The Total Petroleum System-the natural fluid network that constraints the assessment units', in *US Geological Survey World Petroleum Assessment 2000. Description and results*, USGS Digital Data Series 60, World Energy Assessment Team, USGS Denver Federal Center, Denver, CO, p31

Mellors, R., Kilb, D. Aliyev, A., Gasanov, A. and Yetirmishli, G. (2007) 'Correlations between earthquakes and large mud volcano eruptions', *J. Geophys. Res.*, vol 112, B04304, doi: 10.1029/2006JB004489

Milkov, A. V. (2000) 'Worldwide distribution of submarine mud volcanoes and associated gas hydrates', *Mar. Geology*, vol 167, no 1-2, pp29-42

Milkov, A. V., Sassen, R., Apanasovich, T. V. and Dadashev, F. G. (2003) 'Global gas flux from mud volcanoes: A significant source of fossil methane in the atmosphere and the ocean', *Geoph. Res. Lett.*, vol 30, no 2, 1037, doi:10.1029/2002GL016358

Morner, N. A. and Etiope, G. (2002) 'Carbon degassing from the lithosphere', *Global and Planet. Change*, vol 33, no 1-2, pp185-203

Prather, M., Ehhalt, D., Dentener, F., Derwent, R., Dlugokencky, E. J., Holland, E., Isaksen, I., Katima, J., Kirchhoff, V., Matson, P., Midgley, P. and Wang, M. (2001) 'Atmospheric chemistry and greenhouse gases', in J. T. Houghton, T. Y. Ding, D. J. Griggs, M. Nogeur, P. J. van der Linden, X. Dai, K. Maskell and C. A. Johnson (eds) *Climate Change* 2001: *The Scientific Basis. Contribution of Working Group I to the Third Assessment Report of the Intergovernmental Panel on Climate Change*, Cambridge University Press, Cambridge, pp239-287

Revil, A. (2002) 'Genesis of mud volcanoes in sedimentary basins: A solitary wave-based mechanism', *Geophys. Res. Lett.*, vol 29, no 12, doi:10.1029/2001GL014465

Ryan, S., Dlugokencky, E. J., Tans, P. P. and Trudeau, M. E. (2006) 'Mauna Loa volcano is not a methane source: Implications for Mars', *Geophys. Res. Lett.*, vol 33, L12301, doi: 10.1029/2006GL026223

Sano, Y., Urabe, A., Wakita, H. and Wushiki, H. (1993) 'Origin of hydrogen-nitrogen gas seeps, Oman', *Applied Geochem.*, vol 8, pp1–8

Saunders, D. F., Burson, K. R. and Thompson, C. K. (1999) 'Model for hydrocarbon microseepage and related nearsurface alterations', *AAPG Bulletin*, vol 83, pp170–185

Schimel, D., Alves, D., Enting, I., Heimann, M., Joos, F., Raynaud, D., Wigley, T., Prather, M., Derwent, R., Ehhalt, D., Fraser, P., Sanhueza, E., Zhou, X., Jonas, P., Charlson, R., Rodhe, H., Sadasivan, S., Shine, K. P., Fouquart, Y., Ramaswamy, V., Solomon, S., Srinivasan, J., Albritton, D., Derwent, R., Isaksen, I., Lal, M. and Wuebbles, D. (1996) 'Radiative forcing of climate change', in J. T. Houghton, L. G. M. Filho, B. A. Callander, N. Harris, A. Kattenberg, and K. Maskell (eds) *Climate Change 1995: The Science of Climate Change, Intergovernmental Panel on Climate Change*, Cambridge University Press, Cambridge, pp65–131

Schmale, O., Greinert, J. and Rehder, G. (2005) 'Methane emission from high-intensity marine gas seeps in the Black Sea into the atmosphere', *Geophys. Res. Lett.*, vol 32, L07609, doi: 10.1029/2004GL021138

Schumacher, D. and Abrams, M. A. (1996) 'Hydrocarbon migration and its near surface expression', *Amer. Assoc. Petrol. Geol., Memoir*, vol 66, p446

Taran, Y. A. and Giggenbach, W. F. (2003) 'Geochemistry of light hydrocarbons in subduction-related volcanic and hydrothermal fluids', in S. F. Simmons and I. Graham (eds) *Volcanic, Geothermal, and Ore-forming Fluids: Rulers and Witnesses of Processes Within the Earth*, Society of Economic Geologists, Special Publication, no 10, pp61–74

Thielemann, T., Lucke, A., Schleser, G. H. and Littke, R. (2000) 'Methane exchange between coal-bearing basins and the atmosphere: The Ruhr Basin and the Lower Rhine Embayment, Germany', *Org. Geochem.*, vol 31, pp1387–1408

US EPA (United States Environmental Protection Agency) (2010) *Methane and Nitrous Oxide Emissions from Natural Sources*, Report no EPA–430–R–09–025, US Environmental Protection Agency, Office of Atmospheric Programs, Climate Change Division, Washington, DC

Wagner, M., Wagner, M., Piske, J. and Smit, R. (2002) 'Case histories of microbial prospection for oil and gas, onshore and offshore northwest Europe', in D. Schumacher and L. A. LeSchack (eds) *Surface Exploration Case Histories: Applications of Geochemistry, Magnetics and Remote Sensing*, AAPG Studies in Geology no 48 and SEG Geophys. Ref. Series no 11, pp453–479

Yang, T. F., Yeh, G. H., Fu, C. C., Wang, C. C., Lan, T. F., Lee, H. F., Chen, C.-H., Walia, V. and Sung, Q. C. (2004) 'Composition and exhalation flux of gases from mud volcanoes in Taiwan', *Environ. Geol.*, vol 46, pp1003–1011

第 5 章

白　蚁

David E. Bignell

5.1 前　言

过去 20 年间,在全球变化的背景下,陆地生态系统碳循环得到了越来越多的关注。人们继而致力于量化整个地表碳循环,其中尤其关注温室气体的排放。在诸多陆地生物群落中,社会性昆虫明显拥有巨大的生物量和丰度,它们对生态系统过程有着重要影响(Hölldobler and Wilson,2009)。在社会性昆虫中,蚂蚁和白蚁的数量不仅明显超过蜜蜂和黄蜂,而且是极其常见的大型节肢动物(例如 Billen,1992;Stork and Brendell,1993)。Fittkau 和 Klinge(1973)在他们经典,但仍与亚马孙中央雨林高度相关的研究中表明,蚂蚁和白蚁共同组成了所有动物物种中超过 15%的生物量。随后的研究表明,这种优势一般表现于潮湿的热带地区,并且得益于采样方法的改进(特别对于隐居白蚁而言更是如此,详见 Moreira et al,2008),研究同时指出,白蚁种群的贡献更大,在一些异常情况下,其生物量密度高达 100 g m^{-2},只有蚯蚓能与之相比(Wood and Sands,2978;Lavelle et al,1997;Watt et al,1997;Bigneel and Eggleton,2000; Bignell,2006)。白蚁群体能产生一系列对大气化学和地球辐射平衡有潜在影响的痕量气体。这些气体包括 CO_2、CH_4、N_2O、H_2、CO 和氯仿($CHCl_3$),但其中只有 CO_2 和 CH_4 的产量足以在全球温室气体收支尺度上进行考虑(Khalil et al,1990)。其中,CH_4 的排放最为引人关注,因为在 100 年的时间跨度上,其辐射强迫潜力为 CO_2 的 25 倍。因此,针对白蚁集群(assemblage)出现了一些定量研究,且往往伴有对其大气甲烷通量贡献的估算尝试。

5.2 甲烷产生的生物化学与微生物学

有关微生物产生甲烷过程的详细讨论超出了本章范围(参见第 2 章)。最新发表的文章中 Breznak(2006)、Brune(2006)、Breznak 和 Leadbetter(2006)及 Purdy(2007)对相关的微生物学和微生物生理学方面做了很好的研究。Hackstein 等(2006)回顾了陆生节肢动物产甲烷的普遍现象。尽管人们对白蚁消化木质纤维素的了解已超过了60年(Hungate,1946),但仍有问题需要继续细化研究。

5.3 白蚁的净甲烷排放

在实验室内隔离的白蚁(工蚁)产甲烷速率水平从无法检出至 1.6 $\mu mol\ g^{-1}\ h^{-1}$ 不等(Brauman et al,1992;Bignell et al,1997;Nunes et al,1997;Sugimoto et al,1998a,1998b)。Zimmerman 等(1982)首次观察到了白蚁的大量甲烷释放,并估计其年排放量为 75~310 $Tg\ yr^{-1}$,相当于全球甲烷来源的 13%~56%。但之后估算的白蚁甲烷年排放量要低很多,分别为 10~90 $Tg\ yr^{-1}$(Rasmussen and Khalil,1983)、10~30 $Tg\ yr^{-1}$(Collins and Wood,1984)、2~5 $Tg\ yr^{-1}$(Seiler et al,1984)和 6~42 $Tg\ yr^{-1}$(Fraser et al,1986)。更具争议性的是,Zimmerman 等(1982)在承认不确定性的同时,却预测在土地利用变化的特定情景(scenario)下,白蚁与其他所有甲烷自然源的排放量相等。从那时起,许多研究人员重复了这个课题,几乎推翻了 Zimmerman 等(1982)的所有假设,但是后者首次关注了摄食(=功能性)群体均衡(functional group balances)在痕量气体排放方面的重要性,这个贡献是值得肯定的。Sanderson (1996)、Bignell 等(1997)及 Sugimoto 等(1998b)总结了甲烷总产量的可用数据,强调了不同生物地理区系中不同功能群体均衡的差异,以及在进行尺度上推时获取当地种群精确数据的重要性。这三篇文章暂估出的白蚁总甲烷产量均小于或远小于全球甲烷源的20%,但同时也强调,在最终评估白蚁净贡献量之前,应关注理解甲烷的源和汇(特别是土壤微生物活动对当地所产生甲烷的氧化作用)相互作用的重要性。

很明显,群体的总甲烷产量依赖于白蚁个体的甲烷排放速率以及蚁群大小。其中,白蚁个体的甲烷排放速率较为容易测定,而蚁群大小通常是结合猜测和外推来确定的(Eggleton et al,1996;Bignell et al,1997;MacDonald et al,1999)。纵观整个白蚁种群谱的数据,同一品级(caste)白蚁的甲烷排放量是相对一致的,其中工蚁(workers)(丰度最高的品级)比兵蚁(soldiers)、生殖蚁(reproductives)和若蚁(nymphs)要高(Sugimoto et al,1998a)。因此,大多数蚁群产量的估计仅基于对工蚁甲烷排放的测量。在各空间尺度下,不同蚁群中工蚁甲烷排放的任何变化,对于外推法估算都是非常关键的。Wheeler 等(1996)报道,在低等蚁群中,甲烷排放量有极大的群间差异;而在较高等的蚁群中,不管是跨同种甚至同属,甲烷排放量则显得更为一致(Sugimoto et al,1998a)。

Brauman 等(1992)及 Rouland 等(1993)的早期研究专注于不同种类及不同食性分组间甲烷通量的差异,他们比较了从非洲和北美洲获取的 24 种白蚁样品。对于单位生物量的白蚁来说,食土壤的种类比食木质的种类会产生更多的甲烷,在一些案例中生成速率超过 1.0 $\mu mol\ g^{-1}\ h^{-1}$。这种差异在非洲集群(Nunes et al,1997)以及东南亚和澳大利亚(Jeeva et al,1998;Sugimoto et al,1998a)等地区得到证实,以上研究中的工蚁皆为标准条件下孵化。虽然也有一些更高排放速率的报道,但食木质的白蚁排放量范围通常为可忽略到 0.2 $\mu mol\ g^{-1}\ h^{-1}$ 之间,而食土壤的白蚁则为 0.1~0.4 $\mu mol\ g^{-1}\ h^{-1}$。食真菌的大白蚁亚科(Macrotermitinae)的排放量则在 0.1~0.3 $\mu mol\ g^{-1}\ h^{-1}$ 变化。然而,某些巢群(colony)的甲烷排放量非常大,即使在其生物量相对较低的情况下,仍能成为可观的甲烷排放点源(Tyler et al,1988;Darlington et al,1997)。但是,喀麦隆和婆罗洲集群中具有突出甲烷排放的是白蚁属(*Termes*)的某些种,甲烷产量稳定在 0.5~1.0 $\mu mol\ g^{-1}\ h^{-1}$。泰国和澳大利亚北部白蚁属/歪白蚁属(*Capritermes*)分支的其他一些成员甲烷产量也较高(Sugimoto et al,1998a)。然而,某些白蚁种类(特别是以坚实木质或相对未腐烂材料为食的种类)产生较少或不产生甲烷。据报道,小楹白蚁(*Incisitermes minor*)的甲烷排放量非常高,达 1.6 $\mu mol\ g^{-1}\ h^{-1}$,不过这仅仅是单个巢群的表现,同物种的其他 10 个巢群根本就不产生甲烷(Wheller et al,1996)。Sugimoto 等(1998a)也同样认为,相同物种不同巢群间的甲烷产量会有较大的变化,这种现象与众所周知的微生物产甲烷过程(内部会有渐弱的氧化还原失衡)有所出入,就会给更大尺度上的估算带来麻烦。尽管不是所有的文献报道都可以进行比较,但仍可看出不同白蚁亚科间甲烷产量存在分类学差异(表 5.1),这可能是因为尖白蚁亚科(Apicotermitinae)和白蚁亚科(Termitinae)中以食土壤类群占优势。在大多数情况下,总碳(C)矿化中的排放,CH_4 所占比例较小(Bignell et al,1997)。文献中显示最高释放的那张图是澳大利亚一种食土壤的白蚁(*Lophotermes septentrionalis*),在总碳释放中有超过 8%是以甲烷形式排放的(Sugimoto et al,1998a)。被报道的其他四种食土壤白蚁物种为 *Megagnathotermes sunteri*、*Cubitermes heghi*、*Procubitermes arboricola*(皆为白蚁亚科)和 *Jugositermes tuberculatus*(尖白蚁亚科),其甲烷释放量占碳外排量(efflux)的 5%~6%(Bignell et al,1997;Sugimoto et al,1998a)。

表 5.1 按亚科和食性分组的工蚁甲烷释放值范围(Sugimoto et al,1998b)

亚科	食性	CH_4 释放范围 ($\mu mol\ g^{-1}\ h^{-1}$)	CH_4 释放均值 ($\mu mol\ g^{-1}\ h^{-1}$)	CH_4/CO_2 范围
大白蚁亚科	木质、叶凋落物	0.02~0.36	0.15 (23)	0.001~0.025
白蚁亚科(食木者)	木质、草	0.04~0.17	0.11 (13)	0.000 3~0.030
白蚁亚科(食土者)	土壤、腐殖质	0.11~1.09	0.41 (16)	0.026~0.090
象白蚁亚科	木质、草	0.11~0.18	0.16 (8)	0.012~0.016
尖白蚁亚科	土壤、腐殖质	0.05~0.70	0.28 (7)	0.003~0.054

注:报道值(观测的数量在括号中)的算术平均值,同时给出 CH_4/CO_2 比例的范围。
来源:表来自 Sugimoto 等(2000),得到 Springer Sciences and Business Media 许可。

大多数实验室中测定甲烷释放时用的是从蚁丘中采集的白蚁,但在喀麦隆的研究中有一项重要发现,所有白蚁中仅有约 10%的个体可在任意给定时刻从蚁丘中采集到(Eggleton et al,1996)。许多不在蚁丘中的白蚁属于那些根本就不建造蚁丘的种类,或者是觅食时暂时离开巢穴的种类,但这两种情况下的白蚁,其生理状况都会有异于蚁丘内部的白蚁,因此甲烷气体产生与白蚁周围的直接环境之间的相互作用也会各异。这说明在试图进行尺度上推前,掌握白蚁集群结构和动态知识以及一套全面的离体甲烷释放测量数据是非常重要的。

日益明确的是,土壤中微生物对甲烷的氧化作用是全球甲烷收支的重要组成部分(IPCC,1995),约占全部自然源的四分之一,可能是陆地生态系统唯一的甲烷汇(Reeburgh et al,1993)。从热带雨林至寒带苔原的土壤环境中都观察到了甲烷氧化作用,但其对干扰有较高的敏感性(例如,伐木或者犁耕),该观察结果表明对自然或半自然森林土壤的保育是非常重要的(参考 MacDonald et al,1998)。理论上占地球陆地表面8%的原始及较老的次生热带雨林中可能包含全部白蚁生物量的66%~75%(Bignell et al,1997),因此在研究 CH_4 通量时会对此最感兴趣。通常该处的土壤中有发生氧化作用的潜力,筑巢材料和蚁丘壁内部也是如此。

MacDonald 等(1998,1999)调查了样点尺度下热带雨林土壤中 CH_4 产生和氧化之间的关系,集中研究了食土壤的白蚁对甲烷产生的作用,在缺乏积水的地方有可能是甲烷产生的最大来源。甲烷的产生是呈斑块状的,这反映出采样样点间土壤剖面中白蚁丰度的巨大差异。CH_4 吸收能力也各有不同,大部分为正值,换言之,理论上未受干扰的区域可氧化有关白蚁产生的所有 CH_4,即便该处有非常高的白蚁丰度和生物量。其他一些研究聚焦于有密闭结构的蚁丘,结果显示其氧化能力与白蚁所产生的甲烷相匹配(Sugimoto et al,1998a,1998b)。这些研究十分重要,因为它们评估了将局地氧化效应作为尺度上推到区域和全球尺度甲烷释放因子的必要性。

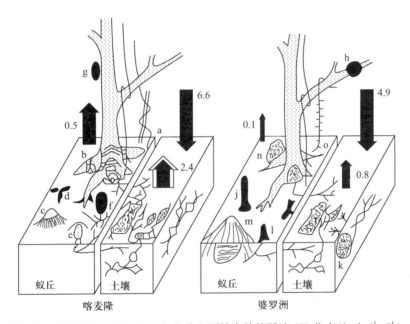

图 5.1 喀麦隆和婆罗洲近原始森林和原始森林的局地 CH_4 收支($kg\ ha^{-1}yr^{-1}$)

注:对每个森林系统来说,左图说明了最常见的地上蚁丘和树栖巢,右图说明了土壤中的白蚁通路(在某些情况下与蚁丘建造种类相关)。向上箭头表示所测定的来自蚁丘的甲烷释放和所估算的来自白蚁种群的总甲烷释放量。向下箭头表示在土壤中所测定的净 CH_4 通量(两个站点都是净汇)。图示的蚁丘/巢穴中白蚁物种包括:(a) *Astalotermes quietus*,(b) *Procubitermes arboricola*,(c) *Cephalotermes rectangularis*,(d) *Cubitermes* spp.,(e) *Cubitermes fungifaber*,(f) *Thoracotermes macrothorax*,(g) *Nasutitermes* spp.,(h) *Bulbitermes* spp.,(j) *Dicuspiditermes* spp.,(k) *Prohamitermes mirabilis*,(l) *Procapritermes* spp.,(m) *Macrotermes gilvus*(严格地说这不是一个森林物种,但与轨道和通路有关),(n) *Hospitalitermes hospitalis*,以及(o) *Lacessititermes* sp.。来自 g、m 和 n 蚁丘的释放尚未确定,没有计入收支。还要注意,一些蚁丘可能部分或完全被其他物种作为次级巢群地而占领。

* 在喀麦隆由土壤白蚁产生的总甲烷产量是 Bignell 等(1997)所做的较低估计。更高的甲烷通量是可能的,反映出种群数量的年际变化较大。未按比例绘制。

来源:数据来自 Bignell 等(1997)、Macdonald 等(1999)和 Jeeva(1998)。图形来自 Sugimoto 等(2000),由 Springer Sciences and Business Media 授权。

土壤中甲烷的氧化速率似乎主要是受调节气体扩散的土壤物理性质控制,例如,土壤质地(Dorr et al,1993)、含水量(Castro et al,1995)和温度(Grill,1991)。氮输入(N)(Steudler et al,1989)、pH(Hutsch et al,1994)和土壤有机质(Czeipel et al,1995)同样也显示出影响甲烷氧化速率的特征,土壤的干扰程度如森林采伐、农用地转化等会持续降低土壤吸收甲烷的能力(Keller et al,1990;Lessard et al,1994)。这证实了白蚁在凋落物层和表层土壤中觅食时所产生的 CH_4 净释放量是由局部氧化能力决定的, CH_4 的产生和氧化对土地利用变化具有高度敏感性。因此,有必要了解白蚁的丰度和土壤吸收能力是否在干扰梯度上有不同的系数,这将直接把土地利用变化与全球微量气体收支联系起来。图5.1描绘了原始森林中的 CH_4 通量。

5.4　尺度上推计算和全球甲烷收支

Martius 等(1996)、Sanderson(1996)、Bignell 等(1997)和 Sugimoto 等(2000)使用了不同的假设和原理进行了尺度上推计算,不过他们都认为白蚁产生 CO_2 通量占全部陆地生态系统碳源的2%~5%。2%对只占全球陆地生态系统物种丰富度0.01%的单独一个昆虫目而言是较大的比例,但其毕竟仅占全球 C 收支的一小部分。尽管从点源尺度来讲一些营养类群产生了大量的潜在温室气体,然而白蚁对 CH_4 排放的净贡献仍然是非常小的。一些独立的研究分别使用静态箱法和稳定同位素比值法来进行测量,结果显示蚁丘壁和蚁丘之间未受扰动的土壤具有吸收能力,超过景观水平上的产生量,推测这大概是由于甲基营养菌的存在(Sugimoto et al,1998b;MacDonald et al,1999)。Sanderson(1996)估计全球白蚁的甲烷释放量为 19.7 ± 1.5 Tg yr^{-1}(约为全球总量的4%),而 Bignell 等(1997)的估算范围为 17~96 Tg yr^{-1}。Sanderson(1996)和 Bignell 等(1997)在他们的估算中都未将局地 CH_4 氧化计入。上述所给出涉及热带森林土壤的甲烷能力吸收参数,清楚说明这些生态系统中由白蚁调节的释放至大气的实际通量较小甚至并不存在。Sugimoto 等(1998b)的研究是唯一根据在野外观测的实际(而非潜在)土壤氧化速率计算全球白蚁甲烷产量的,结果表明由地栖蚁丘产生的甲烷中仅有17%~47%(平均为30%)被释放到了大气中。尽管蚁丘是 CH_4 排放的大点源,但在景观水平上来自所有白蚁源的总释放量贡献仍然较小(Sugimoto et al,1998b)。

对四个最为全面的尺度上推计算进行综合比较(Martius et al,1996;Sanderson,1996;Bignell et al,1997;Sugimoto et al,1998b),很明显其计算方案的主要区别为是否将 CH_4 氧化作用和区域植被/生物群系类型划分的不同面积(提供白蚁生物量估算的素材)等因子计入。这对非洲热带雨林而言非常重要,其具有全球最高的白蚁丰度和生物量记录。一般而言(或者说原则上),食土白蚁种群甲烷产生率较高。然而,无论他们假设条件的精确度如何,在估计全球甲烷净产量中不考虑氧化作用是不现实的。因此,Sugimoto 等(1998b;见表5.2)给出的甲烷产量范围 1.47~7.41 Tg yr^{-1} 应该是最合理的。这远小于最近 IPCC 报告中部分章节仍然引用的约 20 Tg yr^{-1} 的总量(IPCC,2007)。

表 5.2 白蚁甲烷排放的全球估计

区域和土地利用	面积 ($10^6 km^2$)	生物量($g\ m^{-2}$)		释放量($Tg\ yr^{-1}$)	
		最小值	最大值	最小值	最大值
非洲					
雨林	2.219	24	130	0.38	2.20
稀树草原	6.836	5	20	0.23	0.93
林地	7.401	5	20	0.08	0.30
耕地	3.247	0	10	0	0.07
印度次大陆+东南亚					
雨林	1.773	5	20	0.06	0.22
稀树草原	0.476	5	20	0.01	0.03
林地	1.277	5	20	0.02	0.09
耕地	4.330	0	10	0	0.16
南美洲					
雨林	5.318	10	60	0.27	1.59
稀树草原	2.259	5	20	0.05	0.22
林地	6.271	5	20	0.15	0.60
耕地	3.471	0	10	0	0.17
澳大拉西亚+大洋洲					
雨林	0.051	5	20	<0.01	0.01
稀树草原	0.881	5	20	0.03	0.11
林地	3.884	5	20	0.12	0.48
耕地	1.398	0	10	0	0.09
中东					
雨林	0.125	5	20	<0.01	0.01
稀树草原	2.879	5	20	0.06	0.22
耕地	0.707	0	10	0	0.03
温带森林	3.863	1	3	0.04	0.07
总计	58.7			1.47	7.41

来源：表格来自 Sugimoto 等（2000），由 Springer Sciences and Business Media 授权。

5.5 结 论

甲烷是白蚁肠道发酵过程中所产生的副产品，不过昆虫所产生的净排放量常常小于预测值，因为肠道结构和生理机能会倾向于利用另一种替代过程即同型乙酸生成作用（homoacetogenesis）①来维持氧化还原势的平衡（Brune, 2006）。含有活白蚁的土壤和蚁丘 CH_4 净产量较低，因为这些材料至少在未受干扰的生态系统中具有较强的甲烷吸收能力。总体而言，食土白蚁比食木白蚁会释放出更多甲烷，但食土白蚁对土地利用变化更敏感，特别是被采伐的森林更是如此（Bignell and Eggleton, 2000）。

　　对白蚁在生物圈中影响的定量评价直接或间接受制于其丰度、生物量和消耗速率，以及物种间甲烷排放的差异，而这些知识储备还不完全（Bignell et al, 1997）。集群组分（如物种数、营养功能作用以及它们之间的平衡）是影响白蚁对生物地球化学循环过程的贡献以及预测全球气候变化对其影响的关键因素，但这在热带地区的许多地方记录都不完全。关于白蚁的生物学特性及其在点源尺度上的生态位选择对气体通量的影响方面知识也不完备。例如，在进行温室气体释放的全球收支估算时（IPCC, 1994），需要有来源于自然生境（巢穴及蚁丘、通道、土壤内部和基质内部等）的白蚁，以及实验室中单个白蚁的 CO_2 和 CH_4 净释放数据，但这些数据很少且目前赞助这类项目的资金较少。在生态系统及以上水平出现了进一步的不确定性，因为目前对地表与高层大气之间以及镶嵌景观不同部分之间的气体交换了解仍然很少，特别是森林或森林衍生的生态系统。然而，这众多不确定性并没有动摇目前的认识，即白蚁产生的大部分甲烷很可能在源头就已被氧化。

　　在全球气候变化的背景下，早期对白蚁 CH_4 释放的关注已经激发了十多年的集中研究（IPCC, 1992, 1994, 1995）。通过这些研究，我们已经对白蚁的生物学和微生物学有了一定了解，不过在最近的报告中（IPCC, 2007），对这方面主题的重视程度有所下降。这反映出当前的一致认识：白蚁对大气中 CH_4 通量的贡献相对较小，全球净排放量的最大值远低于 10 Tg yr^{-1}。

参 考 文 献

Bignell, D. E. (2006) 'Termites as soil engineers and soil processors', in H. König and A. Varma (eds) *Intestinal Microorganisms of Termites and other Invertebrates*, Springer-Verlag, Berlin, pp183-220

Bignell, D. E. and Eggleton, P. (2000) 'Termites in ecosystems', in T. Abe, D. E. Bignell and M. Higashi (eds) *Termites: Evolution, Sociality, Symbioses, Ecology*, Kluwer Academic Publishers, Dordrecht, pp363-387

Bignell, D. E., Eggleton, P., Nunes, L. and Thomas, K. L. (1997) 'Termites as mediators of carbon fluxes in tropical forest: Budgets for carbon dioxide and methane emissions', in A. D. Watt, N. E. Stork and M. D. Hunter (eds) *Forests and Insects*, Chapman and Hall, London, pp109-134

Billen, J. (ed) (1992) *Biology and Evolution of Social Insects*, Leuven University Press, Leuven, Belgium

Brauman, A., Kane, M. D., Labat, M. and Breznak, J. A. (1992) 'Genesis of acetate and

---

　　① 原文为 homeoacetogenesis，是错误的，现修正过来。——译者注

methane by gut bacteria of nutritionally diverse termites', *Science*, vol 257, pp1384-1387

Breznak, J. A. (2006) 'Termite gut spirochetes' in J. D. Radolph and S. A. Lukehart (eds) *Pathogenic Treponema: Molecular and Cellular Biology*, Horizon Scientific Press, Norwich, UK, pp421-443

Breznak, J. A. and Leadbetter, J. (2006) 'Termite gut spirochetes', in M. Dworkin, S. Falkow, E. Rosenberg, K.-H. Schleifer and E. Stackebrandt (eds) *The Prokaryotes*, vol 7, Springer, New York, pp318-329

Brune, A. (2006) 'Symbiotic associations between termites and prokaryotes', in M. Dworkin, S. Falkow, E. Rosenberg, K.-H. Schleifer and E. Stackebrandt (eds) *The Prokaryotes*, vol 7, Springer, New York, pp439-474

Castro, M. S., Steudley, P. A., Melillo, J. M., Aber, J. D. and Bowden, R. D. (1995) 'Factors controlling atmospheric methane consumption by temperate forest soil', *Global Biogeochemical Cycles*, vol 9, pp1-10

Collins, N. M. and Wood, T. G. (1984) 'Termites and atmospheric gas production', *Science*, vol 224, pp84-86

Crill, P. M. (1991) 'Seasonal patterns of methane uptake and carbon dioxide release by a temperate woodland soil', *Global Biogeochemcal Cycles*, vol 5, pp319-334

Czeipel, P. M., Crill, P. M., and Harriss, R. C. (1995) 'Environmental factors influencing the variability of CH_4 oxidation in temperate zone soils', *Journal of Geophysical Research*, vol 100, pp9359-9364

Darlington, J. P. E. C., Zimmerman, P. R., Greenberg, J., Westberg, C. and Bakwin, P. (1997) 'Production of metabolic gases by nests of the termites *Macrotermes jeanneli* in Kenya', *Journal of Tropical Ecology*, vol 13, pp491-510

Dorr, H., Katruff, L. and Levin, I. (1993) 'Soil texture parameterization of the methane uptake in aerated soils', *Chemosphere*, vol 26, pp697-713

Eggleton, P., Bignell, D. E., Sands, W. A., Maudsley, N. A., Lawton, J. H., Wood, T. G. and Bignell, N. C. (1996) 'The diversity, abundance and biomass of termites under differing levels of disturbance in the Mbalmayo Forest Reserve, southern Cameroon', *Philosophical Transactions of The Royal Society of London, Series B*, vol 351, pp51-68

Fittkau, E. J. and Klinge, H. (1973) 'On biomass and trophic structure of the central Amazonian rain forest ecosystem', *Biotropica*, vol 5, pp2-14

Fraser, P. J., Rasmussen, R. A., Creffield, J. W., French, J. R. and Khalil, M. A. K. (1986) 'Termites and global methane – another assessment', *Journal of Atmospheric Chemistry*, vol 4, pp295-310

Hackstein, J. H., van Alen, T. A. and Rosenberg, J. (2006) 'Methane production by terrestrial arthropods', in H. König and A. Varma (eds) *Intestinal Microorganisms of Termites and other Invertebrates*, Springer-Verlag, Berlin, pp155-180

Hölldobler, B. and Wilson, E. O. (2009) *The Superorganism*, W. W. Norton and Company, New York

Hungate, R. E. (1946) 'The symbiotic utilization of cellulose', *Journal of the Elisha Mitchell Scientific Society*, vol 62, pp9–24

Hutsch, B. W., Webster, C. P. and Powlson, D. S. (1994) 'Methane oxidation in soil as affected by landuse, soil pH and nitrogen fertilization', *Soil Biology and Biochemistry*, vol 26, pp1613–1622

IPCC (Intergovernmental Panel on Climate Change) (1992) *Climate Change 1992: The Supplementary Report to the IPCC Scientific Assessment*, J. T. Houghton, B. A. Callandar and S. K. Varney (eds), Cambridge University Press, Cambridge

IPCC (1994) *Radiative Forcing of Climate Change and Evaluation of the IPCC 1992 Emission Scenarios*, J. T. Houghton, L. G. Meira Filho, J. Bruce, L. Hoesung, B. A. Callander, E. Haites, N. Harris, A. Kattenburg and K. Maskell (eds), Cambridge University Press, Cambridge

IPCC (1995) *The Science of Climate Change*, J. T. Houghton, L. G. Meira Filho, B. A. Callander, N. Harris, A. Kettenburg and K. Maskell (eds), Cambridge University Press, Cambridge

IPCC (2007) *Climate Change 2007: The Physical Science Basis. Contribution of Working Group I to the Fourth Assessment Report of the Intergovernmental Panel on Climate Change*, S. Solomon, D. Qin, M. Manning, Z. Chen, M. Marquis, K. B. Averyt, M. Tignor and H. L. Miller (eds), Cambridge University Press, Cambridge and New York

Jeeva, D. (1998) 'Greenhouse gas emission by termites in tropical rain forest of Danum Valley, Sabah, Malaysia', MSc thesis, Universiti Malaysia Sabah, Malaysia

Jeeva, D., Bignell, D. E. Eggleton, P. and Maryati, M. (1998) 'Respiratory gas exchanges of termites from the Sabah (Borneo) assemblage', *Physiological Entomology*, vol 24, pp11–17

Keller, M., Mitre, M. E. and Stallard, R. F. (1990) 'Consumption of atmospheric methane in soils of central Panama: Effects of agricultural development', *Global Biogeochemical Cycles*, vol 4, pp21–27

Khalil, M. A. K., Rasmussen, R. A., French, J. R. J. and Holt, J. A. (1990) 'The influence of termites on atmospheric trace gases: CH_4, CO_2, $CHCl_3$, N_2O, CO, H_2 and light hydrocarbons', *Journal of Geophysical Research*, vol 95, pp3619–3634

Lavelle, P., Bignell, D. E., Lepage, M. Volters, V., Roger, P., Ineson, P., Heal, W. and Dillion, S. (1997) 'Soil function in a changing world: The role of invertebrate ecosystem engineers', *European Journal of Soil Biology*, vol 33, pp159–193

Lessard, R., Rochette, P., Topp, E., Pattey, E., Desjardins, R. L. and Beaumont, G. (1994) 'Methane and carbon dioxide fluxes from poorly drained adjacent cultivated and forest sites', *Canadian Journal of Soil Science*, vol 74, pp139–146

MacDonald, J. A., Eggleton, P., Bignell, D. E. and Forzi, F. (1998) 'Methane emission by termites and oxidation by soils, across a forest disturbance gradient in the Mbalmayo Forest Reserve, Cameroon', *Global Change Biology*, vol 4, pp409–418

MacDonald, J. A., Jeeva, D. Eggleton, P. Davies, R., Bignell, D. E., Fowler, D., Lawton, J. and Maryati, M. (1999) 'The effect of termite biomass and anthropogenic disturbance on the methane budgets of tropical forests in Cameroon and Malaysia', *Global Change Biology*, vol 5, pp869–879

Martius, C., Fearnside, P., Bandeira, A. and Wassmann, R. (1996) 'Deforestation and methane release from termites in Amazonia', *Chemosphere*, vol 33, pp517–536

Miller, L. R. (1991) 'A revision of the *Termes/Capritermes* branch of the Termitinae in Australia (Isoptera: Termitidae)', *Invertebrate Taxonomy*, vol 4, pp1147–1282

Moreira, F. M., Huising, J. and Bignell, D. E. (eds) (2008) *A Handbook of Tropical Soil Biology: Sampling and Characterization of Below-ground Biodiversity*, Earthscan, London

Nunes, L., Bignell, D. E., Lo, N. and Eggleton, P. (1997) 'On the respiratory quotient (RQ) of termite', *Journal of Insect Physiology*, vol 43, pp749–758

Purdy, K. J. (2007) 'The distribution and diversity of *Euryarchaeota* in termite guts', *Advances in Applied Microbiology*, vol 62, pp63–80

Rasmussen, R. A. and Khalil, M. A. K. (1983) 'Global production of methane by termites', *Nature*, vol 301, pp700–702

Reeburgh, W. S., Whalen, S. C. and Alperin, M. J. (1993) 'The role of methylotrophy in the global CH_4 budget', in J. C. Murrell and D. Kelley (eds) *Microbial Growth on C-1 Compounds*, Intercept, Andover, UK, pp1–14

Rouland, C., Brauman, A., Labat, M. and Lepage, M. (1993) 'Nutritional factors affecting methane emissions from termites', *Chemosphere*, vol 26, pp617–622

Sanderson, M. G. (1996) 'Biomass of termites and their emissions of methane and carbon dioxide', *Global Biogeochemical Cycles*, vol 10, pp543–557

Seiler, W., Conrad, R. and Scharffe, D. (1984) 'Field studies of methane emissions from termite nests into the atmosphere and measurement of methane uptake by tropical soils', *Journal of Atmospheric Chemistry*, vol 1, pp171–186

Steudler, P. A., Bowden, R. D., Melillo, J. M. and Aber, J. D. (1989) 'Influence of nitrogen fertilization on methane uptake in temperate forest soils', *Nature*, vol 341, pp314–315

Stork, N. E. and Brendell, M. D. J. (1993) 'Arthropod abundance in lowland rainforest of Seram' in J. Proctor and I. Edwards (eds) *Natural History of Seram*, Intercept, Andover, UK, pp115–130

Sugimoto, A., Inoue, T., Tayasu, I, Miller, L., Takeichi, S. and Abe, T. (1998a) 'Methane and hydrogen production in a termite-symbiont system', *Ecological Research*, vol 13, pp241–257

Sugimoto, A., Inoue, T., Kirtibur, N. and Abe, T. (1998b) 'Methane oxidation by termite mounds estimated by the carbon isotopic composition of methane', *Global Biogeochemical Cycles*, vol 12, pp595–605

Sugimoto, A., Bignell, D. E. and MacDonald, J. A. (2000) 'Global impact of termites on the carbon cycle and atmospheric trace gases' in T. Abe, D. E. Bignell and M. Higashi (eds) *Termites: Evolution, Sociality, Symbioses, Ecology*, Kluwer Academic Publishers, Dordrecht, pp409–435

Tyler, S. C., Zimmerman, P., Cumberbatch, C., Greenberg, J. P., Westberg, C. and Darlington, J. P. E. C. (1988) 'Measurements and interpretation of $\delta^{13}C$ of methane from termites, rice paddies, and wetlands in Kenya', *Global Biogeochemical Cycles*, vol 2, pp341–355

Watt, A. D., Stork, N. E., Eggleton, P., Srivastava, D., Bolton. B., Larsen, T. B., Brendell, M. J.

D. and Bignell, D. E. (1997) 'Impact of forest loss and regeneration on insect abundance and diversity', in A. D. Watt, N. E. Stork and M. D. Hunter (eds) *Forests and Insects*, Chapman and Hall, London, pp271–284

Wheeler, G. S., Tokoro, M., Scheffrahn, R. H. and Su, N. Y. (1996) 'Comparative respiration and methane production rates in Nearctic termites', *Journal of Insect Physiology*, vol 42, pp799–806

Wood, T. G. and Sands, W. A. (1978) 'The role of termites in ecosystems', in M. V. Brian (ed) *Production Ecology of Ants and Termites*, Cambridge University Press, Cambridge, pp245–292

Zimmerman, P. R., Greenberg, J. P., Wandiga, S. O. and Crutzen, P. J. (1982) 'Termites, a potentially large source of atmospheric methane', *Science*, vol 218, pp563–565

第6章

植　　被

Andy McLeod and Frank Keppler

6.1　序　　言

　　生物圈中大气 CH_4 的源直到最近才被确定为来自严格厌氧环境中的微生物过程，这些环境包括湿地土壤和水稻田(见第3章和第8章)、白蚁和反刍动物的内脏(见第5章和第9章)、人类和农业废弃物(见第10章)，还包括生物质燃烧(见第7章)、化石燃料开采(第12章)以及泥火山和渗漏等地质过程(见第4章)。然而2006年初，Keppler等发表了一篇令人震惊的报告，指出在有氧环境中，植物叶片能直接释放 CH_4。他们用封闭的小瓶或气室，将离体的叶片、自然风干的叶片、完整的植株以及植物结构成分果胶(pectin)分别封装到不含 CH_4 的空气中，并测量密闭空间内 CH_4 的积聚。该实验显示，一系列 C3 和 C4 植物的风干木本和草本叶片样品，在 30 ℃时 CH_4 释放速率为 $0.2\sim3.0\ \text{ng}\ \text{g}^{-1}\text{d.wt.}\ \text{h}^{-1}$[①]，但完整的植株释放速率会增大到相当高的速率 $12\sim370\ \text{ng}\ \text{g}^{-1}\text{d.wt.}\ \text{h}^{-1}$。如果将气室暴露于自然光照射下，$CH_4$ 释放速率还能继续增大 $3\sim5$ 倍。风干的叶片，其 CH_4 释放表现为非酶促过程，因为它们在 $30\sim70$ ℃温度范围内均呈上升趋势(图6.1)，而在高于 $50\sim60$ ℃左右的阈值之上(Berry and Raison, 1982)，植物的酶已经变性。此外，风干叶片在被伽马射线杀菌后与未经该处理的叶片释放等量 CH_4，表明没有微生物生产参与其中。

　　虽然这些 CH_4 释放速率很低，但 Keppler 等(2006)还是完成了一项粗略的外推，估算生物圈现存植被的 CH_4 年释放总量，方法是针对各种生物群系的叶片生物量，确定在阳光照射和黑暗条件下的平均释放速率，根据日照长度、生长季长度及整体净初级生产力来进行尺度推绎。他们的估算结果为 $62\sim236\ \text{Tg}\ CH_4\ \text{yr}^{-1}(1\ \text{Tg}=10^{12}\text{g})$，其中热带雨林和草地的贡献最大，两者年释放量之和达到 $46\sim169\ \text{Tg}$，相当于已知 CH_4 年释放总量的 $10\%\sim40\%$(IPCC, 2007)。植物凋落物的贡献为 $0.5\sim6.6\ \text{Tg}\ CH_4\ \text{yr}^{-1}$。因此，Keppler 等(2006)的这些结果引起了科学界与媒体的强烈兴趣、

[①]　速率单位：纳克每克干重每小时，$1\ \text{ng}=10^{-9}\text{g}$。——译者注

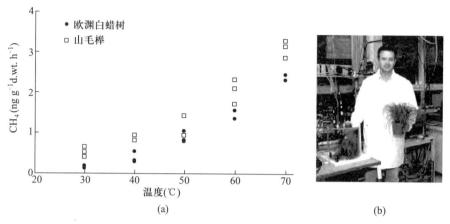

图6.1 （a）欧洲白蜡树（*Fraxinus excelsio*）和山毛榉（*Fagus sylvatica*）的风干叶片在 30~70 ℃有氧条件下的 CH_4 释放；（b）用来测量全植株 CH_4 释放的密封气室

来源：（a）选自 Keppler 等（2006）。

重大争论和质疑（Schiermeier，2006a，2006b），促使科学家开展进一步的实验研究，并更为宽泛地考虑它们在全球 CH_4 收支和温室气体缓解等方面的意义（Lowe，2006；NIEPS，2006）。

6.2 实验室研究

20 世纪 50 年代后期，格鲁吉亚科学院研究了柳树和白杨树叶片挥发性有机化合物（VOC）的释放，发现了经叶片释放的 CH_4，这是有关 CH_4 释放最早的实验室研究（Sanadze and Dolidze，1960）。该研究利用质谱分析扫描在 1.5 L 玻璃容器中培养的叶片的 VOC 释放。根据叶片的质谱特征，他们发现植物释放甲烷、乙烷、丙烷、异戊二烯及其他几种 VOC。但他们的后续工作仅关注异戊二烯，未对其所监测到的 CH_4 释放进行任何解释，也没有再发表任何关于 CH_4 的进一步研究。

直至之前所提到的 Keppler 等（2006）的研究，科学界开始对植被作为一项 CH_4 直接释放源的问题进行各种细节上的检验。随后的第一项实验研究是 Dueck 等（2007）开展的，他们从植物种子开始，用溶液培养的方法，在密封不透气的植物生长箱内种植 6 种植物达 9 周。为了生成具同位素标记的植物材料，他们在生长箱中充入了 ^{13}C 标记的 CO_2。之后，4 种植物的嫩芽被封装在具有连续气流的气体交换透明小容器中，控制可见光辐照（300 或 600 $\mu mol\ m^{-2}\ s^{-1}$），相应空气温度分别控制在 25℃或者 35℃。他们观测到了 CH_4 释放，其速率介于 10~42 $ng\ g^{-1}\ h^{-1}$，约比 Keppler 等（2006）报告的 CH_4 平均释放速率低 18 倍，且与零值在统计上无显著性差异。在进一步的实验中，他们还发现在 6 天的时间中，密封生长箱中标记的植物材料并没有释放 ^{13}C 标记的 CH_4。两个实验都让他们得出结论，无证据表明陆地植物在有氧条件下具实质性的 CH_4 释放。

Beerling 等（2008）使用高精度气体分析系统，在一个可控环境空间内，测量了玉米（*Zea mays*）和烟草（*Nicotiana tabacum*）的 CH_4 和 CO_2 交换速率。他们在 25 ℃进行了 12 h 实验，每隔 3 h 进行 700 $\mu mol\ m^{-2}\ s^{-1}$ 的光照与黑暗交替处理，没有任何证据表明期间存在有氧 CH_4 释放。其结论为：无证据表明叶片的有氧 CH_4 释放与光合作用或呼吸作用的代谢有关，但他们注意到有一种释放可能与非光合有效辐射（例如他们的实验系统无法检测紫外线的波长）驱动的某一非酶催过程有关。直到研究者们采用含紫外线的辐射，才证明在某些观测中，植被可在有氧条件下释放 CH_4（Mcleod et al, 2008; Vigano et al, 2008）。

Vigano 等（2008）测量了升温和紫外线（UV）辐射对 20 多种植物的风干叶片和离体新鲜叶片及其结构成分（包括果胶、木质素和纤维素）CH_4 释放的影响。他们使用一系列照灯以提供不同辐射量的 UV-A（320~400 nm）、UV-B（290~320 nm）和 UV-C（<290 nm），大多达到环境光谱未加权 UV 辐照度的至少 5 倍以上。他们证明了 CH_4 释放与紫外线辐照度线性相关，且为即时反应，从而说明这是一种直接的光化学过程。通过在干草中进行了一项为期 35 天的实验，其中使用环境空气和去除 CH_4 空气两种处理，他们得到的证据表明 CH_4 来源于植物材料，且其释放并非由于植物表面的解吸附作用。他们还基于 Dueck 等（2007）的研究，以 ^{13}C 标记的风干小麦（*Triticum aestivum*）叶片证明，在三倍于典型热带环境未加权 UV 辐照度的条件下，^{13}C 标记 CH_4 的释放速率为 32 ng g^{-1} d.wt. h^{-1}。在 UV-A 和 UV-B 辐照下，他们测得植物材料的 CH_4 释放速率为 0~393 ng g^{-1} d.wt. h^{-1}（除棉花花朵外，其他都在 200 ng g^{-1} d.wt. h^{-1} 以下）。虽然最高释放速率是在超过典型环境 UV 辐照水平下检测到的，但该研究明确指出了在某些实验条件下存在植物材料进行有氧 CH_4 释放的机制。

Mcleod 等（2008）也进行了一些实验，将离体新鲜叶片暴露在滤光灯产生的紫外辐照下，并用果胶浸泡过的玻璃纤维片遮罩人工和自然光源。他们测试了一系列常用的和理想化的光谱加权函数，发现来自果胶的 CH_4 释放可对每种灯光均呈线性响应，速度可达 750 ng g^{-1} h^{-1}。他们确定了一种函数，此函数在 80 nm 的波段，以 10 nm 间隔发生衰退，这样在所有人工光源和阳光下，加权 UV 与 CH_4 释放之间均呈现显著的线性关系。这些辐射水平，包括爱丁堡 9 月的阳光，都在环境 UV 辐照水平范围内，尤其在热带区域也是如此。来自果胶的 CH_4 释放可通过化学方法达到实际被消除的效果，即通过清除果胶分子中的甲酯基，或者在果胶中增加单态氧（singlet oxygen）的清除剂。后一项观察结果首次表明活性氧（ROS）可能参与到 CH_4 的植被有氧产生机制中。他们的实验还证明了受 UV 照射的干果胶不仅产生 CH_4，还产生乙烯、乙烷和二氧化碳。这项研究还包括对离体新鲜烟草叶片进行的 UV 辐照处理，发现其以 12 ng g^{-1} d.wt. h^{-1} 的速率释放 CH_4。虽然此类实验使用的是纯果胶或离体的新鲜叶片，但它们清楚表明在环境 UV 辐照范围内（包括太阳光）驱动植被有氧 CH_4 产生的机制。

Wang 等（2008）在内蒙古草原使用密封血清瓶研究了 44 种土著植物的离体叶片和茎在有氧环境中的 CH_4 释放。该研究包括 10 种低洼地的水生草本植物（适应湿地的植物）和 34 种包括灌木和草本在内的高地旱生植物（适应旱地的植物）。他们在清晨进行植物采样，分离茎和叶片，一式三份装入血清瓶，瓶内注满无 CH_4 的空气，置于 20~22 ℃ 的黑暗中培养 10~20 h。然后用注射器抽取血清瓶中的气体样本（同时补充不含 CH_4 的空气），通过比较初始 CH_4 浓度的变化率来计算 CH_4 通量。该研究发现，有 9 个物种释放 CH_4，释放速率为 0.5~13.5 ng g^{-1} d.wt. h^{-1}，但在所测试的物种中，80% 未发现可检测的 CH_4 释放。在 20% 释放 CH_4 的物种中，水生植物、旱生植物、C3 植物和 C4 植物的释放量基本相同，但其中有 78% 的灌木释放 CH_4，而只有 6% 的草本植物释放 CH_4。CH_4 最高释放速率为 6.8~13.5 ng CH_4 g^{-1} d.wt. h^{-1}，在两种水生植物狭叶甜茅

(*Glyceria spiculosa*)和荆三棱(*Scirpus yagara*)中发现,这些 CH_4 是由茎而非叶片释放的。在所研究的旱生植物中,9 种灌木中有 7 种从叶片而非茎释放 CH_4,然而无任何一种旱生草本植物释放 CH_4。为区别植物释放和土壤排放的 CH_4,作者还研究了所释放 CH_4 的碳同位素比率($\delta^{13}C$ 值)。

Kirschbaum 和 Walcroft(2008)进行了一项实验室研究,考察那些已被报道的 CH_4 释放,是否因样品之前暴露在较高浓度的 CH_4 中导致样品表面的解吸附作用,同时还研究了活的离体叶片和完整植物材料的 CH_4 释放。他们把苦艾(*Artemisia absinthum*)、西洋蓍草(*Achillea millefolium*)、西洋蒲公英(*Taraxacum officinale*)、滨海山茱萸(*Griselinia littoralis*)、五加科植物 *Pseudopanax arboreus*,以及一种当地草本混合物的离体叶片密封在 5.7 L 的树脂玻璃气室中共 6 天,并暴露于低可见(不含紫外线)光辐射(荧光灯产生约 5 μmol 光量子 m^{-2} s^{-1})中,密封箱开始使用前以不含 CH_4 的空气冲刷。他们还使用了盆栽的完整玉米(*Zea mays*)幼苗,盆栽中使用蛭石作为惰性的生根介质。所测得的 CH_4 释放速率为零或非常低,范围从玉米的 -0.25 ± 1.1 ng CH_4 kg^{-1} d.wt. s^{-1} 到离体草本混合物的 0.1 ± 0.08 ng CH_4 kg^{-1} d.wt. s^{-1},这些值远低于 Keppler 等(2006)所报告的。因为有机物质对于 CH_4 具有高吸附力,CH_4 的解吸附可能只是一种实验室结果,这也许可以解释观测到的植被中的 CH_4 释放。Kirschbaum 和 Walcroft(2008)还进行了一项实验,其中使用了纤维素滤纸堆(作为有机吸附剂)。纸堆首先暴露于环境中,然后密封到箱子里面 6 天时间,测量 CH_4 随时间的释放量,结果并没有发现有效的 CH_4 解吸附。他们得出的结论为:解吸附作用作为实验室产生的结果并不会对观测到的 CH_4 通量在数量上有实质性贡献。

Nisbet 等(2009)也进行了有关植物 CH_4 释放的实验,他们研究了植物材料的基因序列,没有证据表明在微生物的经典 CH_4 生成途径中需要植物体内存在的酶。他们所进行的实验表明了溶入土壤水中的 CH_4 所产生的影响(后文详述),也测量了密封在烧瓶中的植物材料所释放的 CH_4。他们在无菌条件下,于 2 L 烧瓶中以琼脂培养基种植了拟南芥(*Arabidopsis thaliana*)和莱茵衣藻(*Chlamydomonas reinhardtii*),再给烧瓶通以 5 mL min^{-1} 的空气流,发现 CH_4 浓度并未高于环境值。他们还研究了离体玉米叶片和全株水稻(*Oryza sativa*)的 CH_4 释放,方法是把水稻密封种植在 15 L 玻璃烧瓶中的蛭石上,并以低水平可见光(冷白色荧光灯,180 μmol m^{-2} s^{-1})进行处理,结果并未发现可观测水平的 CH_4 释放。他们从这些实验中得出的结论是:在实验室人工光源照射以及受控条件下生长的植物不会产生 CH_4。

Bruhn 等(2009)也证明了温度和 UV 辐射对非植物材料和果胶(pectin)的影响。他们把 6 种植物的离体叶片、果实组织和纯果胶(purified pectin)放在玻璃小瓶中,使玻璃瓶暴露于黑暗、可见光照射(400~700 nm 的光合有效辐射即 PAR,400 μmol 光量子 m^{-2} s^{-1}),以及 UV-A 和 UV-B 两种灯的照射下,进行一系列温度处理。他们发现,在 4℃ 下进行 24 h 的 PAR 照射,杨叶灰桦(*Betula populifolia*)的离体绿色叶片 CH_4 释放速率为 31.7 ng g^{-1} d.wt. h^{-1},而在 30℃ 下进行 1 周的实验,其释放速率为 4.5 ng g^{-1} d.wt. h^{-1}。80℃ 时干果胶(dry pectin)在黑暗中也能释放 CH_4,速率与 Keppler 等(2006)发表的结果不相上下,且当溶于水并处于更低温的 37℃ 下时,也有基本相同的释放速率。在 80℃ 高温时,所有测试的植物材料均释放 CH_4,但释放的变化率较大,达两个数量级。

Bruhn 等(2009)还发现,挪威云杉(*Picea abies*)嫩枝的 CH_4 释放以及果胶的 CH_4 释放受紫外辐射刺激,且 UV-B 紫外波段比 UV-A 影响更大(图 6.2)。UV-B 辐照与 CH_4 释放为线性关系,与 McLeod 等(2008)的观测一致。通过酶消解果胶,即先于温度和辐照进行果胶甲基酯酶处理,他们证实了 CH_4 释放速率的减少,这支持了 Keppler 等(2006)和 McLeod 等(2008)的观测结果,即果胶的甲基是植被在有氧条件下 CH_4 释放的来源。

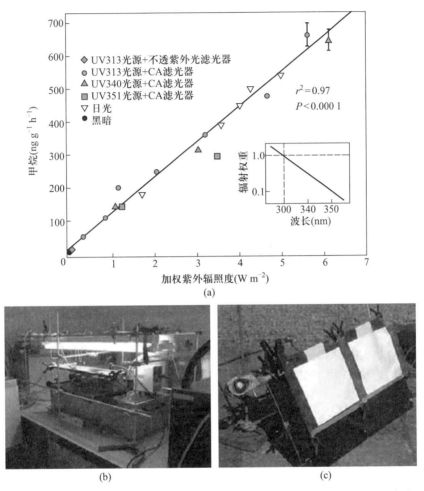

图 6.2 (a) 在 30℃时柑橘果胶 CH_4 生产量与加权紫外线辐射之间显示为线性关系。加权函数为插图中的权重函数,光源:二乙酸纤维素(cellulose aliacetate,CA)滤光的光源,过滤掉紫外线的光源,以及 2006 年 9 月 6—21 日爱丁堡(55°55′N,3°10′W)的太阳光。(b) 用于果胶浸泡过的玻璃纤维网进行温控实验室辐射的实验设备。(c) 用于果胶浸泡过的玻璃纤维网进行温控自然光辐射的实验设备

Qaderi 和 Reid(2009)最近报道了温度、UV-B 辐射以及水分胁迫对 6 种作物叶片 CH_4 释放的影响,这 6 种植物为:蚕豆(*Vicia faba*)、太阳花(*Helianthus annuus*)、豌豆(*Pisum sativum*)、油菜(*Brassica napus*)、大麦(*Hordeum vulgare*)和小麦(*Triticum aestivum*)。他们在可控环境生长箱中种植已生长 1 周的幼苗,环境控制分为两种温度策略(白天 24 ℃/夜间 20 ℃,白天 30 ℃/夜间 26 ℃),三种由滤光灯产生的 UV-B 辐照水平(空白水平、环境水平、增强水平),以及两种水分策略(加水至过饱和即水分充分状态、萎蔫点即水分胁迫状态)。他们测得新鲜的离体叶片向无

CH_4 的塑料注射筒中释放 CH_4 的速率为 57~210 ng CH_4 g^{-1} d.wt. h^{-1} 之间。相比生长于低温或水分饱和环境中的植物，高温或水分胁迫环境中所生长的植物所观测到的 CH_4 释放速率更高，分别为 1.14 倍和 1.21 倍以上。UV-B 辐射处理上，相对于环境水平，空白或增强水平的 UV-B 辐射令 CH_4 释放速率增加[①]。然而，与之前的那些研究（McLeod et al, 2008; Vigano et al, 2008; Bruhn et al, 2009）中同时测量 CH_4 释放和紫外辐射不同，Qaderi 和 Reid（2009）的测量是在停止胁迫处理（包括紫外辐射）之后进行的，因此可能说明了植物响应的不同方面。他们还发现，豌豆连体叶片的 CH_4 释放速率比新鲜离体叶片高 1.89 倍，且在 4 h 的培育时间内随时间增加，说明植物一直在产生 CH_4，而非仅仅简单地从叶片中扩散出来。

虽然上面提到的这些研究清楚表明了 UV 辐射和增温能导致植物叶片和果胶中形成 CH_4，但关于该过程的理解，只能通过本章后面提到的稳定同位素和生物化学分析来进行研究。

6.3 全球植被释放及其不确定性

首次将实验室测量结果外推至全球尺度的研究（Keppler et al, 2006）表明，植被 CH_4 释放（62~242 Tg yr^{-1}）可能是全球 CH_4 释放总量的重要组成部分（见前言）。这一巨大的数值是利用光照与黑暗条件下叶片生物量 CH_4 释放速率的平均值，以每一生物群系的日长、生长季长度和净初级生产力（NPP）进行尺度上推得到的。已发表的另一些外推结果使用相同数据进行分析，其中考虑了生物群系间不同叶片的周转率，这明显降低了全球植被 CH_4 释放的估算值（Houweling et al, 2006; Kirchbaum et al, 2006; NIEPS, 2006; Parsons et al, 2006; Butenhoff and Khalil, 2007; Ferretti et al, 2007; Megonigal and Güenther, 2008）。Megonigal 和 Güenther（2008）综述了全球植被 CH_4 释放速率的估算范围，下面将对一些改进的估算方法（表 6.1）进行更详细的讨论。

Kirschbaum 等（2006）首先指出 Keppler 等（2006）所使用的尺度上推方案存在一些方法论上的不一致性。在前者提出的替代性方案中使用了两种不同的方式从植物 CH_4 释放速率上推至全球尺度。在第一种估算方式中，Kirschbaum 等（2006）使用了类似于 Keppler 等（2006）的方案，但所基于的是他们对不同生物群系叶片生物量的估算而非 NPP。这种方案估算得出的全球植被 CH_4 释放速率为 36（范围为 15~60）Tg yr^{-1}，约为热带森林释放速率的一半。他们使用的第二种方法将光合作用与 CH_4 释放联系起来，并采用独立的光合作用估算作为尺度上推的基础，结果得到全球植被 CH_4 释放速率为 9.6 Tg yr^{-1}，低于以叶片生物量为基础的估算值。因此，Kirschbaum 等（2006）所使用的两种方案估算出的全球植被释放远低于 Keppler 等（2006）的结果。

[①] 原文如此，机制不明。——译者注

表 6.1　全球植被有氧 CH$_4$ 释放的估算

推祘方法	全球 CH$_4$ 生产量 (Tg yr^{-1})	参考文献
通过日和季节尺度以及生态系统净初级生产力推算的光照和黑暗条件下叶片的释放速率。平均释放速率为 149 Tg yr^{-1}，这是基于光照条件下的释放速率 374 ng g^{-1} d.wt. h^{-1} 以及非光照条件下的释放速率 119 ng g^{-1} d.wt. h^{-1} 估算出来的。62~236 Tg yr^{-1} 这个范围是根据光照条件下的 198~598 ng g^{-1} d.wt. h^{-1} 和非光照条件下的 30~207 ng g^{-1} d.wt. h^{-1} 估算出来的。	62~236	Keppler 等 (2006)
基于 Keppler 等 (2006) 的叶片释放速率，通过生态系统叶片生物量进行推算，平均值为 36 Tg yr^{-1}（范围为 15~60 Tg yr^{-1}），如果通过叶片光合作用进行推算，平均值为 10 Tg yr^{-1}。	10~60	Kirschbaum 等 (2006)
基于 Keppler 等 (2006) 的叶片释放速率，通过生态系统叶片生物量进行推算，含叶生物量为 42 Tg yr^{-1}；无叶生物量为 11 Tg yr^{-1}。	53	Parsons 等 (2006)
大气传输模型，同位素比率，物质平衡。工业革命前合理估值为 85 Tg yr^{-1}，目前上限最大值为 125 Tg yr^{-1}。	85~125	Houweling 等 (2006)
基于 Keppler 等 (2006) 的叶片释放速率，采用云覆盖和冠层遮阴的模型进行推算。用叶面积指数推算，为 36 Tg yr^{-1}；用总的叶生物量推算，为 20 Tg yr^{-1}，最大估值为 69 Tg yr^{-1}。	20~69	Butenhoff 和 Khalil (2007)
使用物质平衡和冰芯同位素比率推算：工业革命前，"最佳估计"为 0~46 Tg yr^{-1}，"最大估计"为 9~103 Tg yr^{-1}。目前，"最佳估计"为 0~176 Tg yr^{-1}，"最大估计"为 9~213 Tg yr^{-1}。	0~213	Ferretti 等 (2007)
假设 VOC 和 CH$_4$ 具有相似的生物化学起源，使用 VOC 释放模型进行推算。推算范围依赖与土地覆盖和气象数据。	34~56	Megonigal 和 Günther (2008)

Parsons 等 (2006) 中也将生物群系叶片生物量当作比例因子。他们计算的全球植被 CH$_4$ 释放速率 (最高值为 52 Tg yr^{-1}) 比 Keppler 等 (2006) 的估算少 72%。他们还发现，在不同的生物群系中，该减少的量有变化，因为现存生物量 (standing biomass) 与 NPP 之间的关系也是变化的。在某些情况下，NPP 在数值上与现存生物量相似，但在低周转率的生物群系如热带雨林中，NPP 在数值上会明显小于现存生物量。因此他们提出了一个问题，即非叶片组织是否释放 CH$_4$，若释放则从诸如热带雨林等生态系统所估算的 CH$_4$ 潜在释放速率会大大增加。

Butenhoff 和 Khalil (2007) 采用 Keppler 等 (2006) 方法根据温度和光照决定的释放速率进行上行估算，在 0.5°×0.5° 的网格上模拟出植被 CH$_4$ 的月释放速率。与后面的研究不同，该研究中的太阳光照不仅考虑了白昼长度，还考虑了云覆盖和冠层遮阴。叶片生物量被用来代替 NPP。其结论是，陆地植物 CH$_4$ 释放速率可能在 20~69 Tg yr^{-1}，由于目前对植物释放速率的温度依赖性并不清楚，却对最后估算结果影响很大，故存在很大的变幅。

为确定全球高地植物 CH$_4$ 释放速率的可能量级，Megonigal 和 Günther (2008) 采用了叶片

VOC 释放模型,被称为气体与气溶胶自然释放模型(Model of Emissions of Gases and Aerosols from Nature,MEGAN),该模型包括了未被 Kirschbaum 等(2006)和 Parsons 等(2006)在估算时考虑进去的某些冠层和物理过程。特别是他们采用了 Keppler 等(2006)发表的温度响应关系,并且考虑了植物冠层中的自遮阴效应。此外,他们在应用 MEGAN 模型时,假设 CH_4 的产生机制与 VOC(如甲醇)产生的生化途径具有相似的特征。MEGAN 模型中光和温度的参数化与 Butenhoff 和 Khalil(2007)开发的全球有氧 CH_4 释放模型相似。从 MEGAN 模拟的叶片 CH_4 释放全球分布与 Keppler 等(2006)的预测和 Frankenberg 等(2005)的观测均相当吻合。不过,MEGAN 模拟的活体植被全球 CH_4 年释放量明显较低,为 34~56 Tg yr^{-1},这取决于驱动模型的土地利用类型和天气数据。该数值与 Parsons 等(2006)、Kirschbaum 等(2006)以及 Butenhoff 和 Khalil(2007)开发的全球模型估算值接近。

Houweling 等(2006)使用大气传输模型,进行了包含植被释放与排除植被释放的模拟,并与背景 CH_4 浓度、CH_4 的碳稳定同位素比率以及卫星测量进行了比较。基于现今大气中的 CH_4 浓度,他们认为植被释放的上限是 125 Tg yr^{-1},而工业革命前植被释放速率的最大值似为 85 Tg yr^{-1}。这些估计是 Keppler 等(2006)最大估值的 36%~90%。

另一项用稳定同位素方法修正全球有氧 CH_4 释放估算范围的研究是 Ferretti 等(2007)进行的,他们研究了过去 2000 年中冰芯纪录的大气 CH_4 浓度和碳稳定同位素比率。他们采用下行方法获得的"最优估计"表明,在过去 2000 年中全球植被的 CH_4 释放比 Keppler 等(2006)的估计低得多,工业革命前为 0~46 Tg yr^{-1},而现今为 0~176 Tg yr^{-1}。他们进一步表明,对工业革命前或现代 CH_4 收支一致性而言,植物 CH_4 释放均非关键因素。但从冰芯分析中发现公元 1500 前的 CH_4 中 ^{13}C 含量很高(Ferretti et al, 2005),这很难与现有知识相匹配:在工业革命前,湿地 CH_4 释放起主导作用,从同位素的角度来看,CH_4 中 ^{13}C 含量理应非常少。最初的假说认为,工业革命前人为的生物质燃烧是引起 ^{13}C 含量高的原因,该假说受到进一步质疑,因为最近的数据显示在全新世早期有更高的 ^{13}C 含量(Schaefer et al, 2006)。

以上所讨论的有关植被有氧 CH_4 释放速率的修正估计值均在 0~176 Tg yr^{-1} 范围内,比最初 Keppler 等(2006)的估计要低。大多数修正估计值都很低(0~69 Tg yr^{-1}),足以被调适(accommodated)并入全球 CH_4 收支中的不确定项。不过,这里所有的估计都是基于 Keppler 等(2006)发表的早期实验室数据。如果获得更多的数据,如田间和实验室数据,以及理解植被的 CH_4 形成机制后,应能进行更可靠的全球植被 CH_4 释放估计。

6.3.1 地球观测与冠层通量测量

通过卫星设备,从空中对大气 CH_4 浓度进行研究,该法可进行全局时空分析,发现了关于植被释放量的诸多不确定性。Frankenberg 等(2005)使用欧洲航天局 Envisat 环境卫星上扫描成像大气吸收光谱仪(SCIAMACHY)传感器获取的数据,研究了痕量气体(包括 CH_4)的浓度。他们发现,相对于利用地面调查清单并采用化学转移模型所得的模拟浓度分布,热带雨林的 CH_4 浓度高于预想。他们认为引起此差异的可能来源包括:湿地、生物质燃烧、蚁类和家畜,还有一项迄今未明的 CH_4 源可能与热带雨林直接相关。由此,Keppler 等(2006)认为他们关于植被有氧 CH_4 释放的实验观测或可解释该差异。Bergamaschi 等(2007)和 Schneising 等(2009)也在对卫星观测的进一步研究中,报道了热带地区显著高于预期的 CH_4 释放。更多新近发表的研究显示,由于水蒸气的光谱干涉,热带区域的 CH_4 数据值会偏高,但基于一种改进的数据获取方式进行的来源反演仍显示出热带地区有大量的 CH_4 释放(Frankenberg et al, 2008)。

为回答 Keppler 等(2006)实验观测中的一些问题,Crutzen 等(2006)重新分析了 Scharffe 等(1990)研究 1988 年委内瑞拉热带稀树草原气候区大气边界层 CH_4 浓度的发表数据。Scharffe 等(1990)用箱式法证明其所研究的森林土壤是一个巨大的 CH_4 汇,而热带稀树草原的土壤是一个源,之后他们将这些值与夜间大气边界层的 CH_4 累积量进行了比较。夜间累积量比土壤释放量大 10 余倍,他们认为这是水淹土壤和蚁类这些分散源的作用。然而,Crutzen 等(2006)认为,这些额外的 CH_4 源可能很大程度上来自热带稀树草原和森林的植被,为 $3 \sim 60$ Tg yr^{-1}。虽然他们的估计因对夜间边界层与均匀混合的高度所作假设及其不确定性而遭到批评,但其观测仍对 Keppler 等(2006)有关植被释放的全球尺度作用所得观测结果提供了支持。

Do Carmo 等(2006)在巴西亚马孙地区的三个站点测量了未受干扰的高地森林中 CH_4 和 CO_2 的浓度剖面。他们检测出,无论干季或湿季,所有站点的 CH_4 和 CO_2 浓度均在夜间有所上升。他们认为该数据强有力地表明,在这些亚马孙高地森林站点,冠层中存在广泛的 CH_4 源,可为亚马孙地区贡献 $4 \sim 38$ Tg yr^{-1} 的年通量。他们没有测量那些水淹的场所,而只选择了地形较高处,因此不能支持其观点,即观测到的夜间 CH_4 释放来自湿地。因此,他们的观测为前述卫星观测到的热带地区 CH_4 异常高水平(Frankenberg et al, 2005;Bergamaschi et al, 2007)提供了一种可能的解释,并且给出了热带森林植被有氧甲烷释放的可能性。

另外的野外研究(Sinha et al, 2007)提供了高频 CH_4 测量的结果,分别是 2005 年 4—5 月和 10 月在芬兰寒带森林和苏里南热带森林中进行的。他们采用简单的边界层模型,利用寒带森林站点获取的连续两周 CH_4 浓度,估算周围区域的 CH_4 释放。在一个典型的昼夜循环中,寒带森林和热带森林 CH_4 的平均中值浓度分别为 1.83 μmol mol^{-1} 和 1.74 μmol mol^{-1},且两者日间廓线的时间序列具有极大的相似性。从夜间 CH_4 的增加以及已测的夜间边界层高度计算,寒带森林的 CH_4 总通量为 45.5 ± 11 Tg CH_4 yr^{-1},这代表了 8% 的全球 CH_4 收支。Sinha 等(2007)强调了寒带森林在全球 CH_4 收支中的重要性。然而,不管是其尺度上推方法,还是所用分析系统的精确性,均受到了一些研究者的批评。

Miller 等(2007)使用航空飞行器,在分别位于亚马孙流域东部和中部的两处站点采集烧瓶空气样本,构建了从海平面到 3 600 m 高空的 4 年 CH_4 浓度垂直廓线记录。因为这些都是直接测量,所以不会受到上述光谱干涉对卫星数据的影响。他们观测到 CH_4 浓度大量增加,这是在大西洋热带区域的背景监测站点中所未看到的,并计算出热带森林的平均 CH_4 释放为 27 mg m^{-2} d^{-1}。这不能由任何已知的单个 CH_4 源(湿地、植物、火、白蚁)来解释,也不能由羟基对大气的消耗,甚或所有来源的总和进行解释,其中包括 Keppler 等(2006)通过实验室测量估算的植物释放(4 mg m^{-2} d^{-1}),以及 Carmo 等(2006)观测到的未知夜间释放(5 mg m^{-2} d^{-1},可能来自植物)。因此,他们的航空飞行器测量表明热带亚马孙区域是一个巨大的 CH_4 源,而且构成该源的各单项来源尚需进行充分解释。

Bowling 等(2009)对美国落基山脉高海拔处一片 110 年的针叶林进行了 CH_4 通量研究,该处优势种为扭叶松(*Pinus contorta*)、英格曼云杉(*Picea engelmannii*)和落基山冷杉(*Abies* lasiocarpa)。3 050 m 高的海拔意味着那里的树木遭受天然高水平紫外辐射(>2W m^{-2}未加权UV)。该研究在夏季超过 6 周的时段中使用微气象技术,测量了冠层内部和接近地面的亚冠层空气中的 CH_4 和 CO_2 垂直廓线,证实了在其研究期间,该处森林土壤是一个持续的 CH_4 汇。虽然在他们的测量中,由于地形风系和城市释放,CH_4 浓度的测定发生了一些变化,但没有证据表明冠层叶片具有实质性的 CH_4 释放,不过也不能完全排除这些针叶树种的冠层是弱 CH_4 源的可能。

最近,伴随着涡度协方差技术的发展,出现了快速响应的甲烷分析仪(例如,Smeets et al, 2009),被认为能检测出较上述 Do Carmo 等(2006)、Miller 等(2007)和 Sinha 等(2007)观测到的热带雨林 CH_4 释放更低的通量,但该研究尚待完成。不过,为了完整理解各类生态系统中 CH_4 释放的过程,在野外可能仍需采用下面将要提到的气体交换箱方法。

6.3.2 野外研究:气体交换箱

最早在野外估算植被 CH_4 释放的一项研究是 1990 年在委内瑞拉热带稀树草原中进行的(Sanhueza and Donoso, 2006),该处是以糙须禾属(*Trachypogon*)为优势种的土壤-草型生态系统。他们采用了不锈钢和玻璃材质的气室,4 个放置于植被未受干扰的土壤样点,3 个放置于地上植被被割除且凋落物被清除的土壤样点。分别在 10 月和 11 月湿季的两个时期(多雨时期和少雨时期),用少量的气室再循环空气通过气相色谱仪,在 1 小时内迅速进行间歇性的 CH_4 测量。尽管在放置气室之前,植被暴露于阳光下,但在测量过程中气室是被不透明的锡箔纸覆盖的。他们发现在湿季土壤会以 4.7 ng m^{-2} s^{-1} 的通量速率消耗 CH_4,但相比之下土壤-植被-凋落物的通量为 6 ng m^{-2} s^{-1},表明植被和凋落物净释放 CH_4,通量为 10.7 ng m^{-2} s^{-1}。他们通过计算推断,热带稀树草原对全球 CH_4 释放有中等程度的贡献,不过此乃基于无阳光照射条件下的测量得出的。

中国的两项野外实验也使用密闭气体交换箱探究植被群落的 CH_4 释放。Cao 等(2008)在青藏高原的高山生态系统中对 3 种植物群落进行了为期三年的研究。这 3 种植物群落中,一种是仅含草本层的"草型群落",主要是矮嵩草(*Kobresia humilis*)草甸,另外两种是委陵菜属(*Potentilla*)草甸(既有灌木也有草本植被)中的"灌木型"和"草型"群落,主要根据群落中是否存在委陵菜(*P. fruticosa*)进行区分。在放置于 50 cm×50 cm 样方上的树脂气室内部监测 CH_4 释放,气室用泡沫和白布遮盖以减少阳光照射导致的升温。该实验比较了具有完整植株的与清除地上植物部分和活根处理的两类样地上各气室的 CH_4 释放。在一年中每隔数天测定一次 CH_4 浓度,一般在早上 9 时与 10 时之间进行,之后通过比较放置于完整植株上与裸土上的两类气室间的差异来计算释放速率。该研究观测到,裸土是大气 CH_4 的净汇,有一定的季节变异性,但矮嵩草草甸和委陵菜草甸的"草型"群落植被分别以 2.6 μg m^{-1} h^{-1} 和 7.8 μg m^{-1} h^{-1} 的速率释放 CH_4。如果以生物量来衡量,则分别相当于 68.3 ng (CH_4 d.wt.) h^{-1} 和 22.6 ng (CH_4 d.wt.) h^{-1}。然而,委陵菜草甸中的"灌木型"群落却以 5.8 μg m^{-1} h^{-1} 的速率消耗大气 CH_4。作者根据这些观测结果认为,矮嵩草草甸在青藏高原高山草甸中所占面积大于 60%,这对全球 CH_4 收支具有明显的区域贡献,约为 0.13 Tg yr^{-1}。

值得注意的是,该研究是在白色不透明气室(Cao et al, 2008)中进行的,因此植被未受任何紫外线辐射,接收的漫射可见光也是大为减少的。假设 CH_4 释放来源于植物气室和裸土气室之间的差异，并没有直接且绝对的证据表明植物本身有明显的 CH_4 释放。观测到的 CH_4 可能来源于土壤，可能通过蒸腾流，也可能因其他一些应用处理方面而影响土壤净通量。的确，随后在同一个研究地对高山草甸和燕麦牧场进行的第三项研究表明，植被并不一定是所报道 CH_4 释放的真正来源。Wang 等（2009a）结合了与 Cao 等（2008）研究相同嵩草属草甸中的 4 种植被：自然高山草甸、人工恢复的高山草甸、有根裸土和一年生燕麦。他们采用密闭、不透明的不锈钢制气室，持续进行了 2 年实验，并且还对土壤孔隙水以及不同温度的影响进行了平行研究。该研究建立了 CH_4 消耗速率与土壤温度、湿度间的明显关系。因此作者认为，当土壤湿度低的时候，CH_4 通过土壤气相的扩散传输会更大，使得 CH_4 接触到嗜 CH_4 细菌，其活动与温度成正响应。因此，他们认为当植物的 CH_4 生产是经由与裸土进行比较来计算时，可能代表的是因植物移除而导致的土温与充水孔隙变化所引起的差异，而非真正的植被来源。所以，这些研究对植被有氧 CH_4 真实生产量这个问题仍是悬而未决的，有必要进一步研究包括土壤和辐射条件来评估这些观测值。

6.4 植物"介导"的 CH_4 释放

在 Keppler 等（2006）首次观测之后，一些研究者认为，在实验观测中发现的植被有氧 CH_4 释放，可能来自土壤衍生的 CH_4，它们通过内部空隙，或者溶解于植物蒸腾流中释放出来。这种植被介导的土壤 CH_4 来源与上述植物组织中的 CH_4 生产是截然不同的。

在湿地和稻田的维管植物（特别是禾本科和莎草科）中，已知土壤厌氧过程产生的 CH_4 是通过植物的内部空隙如通气组织传输的（第 3 章和第 8 章）。然而，这一过程在其他植物类型中则很少被关注。Rusch 和 Rennenberg（1998）研究了一种湿地树木，即桤木（*Alnus glutinosa*）两岁幼苗的茎 CH_4 通量。在控制实验中，他们发现当根区 CH_4 浓度高于周围环境时，茎部树皮释放 CH_4（还有 N_2O）。CH_4 的释放随茎高而减少，这符合在组织中通过空隙扩散的传输机制。随后，Terazawa 等（2007）在日本一处冲积平原中观测到成熟的水曲柳（*Fraxinus mandshurica* var. *japonica*）茎表面 CH_4 释放，也得到了相似的结论。他们使用钢制气室连接到茎干的两个高度上以确定 CH_4 释放，也确实测得大量的 CH_4 释放，把这些释放值乘上树的密度，几乎等于该站点从大气到土壤的平均甲烷通量。由于上层土壤的甲烷浓度低于环境浓度，他们得出结论，地下水中更高的 CH_4 浓度驱动着一个浓度梯度，使 CH_4 从水淹土层通过空气中可穿透的植物组织向大气传输。

微生物产生的 CH_4 从深层土壤通过植物蒸腾流传输到大气，这也被认为是解释在实验研究和田间观测中的植物表观 CH_4 释放的可能原因。Kirschbaum 等（2007）在实验研究中考察了许多可能的人为干扰，包括细胞表面的 CH_4 吸附作用和溶解在植物油脂相和液相（包括蒸腾流）中的 CH_4 释放。

Nisbet 等（2009）对罗勒（*Ocimum basilicum*）和芹菜（*Apium graveolens*）进行了实验，植物用饱和 CH_4 土壤水进行平衡，随后被封在密闭气室中 16 h，由此观察的在密闭空间中 CH_4 浓度升高。因此他们声称 Keppler 等（2006）测量到的主要是蒸发出来的 CH_4，当这种 CH_4 来源被移除后（如 Dueck et al, 2007），就不会再测量到 CH_4 释放。然而，这种观点忽视了 Keppler 等（2006）事先把叶片样本暴露在无 CH_4 的空气中达 1 h，这段时间内大量溶解态 CH_4 都已从叶片中扩散出去了。

考虑水/空气和油脂/空气界面的 CH_4 平衡分配系数后，Kirschbaum 等（2007）计算了活叶片物理上持有的 CH_4 量。他们的结论是，叶片在物理上持有的 CH_4 释放，可能只占 Keppler 等（2006）向无 CH_4 空气中释放通量的很少一部分，相当于在数小时观测中仅占 50～150 秒的释放量。因此，蒸腾水中溶解的 CH_4 不能解释许多观测中植物叶片的 CH_4 释放。然而，这种可能性仍然存在，即野外未受干扰的植株具有连续的蒸腾流，可以将深层土壤微生物产生的 CH_4 传输到大气。

为了改进对全球 CH_4 释放，尤其是在具有高水位或可变水位的生态系统中释放的估算，在进行陆地 CH_4 来源的实验研究和模型模拟时，对来自土壤的植物介导通量应仔细评估，并保证采取进一步的考察。

6.5 使用稳定同位素技术验证植被驱动的甲烷

近年来，稳定同位素分析技术已经成为环境科学家跟踪甲烷生成（methanogenesis）和甲烷营养这两种互补过程，以及研究全球 CH_4 循环的有力工具。大多数化学和生化反应表现出对同一元素的某种同位素具有偏好，这通常是由于同位素之间的质量差异所导致。氢和碳元素的轻重同位素之间区分以及由此产生的同位素信号（$\delta^{13}C$ 和 δ^2H 值），可用于确认 CH_4 的来源及传输路径。而且，潜在有机前体分子的同位素标记实验常被用于假定反应途径的最终验证。

基于最初结果，Keppler 等（2006）表示 CH_4 形成中可能包含果胶中酯化羧基（甲氧基）的甲基部分（植物细胞壁的重要组成物质）。然而，其他研究者表示观测到的 CH_4 释放可能是由于同周围空气的吸附和解吸过程所引起的（例如 Kirschbaum et al, 2006）。为排除这种可能性，Keppler 等（2008）采用稳定同位素分析，以三氘标记（trideuterium-labelled）的果胶及甲基聚半乳糖醛酸盐来证明植物果胶的甲氧基确为 CH_4 的前体化合物。在紫外线辐射和加热下，从这些标记多糖的果胶中观测到强氘信号。这些结果提供清晰的证据说明，果胶的甲氧基在有氧条件下扮演空气中 CH_4 源的角色。虽然作者没有说明这整条反应路径，但该研究为获取更多信息，例如对 CH_4 形成过程中潜在植物前体化合物的发现，迈出了重要的第一步。McLoed 等（2008）和 Bruhn 等（2009）得到同样的结论，他们发现当果胶中的甲氧基如果于实验前被移除，则 CH_4 生产就停止了。

已有的观测表明，干叶和鲜叶以及一些植物结构成分如果胶和木质素，在紫外线照射下会释放 CH_4（Keppler et al, 2008; McLeod et al, 2008; Vigano et al, 2008; Messenger et al, 2009b）。接着，Vigano 等（2009）研究了从一系列植物天然干叶以及结构化合物中所释放 CH_4 的同位素信号来源。他们的数据显示，紫外线诱发的有机物 CH_4 与其巨大的生物量相比，^{13}C 和 ^2H（氘）强烈地贫化了。同时还证实了，CH_4 的 ^{13}C 和 ^2H 值不依赖于紫外线强度，也就是说，使用完全不加权的 UV-B 辐射，无论是 4 W m^{-2} 还是 20 W m^{-2}，产生的同位素信号是完全一致的。这是一个令人惊讶的结果，因为 ^{13}C- 和 ^2H-贫化的 CH_4 通常被认为是明确的同位素信号，表明发生了微生物甲烷生产过程，例如在湿地和牛的瘤胃中，微生物优先利用更轻的同位素。然而，Vigano 等（2009）明确地证实，轻同位素信号的 CH_4 并不是识别微生物 CH_4 源的清晰指标，其也能从植物材料的光化学反应中产生。

Brüggemann 等（2009）提供了一种更加细致的同位素方法，可用来确认植物活体中 CH_4 的形成。他们的实验显示,当对植物施加 $^{13}CO_2$ 进行标记,在无菌条件下以细胞培养得到的灰杨(*Populus×canescens*, syn. *Populus tremula* ×*Populus alba*)释放出 ^{13}C 标记的 CH_4。^{13}C 标记从被同化的 $^{13}CO_2$ 到 $^{13}CH_4$ 转换快速,表明新合成的非结构化光合产物也对植物有氧甲烷释放有贡献。他们在低水平可见光辐射(100 $\mu mol\ m^{-2}\ s^{-1}$ 光合作用通量密度)、白天 27℃夜晚 24℃的条件下,监测到 CH_4 释放量为 0.16~0.7 ng(CH_4) g^{-1},这与 Keppler 等(2006)的观测值相比要少得多,但很明显是在无紫外辐射条件下测得的。分子生物学分析证明,没有发生已知的产烷微生物污染,且排除了从灰杨幼苗培养物所释放 CH_4 是源于微生物的可能性。

6.6 环境胁迫因子与植物叶片甲烷形成

作为紫外辐射对植物叶片 CH_4 释放影响研究的一部分,Messenger 等(2009a,2009b)考察了 ROS 的作用。通过清除 ROS 和产生 ROS,他们证明了羟基和纯态氧(但不是过氧化氢和超氧自由基)参与了植物果胶的 CH_4 释放过程。这支持 Sharpatyi(2007)最初的观点,即植物中 CH_4 的形成可能是通过一种自由基机制。ROS 在植物内形成,是为了响应一系列生物和非生物胁迫因子,这是细胞在生长、激素活性以及常规细胞死亡中细胞间信号传递过程的一部分(Apel and Hirt,2004),而这些因子同样也可能导致 CH_4 的形成。与此假设相符合的是,Mcleod 等(2008)证明一些受紫外线辐照的果胶和烟草叶片的 CH_4 释放(也有乙烷和乙烯)利用了一种细菌病原体和一种 ROS 化学生成器。最近,Wang 等(2009b)的研究表明,物理伤害(通过切削)可使植被释放 CH_4,同时,Qaderi 和 Reid(2009)报道叶片的 CH_4 释放受温度、水分和紫外线的胁迫可能会增加。嗜甲烷细菌的出现和分布也表明植物叶中广泛的 CH_4 形成是有可能的。通常,甲烷氧化菌和甲基氧化菌能够氧化如 CH_4 和甲醇等 C1 化合物。在土壤、淡水和海水环境(Hanson and Hanson,1996),以及湿地植物的维管束(King,1996;Gilbert et al,1998;Raghoebarsing et al,2005)中,甲烷氧化菌以氧化 CH_4 作为唯一的碳和能量来源,这已经得到证实。最后一种情况中,这些植物种类提供了一个传输通道,将源自土壤的 CH_4 排放到大气中。不过,在菩提树和云杉的芽和叶组织(Doronina et al,2004),两耳草的芽和叶(Pirttilä et al,2008),以及玉米(*Z. mays*)茎干(Seghers et al,2004)中也发现了甲烷氧化菌。这提出了一个问题,即这些植物组织中的 CH_4 来源以及其他植物和组织中更广泛的甲烷氧化菌的出现,可能是协同进化的指示器,提供了植物中获得 CH_4 的有用指标。各种各样的过程以及环境因子可能影响植被 CH_4 释放,因此需要对一系列物种和植物类型进行进一步研究,以评估其机制以及它们对于全球 CH_4 释放的重要性。

6.7 纵览与全球性意义

直至最近,科学家还认为在有氧存在的条件下只在不完全氧化过程中会形成 CH_4。然而,大量研究发现了来自植物的有氧 CH_4 释放。Keppler 等(2006)初步估算了植物释放 CH_4 的量可能占全球 CH_4 排放的 10%~40%,这引发了关于全球 CH_4 收支不确定性的大讨论。这些作者在文章中并未根据他们的结果提出具有重大意义的决策,但是一些新闻报道和评论文章(Lowe, 2006; Schiermeier, 2006b)却提出森林封存 CO_2 和储存碳的效益可能会大大降低。正如上文所述,随后的研究对全球尺度推绎计算进行了改进,降低了全球植被 CH_4 释放的估算范围。即使在早期,专家组的两份报告(Bergamaschi et al, 2006; NIEPS, 2006)就认为,植物产生的 CH_4 只是全球 CH_4 收支的一小部分,在考虑碳封存效率时可忽略不计。在土地利用项目的现今政策和提案中,对于碳封存方面并没有什么改变,但是已经注意到,我们需要一个弹性碳补偿政策(NIEPS, 2006),这样可允许根据不断更新的科学理解而改变。Keppler 和 Röckmann(2007)声明他们的计算结果显示出,通过建造新森林吸收 CO_2 获得的气候效益远远超过了空气中 CH_4 增加而产生的相对小的副作用。

然而,从来自好几个领域中的独立观察中收集的证据表明,植物的确可在有氧的条件下产生 CH_4,并且这可能不是一个异常过程,而是广泛地存在于自然界。目前还不清楚植被释放量对于全球总量的贡献有多大,但是植物物种间和不同研究中的结果有一定的差异,所以需要研究和评价这些差异的性质和引起差异的原因,并确定在细胞、有机体、生态系统和全球尺度上这类排放的重要性。一个最迫切的挑战是测试不同生物分子和细胞/组织结构中有氧 CH_4 形成方面的新假说,并且画出植物中可能的分子来源及其特定重要性的全貌图。迄今已发表的结果表明,甲烷的有氧形成可能是所有真核生物细胞对氧化状态变化响应的主要部分,并且有高度的时间变异性和源强度变化。植物释放的一些 CH_4 可能源自土壤过程,以蒸腾流或物理扩散方式通过植物组织释放。不过,外界的 UV 光照、高温、低氧或普通的生理过程,也可诱发生物分子中 CH_4 的形成。显然,植物 CH_4 的产生可能与环境胁迫有关,因此需要评估环境胁迫导致的 CH_4 排放对全球 CH_4 收支的贡献,同时不要忘记甲烷氧化菌对 CH_4 的消耗。考虑到可能的全球变化反馈,大气科学家们应该重新审视 CH_4 的生物来源(包括湿地和植物)。这些全球变化反馈可能与平流层的臭氧枯竭、变化的温度及湿度体系、上升的 CO_2 浓度、土地利用变化和生态系统响应相关,生态系统响应与现代和古气候变化均有关。为满足数值模拟研究,需要在不同尺度上进行更广泛的野外测量和更高分辨率的卫星测量。

已有充分的观察证明植物在有氧情况下可形成 CH_4,但是确定其在全球 CH_4 收支中的大小及其意义尚需要进一步评估。这一主题为植物学和环境科学未来的研究提供了一条新的、有趣的和颇具挑战性的道路。这需要来自不同学科的研究者们进行相当大的努力,以量化 CH_4 释放,完成在 CH_4 生物地理化学循环中植物贡献的细节研究及其对我们的大气和气候的重要性。

参 考 文 献

Apel, K. and Hirt, H. (2004) 'Reactive oxygen species: Metabolism, oxidative stress, and signal transduction', *Annual Review of Plant Biology*, vol 55, pp373-399

Beerling, D. J., Gardiner, T., Leggett, G., Mcleod, A. and Quick, W. P. (2008) 'Missing methane emissions from leaves of terrestrial plants', *Global Change Biology*, vol 14, no 8, pp1821-1826

Bergamaschi, P., Dentener, F., Grassi, G., Leip, A., Somogyi, Z., Federici, S., Seufert, G. and Raes, F. (2006) 'Methane emissions from terrestrial plants', European Commission, DG Joint

Research Centre, Institute for Environment and Sustainability, Ispra, Italy

Bergamaschi, P., Frankenberg, C., Meirink, J. F., Krol, M., Dentener, F., Wagner, T., Platt, U., Kaplan, J. O., Korner, S., Heimann, M., Dlugokencky, E. J. and Goede, A. (2007) 'Satellite chartography of atmospheric methane from SCIAMACHY on board ENVISAT: 2. Evaluation based on inverse model simulations', *Journal of Geophysical Research-Atmospheres*, vol 112, no D2, D02304

Berry, J. A. and Raison, J. K. (1982) 'Responses of macrophytes to temperature', in O. L. Lange, P. S. Nobel, C. B. Osmond and H. Ziegler (eds) *Physiological Plant Ecology: I. Responses to the Physical Environment*, Encyclopedia of Plant Physiology, New Series Vol 12A, Springer-Verlag, Berlin, Heidelberg, New York

Bowling, D. R., Miller, J. B., Rhodes, M. E., Burns, S. P., Monson, R. K. and Baer, D. (2009) 'Soil and plant contributions to the methane flux balance of a subalpine forest under high ultraviolet irradiance', *Biogeosciences Discussions*, vol 6, pp4765–4801

Brüggemann, N., Meier, R., Steigner, D., Zimmer, I., Louis, S. and Schnitzler, J. P. (2009) 'Nonmicrobial aerobic methane emission from poplar shoot cultures under low-light conditions', *New Phytologist*, vol 182, no 4, pp912–918

Bruhn, D., Mikkelsen, T. N., Øbro, J., Willats, W. G. T. and Ambus, P. (2009) 'Effects of temperature, ultraviolet radiation and pectin methyl esterase on aerobic methane release from plant material', *Plant Biology*, vol 11, pp43–48

Butenhoff, C. L. and Khalil, M. A. K. (2007) 'Global methane emissions from terrestrial plants', *Environmental Science and Technology*, vol 41, no 11, pp4032–4037

Cao, G., Xu, X., Long, R., Wang, Q., Wang, C., Du, Y. and Zhao, X. (2008) 'Methane emissions by alpine plant communities in the Qinghai-Tibet Plateau', *Biology Letters*, vol 4, no 6, pp681–684

Crutzen, P. J., Sanhueza, E. and Brenninkmeijer, C. A. M. (2006) 'Methane production from mixed tropical savanna and forest vegetation in Venezuela', *Atmospheric Chemistry and Physics Discussions*, vol 6, pp3093–3097

Do Carmo, J. B., Keller, M., Dias, J. D., De Camargo, P. B. and Crill, P. (2006) 'A source of methane from upland forests in the Brazilian Amazon', *Geophysical Research Letters*, vol 33, L04809

Doronina, N. V., Ivanova, E. G., Suzina, N. E. and Trotsenko, Y. A. (2004) 'Methanotrophs and methylobacteria are found in woody plant tissues within the winter period', *Microbiology*, vol 73, no 6, pp702–709

Dueck, T. A., De Visser, R., Poorter, H., Persijn, S., Gorissen, A., De Visser, W., Schapendonk, A., Verhagen, J., Snel, J., Harren, F. J. M., Ngai, A. K. Y., Verstappen, F., Bouwmeester, H., Voesenek, L. and Van Der Werf, A. (2007) 'No evidence for substantial aerobic methane emission by terrestrial plants: A ^{13}C-labelling approach', *New Phytologist*, vol 175, no 1, pp29–35

Ferretti, D. F., Miller, J. B., White, J. W. C., Etheridge, D. M., Lassey, K. R., Lowe, D. C.,

Meure, C. M. M., Dreier, M. F., Trudinger, C. M., Van Ommen, T. D. and Langenfelds, R. L. (2005) 'Unexpected changes to the global methane budget over the past 2000 years', *Science*, vol 309, no 5741, pp1714-1717

Ferretti, D. F., Miller, J. B., White, J. W. C., Lassey, K. R., Lowe, D. C. and Etheridge, D. M. (2007) 'Stable isotopes provide revised global limits of aerobic methane emissions from plants', *Atmospheric Chemistry and Physics*, vol 7, pp237-241

Frankenberg, C., Meirink, J. F., Van Weele, M., Platt, U. and Wagner, T. (2005) 'Assessing methane emissions from global space-borne observations', *Science*, vol 308, no 5724, pp1010-1014

Frankenberg, C., Bergamaschi, P., Butz, A., Houweling, S., Meirink, J. F., Notholt, J., Petersen, A. K., Schrijver, H., Warneke, T. and Aben, I. (2008) 'Tropical methane emissions: A revised view from SCIAMACHY onboard ENVISAT', *Geophysical Research Letters*, vol 35, no 15, L15811

Gilbert, B., Assmus, B., Hartmann, A. and Frenzel, P. (1998) 'In situ localization of two methanotrophic strains in the rhizosphere of rice plants', *FEMS Microbiology Ecology*, vol 25, no 2, pp117-128

Hanson, R. S. and Hanson, T. E. (1996) 'Methanotrophic bacteria', *Microbiological Reviews*, vol 60, no 2, pp439-471

Houweling, S., Rockmann, T., Aben, I., Keppler, F., Krol, M., Meirink, J. F., Dlugokencky, E. J. and Frankenberg, C. (2006) 'Atmospheric constraints on global emissions of methane from plants', *Geophysical Research Letters*, vol 33, no 15, L15821

IPCC (Intergovernmental Panel on Climate Change) (2007) *Climate Change 2007: The Physical Science Basis Contribution of Working Group I to the Fourth Assessment Report of the Intergovernmental Panel on Climate Change*, S. Solomon, D. Qin, M. Manning, Z. Chen, M. Marquis, K. B. Averyt, M. Tignor and H. L. Miller (eds), Cambridge University Press, Cambridge and New York

Keppler, F. and Röckmann, T. (2007) 'Methane, plants and climate change', *Scientific American*, vol 296, no 2, pp52-57

Keppler, F., Hamilton, J. T. G., Brass, M. and Röckmann, T. (2006) 'Methane emissions from terrestrial plants under aerobic conditions', *Nature*, vol 439, no 7073, pp187-191

Keppler, F., Hamilton, J. T. G., McRoberts, W. C., Vigano, I., Brass, M. and Röckmann, T. (2008) 'Methoxyl groups of plant pectin as a precursor of atmospheric methane: Evidence from deuterium labelling studies', *New Phytologist*, vol 178, pp808-814

Keppler, F., Boros, M., Frankenberg, C., Lelieveld, J., McLeod, A., Pirttilä, A. M., Röckmann, T. and Schnitzler, J. P. (2009) 'Methane formation in aerobic environments', *Environmental Chemistry*, vol 6, pp459-465

King, G. M. (1996) 'In situ analyses of methane oxidation associated with the roots and rhizomes of a bur reed, *Sparganium eurycarpum*, in a Maine wetland', *Applied and Environmental Microbiology*, vol 62, no 12, pp4548-4555

Kirschbaum, M. U. F. and Walcroft, A. (2008) 'No detectable aerobic methane efflux from plant material, nor from adsorption/desorption processes', *Biogeosciences*, vol 5, no 6, pp1551-1558

Kirschbaum, M. U. F., Bruhn, D., Etheridge, D. M., Evans, J. R., Farquhar, G. D., Gifford, R. M., Paul, K. I. and Winters, A. J. (2006) 'A comment on the quantitative significance of aerobic methane release by plants', *Functional Plant Biology*, vol 33, no 6, pp521-530

Kirschbaum, M. U. F., Niinemets, U., Bruhn, D. and Winters, A. J. (2007) 'How important is aerobic methane release by plants?', *Functional Plant Science and Technology*, vol 1, pp138-145

Lowe, D. C. (2006) 'Global change: A green source of surprise', *Nature*, vol 439, no 7073, pp148-149

McLeod, A. R., Fry, S. C., Loake, G. J., Messenger, D. J., Reay, D. S., Smith, K. A. and Yun, B. W. (2008) 'Ultraviolet radiation drives methane emissions from terrestrial plant pectins', *New Phytologist*, vol 180, no 1, pp124-132

Megonigal, J. P. and Günther, A. B. (2008) 'Methane emissions from upland forest soils and vegetation', *Tree Physiology*, vol 28, pp491-498

Messenger, D. J., McLeod, A. R. and Fry, S. C. (2009a) 'Reactive oxygen species in aerobic methane formation from vegetation', *Plant Signaling and Behavior*, vol 4, no 7, pp1-2

Messenger, D. J., McLeod, A. R. and Fry, S. C. (2009b) 'The role of ultraviolet radiation, photosensitizers, reactive oxygen species and ester groups in mechanisms of methane formation from pectin', *Plant Cell and Environment*, vol 32, no 1, pp1-9

Miller, J. B., Gatti, L. V., D'amelio, M. T. S., Crotwell, A. M., Dlugokencky, E. J., Bakwin, P., Artaxo, P. and Tans, P. P. (2007) 'Airborne measurements indicate large methane emissions from the eastern Amazon basin', *Geophysical Research Letters*, vol 34, no 10, L10809

NIEPS (Nicholas Institute for Environmental Policy Solutions) (2006) 'Do recent scientific findings undermine the climate benefits of carbon sequestration in Forests? An expert review of recent studies on methane emissions and water tradeoffs', Duke University, Nicholas Institute for Environmental Policy Solutions, Durham, NC

Nisbet, R. E. R., Fisher, R., Nimmo, R. H., Bendall, D. S., Crill, P. M., Gallego-Sala, A. V., Hornibrook, E. R. C., Lopez-Juez, E., Lowry, D., Nisbet, P. B. R., Shuckburgh, E. F., Sriskantharajah, S., Howe, C. J. and Nisbet, E. G. (2009) 'Emission of methane from plants', *Proceedings of the Royal Society B — Biological Sciences*, vol 276, no 1660, pp1347-1354

Parsons, A. J., Newton, P. C. D., Clark, H. and Kelliher, F. M. (2006) 'Scaling methane emissions from vegetation', *Trends in Ecology and Evolution*, vol 21, no 8, pp423-424

Pirttilä, A. M., Hohtola, A., Ivanova, E. G., Fedorov, D. N. F., Doronina, N. V. and Trotsenko, Y. A. (2008) 'Identification and localization of methylotrophic plant-associated bacteria', in S. Sorvari and A. M. Pirttilä (eds) *Prospects and Applications for Plant Associated Microbes, A Laboratory Manual: Part A, Bacteria*, Biobien Innovations, Turku, Finland, pp218-224

Qaderi, M. M. and Reid, D. M. (2009) 'Methane emissions from six crop species exposed to three components of global change: Temperature, ultraviolet-B radiation and water stress', *Physiologia Plantarum*, vol 137, no 2, pp139-147

Raghoebarsing, A. A., Smolders, A. J. P., Schmid, M. C., Rijpstra, W. I. C., Wolters-Arts, M., Derksen, J., Jetten, M. S. M., Schouten, S., Damste, J. S. S., Lamers, L. P. M., Roelofs, J. G. M., Den Camp, H. and Strous, M. (2005) 'Methanotrophic symbionts provide carbon for photosynthesis in peat bogs', *Nature*, vol 436, no 7054, pp1153-1156

Rusch, H. and Rennenberg, H. (1998) 'Black alder (*Alnus glutinosa* (L.) Gaertn.) trees mediate methane and nitrous oxide emission from the soil to the atmosphere', *Plant and Soil*, vol 201, no 1, pp1-7

Sanadze, G. A. and Dolidze, G. M. (1960) 'About chemical nature of volatile emissions released by leaves of some plants', *Reports of Academy of Sciences of USSR*, vol 134, no 1, pp214-216

Sanhueza, E. and Donoso, L. (2006) 'Methane emission from tropical savanna *Trachypogon* sp. Grasses', *Atmospheric Chemistry and Physics*, vol 6, pp5315-5319

Schaefer, H., Whiticar, M. J., Brook, E. J., Petrenko, V. V., Ferretti, D. F. and Severinghaus, J. P. (2006) 'Ice record of delta C-13 for atmospheric CH_4 across the Younger Dryas-Preboreal transition', *Science*, vol 313, no 5790, pp1109-1112

Scharffe, D., Hao, W. M., Donoso, L., Crutzen, P. J. and Sanhueza, E. (1990) 'Soil fluxes and atmospheric concentration of CO and CH_4 in the northern part of the Guayana shield, Venezuela', *Journal of Geophysical Research-Atmospheres*, vol 95, no D13, pp22475-22480

Schiermeier, Q. (2006a) 'Methane finding baffles scientists', *Nature*, vol 439, p128

Schiermeier, Q. (2006b) 'The methane mystery', *Nature*, vol 442, pp730-731

Schneising, O., Buchwitz, M., Burrows, J. P., Bovensmann, H., Bergamaschi, P. and Peters, W. (2009) 'Three years of greenhouse gas column-averaged dry air mole fractions retrieved from satellite-Part 2: Methane', *Atmospheric Chemistry and Physics*, vol 9, pp443-465

Seghers, D., Wittebolle, L., Top, E. M., Verstraete, W. and Siciliano, S. D. (2004) 'Impact of agricultural practices on the *Zea mays* L. endophytic community', *Applied and Environmental Microbiology*, vol 70, no 3, pp1475-1482

Sharpatyi, V. A. (2007) 'On the mechanism of methane emission by terrestrial plants', *Oxidation Communications*, vol 30, no 1, pp48-50

Sinha, V., Williams, J., Crutzen, P. J. and Lelieveld, J. (2007) 'Methane emissions from boreal and tropical forest ecosystems derived from in-situ measurements', *Atmospheric Chemistry and Physics Discussions*, vol 7, pp14011-14039

Smeets, C. J. P. P., Holzinger, R., Vigano, I., Goldstein, A. H. and Röckmann, T. (2009) 'Eddy covariance methane measurements at a Ponderosa pine plantation in California', *Atmospheric Chemistry and Physics Discussions*, vol 9, pp5201-5229

Terazawa, K., Ishizuka, S., Sakatac, T., Yamada, K. and Takahashi, M. (2007) 'Methane emissions from stems of *Fraxinus mandshurica* var. japonica trees in a floodplain forest', *Soil Biology and Biochemistry*, vol 39, no 10, pp2689-2692

Vigano, I., Holzinger, R., Van Weelden, H., Keppler, F., McLeod, A. and Röckmann, T. (2008) 'Effect of UV radiation and temperature on the emission of methane from plant biomass and structural components', *Biogeosciences*, vol 5, pp937-947

Vigano, I., Röckmann, T., Holzinger, R., Van Dijk, A., Keppler, F., Greule, M., Brand, W. A., Geilmann, H. and Van Weelden, H. (2009) 'The stable isotope signature of methane emitted from plant material under UV irradiation', *Atmospheric Environment*, doi: 10.1016/j.atmosenv.2009.07.046

Wang, Z. P., Han, X. G., Wang, G. G., Song, Y. and Gulledge, J. (2008) 'Aerobic methane emission from plants in the Inner Mongolia Steppe', *Environmental Science and Technology*, vol 42, no 1, pp62-68

Wang, S., Yang, X., Lin, X., Hu, Y., Luo, C., Xu, G., Zhang, Z., Su, A., Chang, X., Chao, Z. and Duan, J. (2009a) 'Methane emission by plant communities in an alpine meadow on the Qinghai-Tibetan Plateau: A new experimental study of alpine meadows and oat pasture', *Biology Letters*, vol 5, no 4, pp535-538

Wang, Z. P., Gulledge, J., Zheng, J. Q., Liu, W., Li, L. H. and Han, X. G. (2009b) 'Physical injury stimulates aerobic methane emissions from terrestrial plants', *Biogeosciences*, vol 6, no 4, pp615-621

第7章

生物质燃烧

Joel S. Levine

7.1 前　言

生物质燃烧或植被燃烧是指人类引火及自然闪电所导致的,尚存活或已死亡植被所发生的燃烧。大部分生物质燃烧主要发生在热带地区(可能高达 90%),被认为用于人为清林和改变土地利用。由大气中闪电所引发的林火只占所有林火的 10%(Andreae,1991)。正如我们将要讨论的,大量的生物质燃烧发生在俄罗斯、加拿大和阿拉斯加的寒带森林。

生物质燃烧是区域及全球大气中气体和微粒的重要来源(Crutzen et al, 1979; Seiler and Crutzen, 1980; Crutzen and Andreae, 1990; Levine et al, 1995)。世界上多数的生物质燃烧都发生在热带地区——南美洲和东南亚地区的热带森林以及非洲和南美洲的热带稀树草原。生物质燃烧是一门真正的综合性学科,包含了以下这些领域:火烧生态学、消防测量、火灾模拟、火灾燃烧、遥感、火焰燃烧气体和微粒排放,以及这些排放的大气传输及其化学和气候影响。在过去几年中对不同生态系统中生物质燃烧的理解已被记录在一系列专业书籍和文献中。这些书籍和文献包括:Goldammer (1990), Levine (1991), Crutzen and Goldammer (1993), Goldammer and Furyaev (1996), Levine (1996a, 1996b), van Wilgen et al (1997), Kasischke and Stocks (2000), Innes et al (2000) 以及 Eaton and Radojevic (2001)。

Simpson 等(2006)观察发现,在 1998 年和 2002—2003 年间生物质燃烧对全球 CH_4 的波动有非常重要的影响。Simpson 等(2006)认为 1997 年全球性的大量甲烷增加是由于 1997 年印度尼西亚和 1998 年俄罗斯寒带森林广泛而大规模的地表植被和地下泥炭地燃烧造成的(Levine, 1999),从 2000 年到 2003 年的全球 CH_4 增加(在 2003 年达到峰值)则由该时段内有所增强的寒带火灾产生排放造成的。而就全球范围内寒带森林火灾对全球气候变化和甲烷排放量,以及印度尼西亚地上植被和地下泥炭地火灾所产生燃烧产物的重要作用,我们将会进行更深入的讨论。在本章的后面我们将会看到,来自地下泥炭地燃烧所产生的甲烷释放比率较之地表植被燃烧所产生的甲烷释放比率多 3 倍。

7.2 生物质燃烧的全球影响

以全球全年计,生物质燃烧是大气中气体和微粒的一项重要来源。在生物质燃烧过程中所产生的气体和微粒排放量依赖于生物质材料的性质,这是燃烧时火焰温度的作用结果,这种作用同样也与生态系统有关。一般来说,生物质是由大量的碳(约为重量的45%)、氢和氧(约为重量的55%)、微量的氮(质量的0.3%~3.8%)、硫(0.1%~0.9%)、磷(0.3%~1%)、钾(0.5%~3.4%)和更少量的氯和溴构成的(Andreae,1991)。

在完全燃烧过程中,根据反应公式,燃烧的主要产物为二氧化碳和水蒸气:

$$CH_2O + O_2 \longrightarrow CO_2 + H_2O$$

这里,CH_2O代表生物质化学组成的近似平均。更实际的则是在冷却器或缺氧环境下不完全燃烧的情况,也就是说,在闷燃阶段,碳燃烧成CO、CH_4、非甲烷碳氢化合物(NMHCs),以及各种部分氧化的有机化合物——包括醛类、醇类、酮类、有机酸和颗粒黑色碳(炭黑)。氮主要以蛋白质氨基酸的氨基组($R—NH_2$)形式存在于生物质中。燃烧过程中的氮主要通过有机物质的热分解作用及部分或完全氧化的各种挥发性氮化合物形式释放出来,包括氮气(N_2)、一氧化氮(NO)、一氧化二氮(N_2O)、氨气(NH_3)、氰化氢(HCN)、氰(NCCN)、有机腈(乙腈,CH_3CN;丙烯腈,CH_2CHCN;丙腈,CH_3CH_2CN)和硝酸盐。生物质中的硫同有机物结合成含硫蛋白质氨基酸的形式。燃烧时硫主要以二氧化硫(SO_2)的形式释放,少量以羰基硫化物(COS)和非挥发性硫化物(SO_4^{2-})的形式释放。生物质中约一半的硫遗留在灰烬里,而灰烬中遗留的可燃氮量非常少。

Lobert等(1991)在实验室所做的生物质燃烧实验已确定了在燃烧过程中释放到大气中的碳(表7.1)和氮的化合物。燃烧过程中主要的气体成分包括CO_2、CO、CH_4、氮的氧化物($NO_x = NO + NO_2$)和氨(NH_3)。如同作为直接温室气体的CO_2和CH_4一样,CO、CH_4和氮氧化物也是导致对流层中臭氧(O_3)光化学产物的直接原因。在对流层,臭氧在浓度稍高于全球背景值时对植物和人类都是有害的。一氧化氮会引起对流层产生化学物质硝酸(HNO_3),硝酸是酸沉降中增长最快的成分。而氨气则是对流层中唯一中和酸性物质的基本气态物。

微粒指诸如烟或炭黑颗粒等小型固体颗粒(通常约10 μm 或更小),它们也在燃烧过程产生并释放到大气中。这些固体微粒吸收并散射阳光,从而影响局部、区域乃至全球气候。此外,当人类吸入这些微粒(特别是2.5 μm 级细小颗粒物即PM2.5或更小的颗粒物)时,可能引起各种人类呼吸系统疾病从而危害身体健康。生物质燃烧时产生的气体和微粒会形成"烟雾"(smog)。"烟雾"是由"烟"(smoke)和"雾"(fog)组成,现在主要用来描述受到烟或者雾污染的大气。

在生物质燃烧过程中产生的气体和微粒释放到大气中,会通过几种不同的方式影响局部、区域和全球的大气和气候,主要包括:

(1) 生物质燃烧是全球CO_2和CH_4的重要来源,这两种气体都会导致全球变暖。

(2) 生物质燃烧是全球一氧化碳、CH_4、非甲烷碳氢化合物和氮氧化物等的主要来源,这些气体会导致对流层中产生臭氧的光化学产物。对流层臭氧是一种有刺激性的污染物,对植物、动物和人类的生活有负面影响。

表 7.1 生物质燃烧中产生的碳和气体

化合物	相对于燃料 C 的平均释放因子(%)
二氧化碳(CO_2)	82.58
一氧化碳(CO)	5.73
甲烷(CH_4)	0.424
乙烷(C_2H_6)	0.061
乙烯(C_2H_4)	0.123
乙炔(C_2H_2)	0.056
丙烷(C_3H_8)	0.019
丙烯(C_3H_6)	0.066
正丁烷(C_4H_{10})	0.005
顺-2-丁烯(C_4H_8)	0.004
反-2-丁烯(C_4H_8)	0.005
异丁烯,1-丁烯($C_4H_8+C_4H_8$)	0.033
1,3-丁二烯(C_4H_6)	0.021
正戊烷(C_5H_{12})	0.007
异戊二烯(C_5H_8)	0.008
苯(C_6H_6)	0.064
甲苯(C_7H_8)	0.037
间二甲苯,对二甲苯(C_8H_{10})	0.011
邻二甲苯(C_8H_{10})	0.006
氯甲烷(CH_3Cl)	0.010
非甲烷碳氢化合物(作为 C)($C_3 \sim C_8$)	1.18
灰分(作为 C)	5.00
C 总额	94.92(包括灰分)

（3）虽然生物质燃烧时只产生痕量的甲基氯和甲基溴,但其对平流层臭氧有负面影响。生物质燃烧中产生的这些物质在未来甚至会变得更加重要,因为《蒙特利尔议定书》禁止使用破坏平流层臭氧的含氯、溴气体,那些产生含氯、溴气体的人为来源正在被逐步淘汰。

（4）生物质燃烧产生的颗粒会对太阳的入射辐射进行吸收和散射,从而影响气候。此外,生物质燃烧产生的这些颗粒物还会降低大气能见度。最近的研究表明,生物质燃烧产生的颗粒物可以通过燃烧所产生的强大垂直热流直接进入平流层。

（5）生物质燃烧产生的颗粒物形成云凝结核(CCN),影响云的形成与分布。

（6）生物质燃烧产生的颗粒物,尤其是直径小于 10 μm 的微粒,被人类吸入时可导致严重的呼吸问题。

7.3 生物质燃烧的地理分布

生物质燃烧的位置多种多样,包括热带稀树草原、热带森林、温带森林和寒带森林,以及收割后的农田。民用薪材燃烧也是另一种生物质燃烧的来源。这些来源的生物质燃烧年总量全球估算值见表 7.2(Andreae,1991)。

如上所述,生物质中碳大约占 45%的重量。表 7.2 给出了生物量燃烧的碳释放量估计值(以总的生物质燃烧量乘以 45%确定燃烧中释放到大气中的碳释放总量)。结合每年的生物质燃烧总量估计值(表 7.2)与生物质燃烧所排放气体和微粒的测量值(表 7.1),我们可以估算全球生物质燃烧产生且向大气释放气体和微粒的量,这在后面有更详细的讨论。

表 7.2 生物质燃烧及其所释放至大气的碳年总量全球估算值

来源	生物质燃烧量(Tg dm yr^{-1})	碳释放量(Tg C yr^{-1})
热带稀树草原	3 690	1 660
农业废弃物	2 020	910
薪材	1 430	640
热带森林	1 260	570
温带/寒带森林	280	130
世界总量	8 680	3 910

注:dm = 干物质(生物质物质)。
来源:Andreae (1991)。

7.3.1 寒带森林的生物质燃烧

过去,人们普遍认为生物质燃烧主要是热带现象。这是因为我们所知关于生物质燃烧的地理和时间分布信息主要基于热带区域的燃烧,很少有关于分布在寒带森林(占全球森林的 25%)生物质燃烧的地理和时间信息。近年来,我们有关地理空间扩展到寒带森林生物质燃烧,为了阐明此后所增加的认识,我们将考虑以下问题。

早期的地表火灾记录和统计资料表明,每年有 150 万 ha(1 ha = 2.47 英亩①)的寒带森林燃烧(Seiler and Crutzen,1980)。其后基于更全面的地表火灾记录和统计资料的研究发现,人们早先低估了全球寒带森林的燃烧量,在 20 世纪 80 年代平均每年有 800 万 ha 森林燃烧,且历年之间有很大的波动(Stocks et al,1993)。其中被测量过的最大一场寒带森林火灾发生在 1987 年 5 月中国东北黑龙江省②。在不到 4 周时间内,超过 130 万 ha 的寒带森林被烧毁(Levine et al,1991;Cahoon et al,1994)。同时,火势甚至穿越到中俄边境,尤其是黑龙江和勒拿河之间的贝加尔湖东部地区。据美国国家海洋和大气管理局(NOAA)先进超高分辨率辐射计(AVHRR)所获取的图像表明,1987 年在中国和西伯利亚有 1 440 万 ha(3 570 万英亩)森林被烧毁(Cahoon et al,1994),说明早期对寒带森林烧毁面积的估算偏小。

1987 年是东亚的极端火灾年份,这些为数不多的数据库可能反映了一种火灾的趋势。究竟是寒带森林的林火随时间而增加,还是因为卫星提供了更详细的数据?卫星测量当然能提供对寒带森林燃烧程度和频率更准确的信息。随着全球变暖的持续,预测全球寒带森林更温暖且更干燥的条件将导致更频繁、更大的火灾,并且因此产生更多的 CO_2 和 CH_4。这些不断增多的森林

---

① 1 英亩 = 0.004 047 km^2。——译者注
② 即著名的大兴安岭大火。——译者注

燃烧将成就气候变化显著的正反馈。

使用卫星推导的焚毁面积与测量所得寒带森林火灾中气体排放比率进行计算,结果表明1987年在中国和西伯利亚的火灾中产生 CO_2、CO 和 CH_4 的量分别约相当于热带稀树草原燃烧所产生总量的20%、36%和69%(Cahoon et al,1994)。根据植被火烧的情况,热带稀树草原燃烧代表了热带地区燃烧的最大组成部分(表7.2),因此很明显,来自寒带森林燃烧的大气排放,必须要被计入全球排放收支中。

这里有几项理由说明寒带森林燃烧是非常重要的:

(1) 寒带森林对全球变暖非常敏感。地表温度的微小改变能显著影响冰与雪的反照率反馈(地表反射程度的变化)。因此,寒带森林燃烧所产生温室气体的红外吸收过程,以及火灾引起的寒带森林地区地表反照率和红外辐射的变化,相对于热带林火具有更高的环境重要性。

(2) 在全球寒带森林中,全球变暖将造成更加干、暖的条件。这反过来会导致火灾频率增加,随之产生更多的 CO_2 和 CH_4 来增强温室效应。

(3) 自然界中寒带森林燃烧最为强烈。寒带森林单位面积的平均燃料消耗为25 000 kg/ha,比热带森林大一个数量级。一般大型寒带森林火灾蔓延速度非常快,大多数可称之为"树冠火",整棵树包括树顶都会被烧毁。大型寒带森林火灾释放出巨大能量,形成的对流烟柱一般会贯入对流层上层,偶尔可直接穿透整个对流层顶(对流层顶在全球寒带森林中位于最低高度)到达平流层。比如,1986年在安大略湖西北部(红湖)发生的森林火灾就形成了一个12~13 km高的烟柱,穿透了对流层顶到达了平流层(Stocks and Flannigan, 1987)。1998年加拿大和俄罗斯东部的寒带森林火灾与同期的平流层气溶胶增加有强烈的关联(Fromm et al, 2000)。

(4) 全球寒带森林上空对流层的寒冷温度导致了对流层的低水汽含量。全年大部分时间对流层水汽的缺乏以及太阳辐射的不足,导致寒带森林上空的光化学反应产物羟基(OH)的浓度非常低。OH自由基对于对流层来说是一种强大的化学清除剂,控制着对流层中包括 CH_4 在内的多种气体的寿命。寒带森林上空低浓度的OH自由基会导致对流层气体寿命的增加,包括生物质燃烧产生的 CH_4。因此,燃烧产生的气体比如 CO、CH_4 和氮氧化物在寒带森林上空会存在较长时间。

Kasischke 等(1999)基于卫星测量,报道了有关全球寒带森林燃烧的新信息。该研究报道的一些成果总结如下:

(1) 在寒带森林中覆盖面积至少达100 000 ha的火灾并非少见。

(2) 在北美的寒带森林,大多数火灾(大于90%)是树冠火,剩余的为地表火。树冠火(每公顷燃烧30~40吨的生物质材料)比地表火(每公顷燃烧8~12吨的生物质材料)消耗更多的燃料。

(3) 北美过去30年的火灾记录清晰地说明了寒带森林火灾的间歇性(episodic)。大火灾年份大多发生在干旱期,导致自然着火(如闪电着火)造成大范围的火灾。自1970年以来,北美寒带森林在六个间歇的火灾年份中烧毁面积为6 200 000 ha/年,而在其余年份为1 500 000 ha/年。有证据表明,类似的情况也存在于俄罗斯寒带森林。

(4) 北美寒带森林的火灾数据表明,在过去30年间烧毁面积有显著增加,1970年代平均为150万 ha/年,1990年代平均为320万 ha/年。燃烧的增加,相应让同一时期的温度抬升了1.0~1.6 ℃(Hansen et al, 1996)。在21世纪预计的温室气体的增加将导致气温增加2~4 ℃,这将导致未来全球寒带森林火灾活动会进一步增强。

（5）在寒带森林的典型年份中,火灾中的生物量消耗介于 10~20 t/ha。而在干旱年发生的火灾,生物量消耗可能高达 50~60 t/ha。假设生物质中含有50%的碳,那么全球将会释放 450~600 Tg C。这项量值将大大高于经常被引用的世界寒带和温带森林生物质燃烧释放的总碳量 130 Tg C。

7.3.2 计算燃烧所产生气体和颗粒物的量

为了评估生物质燃烧对环境和健康的影响,了解火灾过程中所产生气体和颗粒物释放到大气中的量这一信息是必要的。来自植被和泥炭地燃烧的气体释放量计算可利用 Seiler 和 Crutzen（1980）为每种生态系统/地带燃烧所列出的表达式：

$$M = A \times B \times E \tag{1}$$

其中,M = 燃烧消耗的植被或泥炭总量(t);A = 燃烧面积(km^2);B = 生物质负荷(t/km^2);E = 燃烧效率(无量纲)。与 M 相关的燃烧过程中释放到大气的碳总量($M(C)$),可用下式表示：

$$M(C) = C \times M \text{（碳的吨数）} \tag{2}$$

其中,C 是碳在生物质中的质量百分比。对热带植物来说,$C = 0.45$（Andreae,1991）;对泥炭地来说,$C = 0.5$（Yokelson et al,1996）。在火灾中 CO_2 的释放量与 $M(C)$ 的关系表达为：

$$M(CO_2) = CE \times M(C) \tag{3}$$

燃烧效率(CE)是指燃烧过程中排放的 CO_2 相对于总碳化合物的质量比。对热带植被火灾来说,$CE = 0.90$（Andreae,1991）;对泥炭地燃烧来说,$CE = 0.77$（Yokelson et al,1997）。热带生态系统中生物质负荷的区间范围和燃烧效率总结在表 7.3 中。

表 7.3 热带生态系统中生物质负荷范围和燃烧效率

植物类型	生物质负荷区间(t/km^2)	燃烧效率
泥炭地[①]	97 500	0.50
热带雨林[②]	5 000~55 000	0.20
常绿森林	5 000~10 000	0.30
种植园	500~10 000	0.40
干燥森林	3 000~7 000	0.40
高山硬叶灌木群落	2 000~4 500	0.50
湿地	340~1 000	0.70
肥沃草原	150~550	0.96
森林/稀树大草原镶嵌	150~500	0.45
贫瘠稀树草原	150~500	0.95
肥沃稀树草原	150~500	0.95
贫瘠草原	150~350	0.96
灌木地	50~200	0.95

来源：① 来自 Burning(1997) 和 Supardi 等(1993);② 来自 Brown and Gaston(1996);其他都来自 Scholes et al(1996)。

一旦燃烧产生的 CO_2 质量已知,则燃烧产生和排放的其他种类物质的质量 $X_i(M(X_i))$ 可根据归一化 CO_2 种类的释放比($ER(X_i)$)计算。释放比是指燃烧过程中物质 X_i 的产物对 CO_2 产量的比例。物质 X_i 的质量与 CO_2 质量的关系表达如下:

$$M(X_i) = ER(X_i) \times M(CO_2)(元素 X_i 的吨数) \tag{4}$$

其中,X_i 为 CO、CH_4、NO_x、NH_3 和 O_3。有必要再次强调一下,O_3 并不是生物质燃烧的直接产物,但 O_3 是由生物质燃烧直接产生的 CO、CH_4、NO_x 通过光化学反应生成的。因此,生物质燃烧产生的臭氧质量可以通过生物质燃烧产生的臭氧前体气体来计算。热带森林火灾和泥炭地火灾排放率总结在表 7.4 中。

要计算热带森林火灾和泥炭地火灾释放的总颗粒物(TPM),可用下列的公式(Ward,1990):

$$TPM = M \times P (碳的吨数) \tag{5}$$

其中,P 是燃烧时生物质物质和泥炭物质变成颗粒物的转化率。对于热带植被燃烧,$P=20$,意味着火灾每消耗千吨生物量可以产生 20 t TPM;对泥炭地燃烧来说,我们假定 $P=35$,即每消耗千吨有机土壤或泥炭地会产生 35 t TPM(Ward,1990)。

可以说,因火灾导致的气体和颗粒物排放量计算中的主要不确定性,涉及以下 4 种火灾和生态系统参数的缺乏或信息不完整:① 烧毁面积(A);② 所烧毁的生态系统类型及地形,如森林、草原、农业用地、泥炭地等;③ 生物质负荷(B),即烧毁前生态系统单位面积的总生物量;以及 ④ 燃烧效率(C),即烧毁生态系统中实际被燃烧消耗的生物量。

表 7.4 热带雨林和泥炭地火灾的排放率

品种	热带雨林火灾(%)	参考文献	泥炭地火灾(%)	参考文献
CO_2	90.00	Andreae (1991)	77.05	Yokelson et al (1997)
CO	8.5	Andreae et al (1988)	18.15	Yokelson et al (1997)
CH_4	0.32	Blake et al (1996)	1.04	Yokelson et al (1997)
NO_x	0.21	Andreae et al (1988)	0.46	Yokelson et al (1997)
NH_3	0.09	Andreae et al (1988)	1.28	Yokelson et al (1997)
O_3	0.48	Andreae et al (1988)	1.04	Yokelson et al (1997)
TPM[①]	20 t kt^{-1}	Ward (1990)	35 t kt^{-1}	Ward (1990)

注:① 总颗粒物释放比的单位为 tkt^{-1}(每千吨生物质或泥炭物质被火消耗后的总颗粒物吨数)。

7.3.3 生物质燃烧的案例研究——1997 年东南亚的野火

1997 年 8 月到 12 月之间,大规模的热带森林及泥炭地火灾席卷了加里曼丹以及苏门答腊和印度尼西亚等地(Brauer and Hisham-Hishman,1988;Hamilton et al,2000)。火灾起因于土地开荒和土地的利用变化。不过,小范围的开荒燃烧变成了大范围无法控制的野火,更是由于厄尔尼诺造成的严重干旱气候条件。根据卫星图像估计,在 1997 年 8 月至 12 月期间,加里曼丹和苏门答腊共烧毁植被 45 600 km^2(Liew et al,1998)。这些火灾中产生的气体和颗粒物释放到大气中,降低了大气能见度,影响大气的化学组成,并对人类健康造成危害。东南亚大火的一些后果包括:① 超过 2 亿人口暴露在火灾造成的高浓度空气污染和颗粒物中;② 超过 2 000 万条与烟雾有关的健康问题记录;③ 与火灾相关的破坏造成超过 40 亿美元的损失;④ 1997 年 9 月 26 日,一架商业客机(嘉鲁达印度尼西亚航空公司的空客 300-B4)由于火灾产生的烟雾导致能见度太低而坠毁在苏门答腊,造成 234 名乘客丧生;⑤ 1997 年 9 月 27 日,由于能见度太低,两艘轮船在马来西亚沿海的马六甲海峡相撞,造成 29 名船员死亡。

国际社会非常关注火灾对环境和健康所造成的影响。联合国的三个不同机构对这些火灾所造成的环境和健康影响举办了多期研讨会和报告会:世界气象组织(WMO)的"东南亚地区跨界烟霾研讨会"(新加坡,1998 年 6 月 2—5 日);世界卫生组织的"森林火灾偶发事件的健康指南"(秘鲁利马,1998 年 10 月 6—9 日);以及联合国环境规划署(UNEP)的《荒地火灾与环境——全球综合报告》(1999 年 2 月出版)(Levine et al, 1999)。美国的《国家地理》杂志发表了一篇主打文章"印度尼西亚的天灾大火",全面报道了发生在印度尼西亚的火灾。

在热带雨林的面积上,印度尼西亚排名全球第三,仅次于巴西和刚果民主共和国(前扎伊尔)。印度尼西亚总面积为 190 万 km^2,森林覆盖面积介于 90 万~120 万 km^2,即覆盖率达到 48%~69%。森林是印度尼西亚的主要景观。1982—1983 年间,印度尼西亚有大面积森林被烧毁。仅在加里曼丹,火灾烧毁的森林面积就高达 240 万~360 万 ha(Makarim et al, 1998)。令人关注的是,还有 120 万 ha 的面积不确定。

Liew 等(1998)分析了 766 个 SPOT 卫星快视图,这些图像几乎完全覆盖了加里曼丹和苏门答腊在 1997 年 8—12 月的情况。他们估计加里曼丹的烧毁面积为 30 600 km^2,苏门答腊的烧毁面积为 15 000 km^2,总共 45 600 km^2(该面积相当于美国的罗得岛、特拉华州、康涅狄格州和新泽西州的面积总和)。其实,Liew 等(1998)对 1997 年东南亚烧毁面积的估计只是一个下限值,因为 SPOT 数据仅覆盖了加里曼丹和苏门答腊,并没有包括伊里安查亚、苏拉威西岛、爪哇岛、松巴哇岛、科莫多岛、弗洛勒斯岛、松巴岛、帝汶岛和韦塔岛等印度尼西亚的其他岛屿,以及邻国马来西亚和文莱的火灾。

加里曼丹和苏门答腊被烧毁生态系统/地带的本质是什么?

1997 年 10 月,NOAA 卫星监测得到了印度尼西亚火灾热点的分布情况(UNDAC,1998):农业及种植区:45.95%;灌木和泥炭土地区:24.27%;生产型森林:15.49%;木材地产区:8.51%;受保护地区:4.58%;移民点:1.2%(三种森林/木材区面积加起来为总烧毁面积的28.58%)。不过,火灾热点的分布并非度量实际火灾烧毁面积的指数,NOAA 卫星反演的热点分布与 Liew 等(1998)基于实际烧毁区域的 SPOT 图像所推算的生态系统/地带烧毁面积分布非常相似:农业及种植区:50%;森林和灌木:30%;泥炭地沼泽森林:20%。由于 Liew 等(1998)所估计的生态系统/地带烧毁面积是根据实际烧毁区域卫星图像进行估算的,所以他们的估算更适合我们的计算。

Liew 等(1998)所确定的三类地形带的生物质负荷是什么?

各种热带生态系统的生物质负荷或燃料负荷总结在表 7.3 中。东南亚的热带森林生物质负荷介于 5 000~55 000 $t\ km^{-2}$,平均为 23 000 $t\ km^{-2}$(Brown and Gaston, 1996)。不过,在我们的计算中,我们采用的是一个保守值 10 000 $t\ km^{-2}$。农业和种植区(主要是橡胶树和棕榈树)中所采用生物质负荷 5 000 $t\ km^{-2}$,也是一个保守值(Liew et al, 1998)。Nichol(1997)调查了加里曼丹和苏门答腊的泥炭地沉积,采用的生物质负荷为 97 500 $t\ km^{-2}$(Supardi et al, 1993),在她的研究中,将 1.5 m 厚的干泥炭地沉积作为印度尼西亚泥炭地的代表。Brunig(1997)对泥炭地生物质负荷也采用一项类似的值。

森林燃烧效率估计为 0.20,而对泥炭地估计为 0.50(Levine and Cofer,2000)。热带森林火灾和泥炭地火灾的排放率总结在表 7.4 中。表 7.4 表明,地下泥炭地燃烧的 CH_4 排放率比地面植被要大三倍。基于本节的讨论,烧毁面积、生物质负荷以及计算中所采用的燃烧效率总结在表 7.5 中。

表 7.5　计算中所采用的参数

1) 1997 年加里曼丹、苏门答腊和印度尼西亚烧毁的总面积为:45 600 km^2
2) 烧毁区域分布、生物质负荷及燃烧效率

A	农业和种植区	50%	5 000 t km^{-2}	0.20
B	森林和灌木	30%	10 000 t km^{-2}	0.20
C	泥炭地沼泽森林	20%	97 500 t km^{-2}	0.50

计算结果——1997 年 8—12 月加里曼丹和苏门答腊、印度尼西亚火灾中的气体和颗粒物排放

计算所得 1997 年 8—12 月加里曼丹和苏门答腊火灾中的气体和颗粒物排放总结在表 7.6 中(Levine,1999)(记住这一点非常重要:1998 年 1—4 月持续肆掠东南亚的野火所涉及的区域比加里曼丹和苏门答腊要大许多)。

表 7.6　1997 年加里曼丹和苏门答腊火灾产生的气体和颗粒物排放量

	农业/种植区 火灾释放量	森林 火灾释放量	泥炭地 火灾释放量	总的火灾释放量
CO_2	9.234	11.080	171.170	191.485
	(4.617~13.851)	(5.54~16.62)	(85.585~256.755)	(95.742~287.226)
CO	0.785	0.942	31.067	32.794
	(0.392~1.177)	(0.471~1.413)	(15.533~46.600)	(16.397~49.191)
CH_4	0.030	0.035	1.780	1.845
	(0.015~0.045)	(0.017~0.052)	(0.89~2.67)	(0.922~2.767)
NO_x	0.023	0.027	0.921	0.971
	(0.011~0.034)	(0.013~0.040)	(0.460~1.381)	(0.485~1.456)
NH_3	0.010	0.012	2.563	2.585
	(0.005~0.015)	(0.006~0.018)	(1.281~3.844)	(1.292~3.877)
O_3	0.177	0.213	6.710	7.100
	(0.088~0.265)	(0.106~0.319)	(3.35~10.06)	(3.55~10.65)
TPM	0.460	0.547	15.561	16.568
	(0.23~0.69)	(0.273~0.820)	(7.780~23.341)	(8.284~24.852)

注:总的烧毁面积=45 600 km^2。对每种类型来说,最佳释放估计值列在第一行,括号中是在最佳猜测下的排放量范围(参见有关讨论排放量估计范围和不确定计算的文本)。排放单位:对 CO_2、CO 和 CH_4 来说是百万吨(Mt)碳(C);对 NO_x 和 NH_3 来说是百万吨(Mt)氮(N);对 O_3 来说是百万吨(Mt)臭氧(O_3);对颗粒物来说是百万吨(Mt)碳。1 Mt = 10^{12} 克 = 1 Tg。

对于以上所列出的七种不同气体,主要计算了因农业/种植区火灾(A)、森林火灾(F)和泥炭地火灾(P)引起的排放量。总的排放量(T)是三者之和。总释放量的最佳估计为:CO_2:191.485 Tg C;CO:32.794 Tg C;CH_4:1.845 Tg C;NO_x:5.898 Tg N;NH_3:2.585 Tg N;O_3:7.100 Tg O_3,一共是 16.154 Tg C。

这些火灾产生的二氧化碳排放量约为全球年 CO_2 净排放的 2.2%(见表 7.2 中的全球 CO_2 年产量,约 8 700 Tg C)。火灾产生的其他气体与全球所有来源年总产生量的百分比为:CO:2.98%;CH_4:0.48%;氮氧化物:2.43 %;氨气:5.87%和总颗粒物:1.08 %。

然而,需要再次强调的是,这些气体的排放量只代表了较小的下限值,因为这些计算只是基于 1997 年加里曼丹和苏门答腊的火灾数据进行的。计算不包括爪哇、苏拉威西、伊里安查亚、松巴哇、科莫多、弗洛雷斯、松巴、帝汶和印度尼西亚的韦塔岛或邻国马来西亚和文莱。

比较 1997 年加里曼丹和苏门答腊火灾与 1991 年科威特油田火灾的气体和颗粒物排放是颇有意味的,其中后者被描述为"重大环境灾难"。Laursen 等(1992)计算了科威特油田火灾中 CO_2、CO、CH_4、NO_x 和颗粒物的排放(单位为百万吨/天)。Laursen 等(1992)的计算结果总结在表 7.7 中。为将这些结果与加里曼丹和苏门答腊的火灾进行比较(表 7.7),我们已依据燃烧的总天数进行了标准化处理。SPOT 卫星图像(Liew et al,1998)所覆盖的时间为 5 个月(从 1997 年 8 月到 12 月)即 150 天。为了便于与科威特火灾做比较,我们将计算结果除以 150 天。在加里曼丹和苏门答腊的火灾中,气体和颗粒物的排放量明显超过科威特油田火灾的排放量。显然 1997 年加里曼丹和苏门答腊火灾不管对当地、区域还是对全球,都是大气中气体和颗粒物排放的一项重要来源。

表 7.7　气体与颗粒物排放比较——印度尼西亚火灾和科威特油田火灾

参数	印度尼西亚火灾	科威特油田火灾
CO_2	1.28×10^6	5.0×10^5
CO	2.19×10^5	4.4×10^3
CH_4	1.23×10^4	1.5×10^3
NO_x	6.19×10^3	2.0×10^2
颗粒物	1.08×10^5	1.2×10^4

注:释放量单位:对 CO_2、CO 和 CH_4 来说是百万吨 C/天;对 NO_x 来说是百万吨 N/天;对颗粒物来说是百万吨/天。
来源:科威特油田火灾的数据来自 Laursen 等(1992)。

7.4　全球估计与结论

根据本章公式(1~4),许多研究已计算出因生物质燃烧而产生的全球 CH_4 排放量。这些研究总结在表 7.8 中。表 7.8 表明,全球每年由生物质燃烧产生的 CH_4 估计在 11~80 Tg $CH_4 yr^{-1}$ 之间,相当于全球每年总 CH_4 排放量的 2%~14%(假设全球的量为 582 Tg $CH_4 yr^{-1}$)(IPCC,2007)。如前所述,由于 21 世纪的气候变化,许多地方将会变得更为干燥,从而导致火灾的发生频率提高、强度增加和面积扩张。如果情况保持现状,未来几十年全球因生物质燃烧产生的 CH_4 和 CO_2 排放量会持续显著增加。

表7.8　生物质燃烧的甲烷释放量——全球估算

甲烷释放量(Tg CH_4 yr^{-1}) 有括号的是释放量范围	参考文献
(11~53)	Crutzen and Andreae (1990)
38	Andreae (1991)
51.9 (27~80)	Levine et al (2000)
39	Andreae and Merlet (2001)
50 (27~80)	Wuebbles and Hayhoe (2002)
12.32	Hoelzemann et al (2004)
32.2	Ito and Penner (2004)

参 考 文 献

Andreae, M. O. (1991) 'Biomass burning: Its history, use, and distribution and its impact on environmental quality and global climate', in J. S. Levine (ed) *Global Biomass Burning: Atmospheric, Climatic, and Biospheric Implications*, MIT Press, Cambridge, MA, pp3-21

Andreae, M. O. and Merlet, P. (2001) 'Emission of trace gases and aerosols from biomass burning', *Global Biogeochemical Cycles*, vol 15, pp955-966

Andreae, M. O., Browell, E. V., Garstang, M., Gregory, G. L., Harriss, R. C., Hill, G. F., Jacob, D. J., Pereira, M. C., Sachse, G. W., Setzer, A. W., Silva Dias, P. L., Talbot, R. W., Torres, A. L., and Wofsy, S. C. (1988) 'Biomass burning emission and associated haze layers over Amazonia', *Journal of Geophysical Research*, vol 93, pp1509-1527

Blake, N. J., Blake, D. R., Sive, B. C., Chen, T.-Y., Rowland, F. S., Collins, J. E., Sachse, G. W. and Anderson, B. E. (1996) 'Biomass burning emissions and vertical distribution of atmospheric methyl halides and other reduced carbon gases in the South Atlantic Region', *Journal of Geophysical Research*, vol 101, pp24151-24164

Brauer, M. and Hisham-Hishman, J. (1988) 'Fires in Indonesia: Crisis and reaction', *Environmental Science and Technology*, vol 32, pp404A-407A

Brown, S. and Gaston, G. (1996) 'Estimates of biomass density for tropical forests', in J. S. Levine (ed), *Biomass Burning and Global Change, Volume 1*, MIT Press, Cambridge, MA, pp133-139

Brunig, E. F. (1997) 'The tropical rainforest-A wasted asset or an essential biospheric resource?', *Ambio*, vol 6, pp187-191

Cahoon, D. R., Stocks, B. J., Levine, J. S., Cofer, W. R. and J. M. Pierson (1994) 'Satellite analysis of the severe 1987 forest fires in northern China and southeastern Siberia', *Journal of Geophysical Research*, vol 99, pp18627-18638

Crutzen, P. J. and Andreae, M. O. (1990) 'Biomass burning in the tropics: Impact on atmospheric chemistry and biogeochemical cycles', *Science*, vol 250, pp1669-1678

Crutzen, P. J. and Goldammer, J. G. (1993) *Fire in the Environment: The Ecological, Atmospheric, and Climatic Importance of Vegetation Fires*, John Wiley and Sons, Chichester

Crutzen, P. J., Heidt, L. E., Krasnec, J. P., Pollock, W. H. and Seiler, W. (1979) 'Biomass burning as a source of atmospheric gases CO, H_2, N_2O, NO, CH_3Cl, COS', *Nature*, vol 282, pp253–256

Eaton, P. and Radojevic, M. (2001) *Forest Fires and Regional Haze in Southeast Asia*, Nova Science Publishers, Huntington, NY

Fromm, M., Alfred, J., Hoppel, K., Hornstein, J., Bevilacqua, R., Shettle, E., Servranckx, R., Li, Z. and Stocks, B. (2000) 'Observations of boreal forest fire smoke in the stratosphere by POAM III, SAGE II, and lidar in 1998', *Geophysical Research Letters*, vol 27, pp1407–1410

Goldammer, J. G. (1990). *Fire in the Tropical Biota: Ecosystem Processes and Global Challenges*, Springer-Verlag, Berlin

Goldammer, J. G. and Furyaev, V. V. (1996) *Fire in Ecosystems of Boreal Eurasia*, Kluwer Academic Publishers, Dordrecht, The Netherlands

Hamilton, M. S., Miller, R. O. and Whitehouse, A. (2000) 'Continuing fire threat in Southeast Asia', *Environmental Science and Technology*, vol 34, pp82A–85A

Hansen, J., Ruedy, R., Sato, M. and Reynolds, R. (1996) 'Global surface air temperature in 1995: Return to pre-Pinatubo level', *Geophysical Research Letters*, vol 23, pp1665–1668

Hoelzemann, J. J., Schultz, M. G., Brasseur, G. P. and Granier, C. (2004) 'Global wildland emission model (GWEM): Evaluating the use of global area burnt satellite data', *Journal of Geophysical Research*, vol 109, D14S04, doi:10.1029/2003JD0036666

Innes, J. L., Beniston, M. and Verstraet, M. M. (2000) *Biomass Burning and its Interrelationships with the Climate System*, Kluwer Academic Publishers, Dordrecht

IPCC (2007) *Climate Change 2007: The Physical Science Basis. Contribution of Working Group I to the Fourth Assessment Report of the Intergovernmental Panel on Climate Change*, S. Solomon, D. Qin, M. Manning, Z. Chen, M. Marquis, K. B. Averyt, M. Tignor and H. L. Miller (eds), Cambridge University Press, Cambridge, UK and New York, NY

Ito, A. and Penner, J. E. (2004) 'Global estimates of biomass burning emissions based on satellite imagery for the year 2000', *Journal of Geophysical Research*, vol 109, D14S05, doi:10.1029/2003JD004423

Kasischke, E. S. and Stocks, B. J. (2000) *Fire, Climate Change, and Carbon Cycling in the Boreal Forest*, Ecological Studies Volume 138, Springer-Verlag, New York

Kasischke, E. S. Bergen, K., Fennimore, R., Sotelo, F., Stephens, G., Janetos, A. and Shugart, H. H. (1999) 'Satellite imagery gives clear picture of Russia's boreal forest fires', *EOS, Transactions of the American Geophysical Union*, vol 80, pp141–147

Laursen, K. K., Ferek, R. J. and Hobbs P. V. (1992) 'Emission factors for particulates, elemental carbon, and trace gases from the Kuwait oil fires', *Journal of Geophysical Research*, vol 97, pp14491–14497

Levine, J. S. (1991) *Global Biomass Burning: Atmospheric, Climatic, and Biospheric Implications*, MIT Press, Cambridge, MA

Levine, J. S. (1996a) *Biomass Burning and Global Change: Remote Sensing, Modeling and Inventory Development, and Biomass Burning in Africa*, MIT Press, Cambridge, MA

Levine, J. S. (1996b) *Biomass Burning and Global Change: Biomass Burning in South America, Southeast Asia, and Temperate and Boreal Ecosystems, and the Oil Fires of Kuwait*, MIT Press, Cambridge, MA

Levine, J. S. (1999) 'The 1997 fires in Kalimantan and Sumatra Indonesia: Gaseous and particulate emissions', *Geophysical Research Letters*, vol 26, pp815–818

Levine, J. S. and Cofer, W. R. (2000) 'Boreal forest fire emissions and the chemistry of the atmosphere', in E. S. Kasischke and B. J. Stocks (eds) *Fire, Climate Change and Carbon Cycling in the North American Boreal Forests*, Ecological Studies Series, Springer-Verlag, New York, pp31–48

Levine, J. S., Cofer, W. R. and Pinto, J. P. (2000) 'Biomass Burning', in M. A. K. Khalil (ed) *Atmospheric Methane: Its Role in the Global Environment*, Springer-Verlag, New York, pp190–201

Levine, J. S., Cofer, W. R., Winstead, E. L., Rhinehart, R. P., Cahoon, D. R., Sebacher, D. I., Sebacher, S. and Stocks, B. J. (1991) 'Biomass burning: Combustion emissions, satellite imagery, and biogenic emissions', in J. S. Levine (ed) *Global Biomass Burning: Atmospheric, Climatic, and Biospheric Implications*, MIT Press, Cambridge, MA, pp264–272

Levine, J. S., Cofer, W. R., Cahoon, D. R. and Winstead, E. L. (1995) 'Biomass burning: A driver for global change', *Environmental Science and Technology*, vol 29, pp120A–125A

Levine, J. S., Bobbe, T., Ray, N., Witt, R. G. and Singh A. (1999) *Wildland Fires and the Environment: A Global Synthesis*, Environment Information and Assessment Technical Report 99-1, The United Nations Environmental Programme, Nairobi, Kenya

Liew, S. C., Lim, O. K., Kwoh, L. K. and Lim, H. (1998) 'A study of the 1997 fires in South East Asia using SPOT quicklook mosaics', paper presented at the 1998 International Geoscience and Remote Sensing Symposium, 6–10 July, Seattle, Washington

Lobert, J. M., Scharffe, D. H., Hao, W.-M., Kuhlbusch, T., Seuwen, A. R., Warneck, P. and Crutzen, P. J. (1991) 'Experimental evaluation of biomass burning emissions: Nitrogen and carbon containing compounds', in J. S. Levine (ed) *Global Biomass Burning: Atmospheric, Climatic, and Biospheric Implications*, MIT Press, Cambridge, MA, pp289–304

Makarim, N., Arbai, Y. A., Deddy, A. and Brady, M. (1998) 'Assessment of the 1997 land and forest fires in Indonesia: National coordination', *International Forest Fire News*, United Nations Economic Commission for Europe and the Food and Agriculture Organization of the United Nations, Geneva, Switzerland, No 18, January, pp4–12

Nichol, J. (1997) 'Bioclimatic impacts of the 1994 smoke haze event in Southeast Asia', *Atmospheric Environment*, vol 44, pp1209–1219

Scholes, R. G., Kendall, J. and Justice, C. O. (1996) 'The quantity of biomass burned in southern

Africa', *Journal of Geophysical Research*, vol 101, pp23667-23676

Seiler, W. and Crutzen, P. J. (1980) 'Estimates of gross and net fluxes of carbon between the biosphere and the atmosphere from biomass burning', *Climatic Change*, vol 2, pp207-247

Simons, L. M. (1998) 'Indonesia's plague of fire', *National Geographic*, vol 194, no 2, pp100-119

Simpson, I. J., Rowland, F. S., Meinardi, S. and Blake, D. R. (2006) 'Influence of biomass burning during recent fluctuations in the slow growth of global tropospheric methane', *Geophysical Research Letters*, vol 33, L22808, doi:10,1029/2006GL027330

Stocks, B. J. and Flannigan, M. D. (1987) 'Analysis of the behavior and associated weather for a 1986 northeastern Ontario wildfire: Red Lake #7.' *Proceedings of the Ninth Conference on Fire and Forest Meteorology*, San Diego, CA, American Meteorological Society, Boston, MA, pp94-100.

Stocks, B. J., Fosberg, M. A., Lyman, T. J., Means, L., Wotton, B. M., Yang, Q., Jin, J.-Z., Lawrence, K., Hartley, G. J., Mason, J. G. and McKenney, D. T. (1993) 'Climate change and forest fire potential in Russian and Canadian boreal forests', *Climatic Change*, vol 38, pp1-13

Supardi, A., Subekty, D. and Neuzil, S. G. (1993) 'General geology and peat resources of the Siak Kanan and Bengkalis Island peat deposits, Sumatra, Indonesia', in J. C. Cobb and C. B. Cecil (eds) *Modern and Ancient Coal Forming Environments*, Society of America Special Paper, Volume 86, pp45-61

UNDAC (United Nations Disaster Assessment and Coordination Team) (1998) 'Mission on Forest Fires, Indonesia, September-November 1997', *International Forest Fire News*, United Nations Economic Commission for Europe and the Food and Agriculture Organization of the United Nations, Geneva, Switzerland, No. 18, pp13-26

van Wilgen, B. W., Andreae, M. O., Goldammer, J. G. and Lindesay, J. A. (1997) *Fire in Southern African Savannas: Ecological and Atmospheric Perspectives*, Witwatersrand University Press, Johannesburg

Ward, D. E. (1990) 'Factors influencing the emissions of gases and particulate matter from biomass burning', in J. G. Goldammer (ed) *Fire in the Tropical Biota: Ecosystem Processes and Global Challenges*, Springer-Verlag, Berlin, Ecological Studies, vol 84, pp418-436

Wuebbles, D. J. and Hayhoe, K. (2002) 'Atmospheric methane and global change', *Earth Science Reviews*, vol 57, pp177-210

Yokelson, R. J., Griffith, D. W. T. and Ward, D. E. (1996) 'Open-path Fourier transform infrared studies of large-scale laboratory biomass fires', *Journal of Geophysical Research*, vol 101, pp21067-21080

Yokelson, R. J., Susott, R., Ward, D. E., Reardon J. and Griffith, D. W. T. (1997) 'Emissions from smouldering combustion from biomass measured by open-path fourier transform infrared spectroscopy', *Journal of Geophysical Research*, vol 102, pp18865-18877

第 8 章

水 稻 种 植

Franz Conen, Keith A. Smith and Kazuyuki Yagi

8.1 前 言

在严格的厌氧条件下,微生物分解有机物时释放甲烷,超过 1/3 的甲烷释放源自土壤。这个过程可发生在天然湿地中(第 3 章)、水淹的稻田内、富含有机物的垃圾填埋场中(第 11 章)以及取食土壤团粒的白蚁消化道内(第 5 章)。通过冰芯分析得知,工业革命之前大气中甲烷的浓度约为 0.7 $\mu mol\ mol^{-1}$。由于人类活动的影响,这一浓度在工业革命之后增加了约两倍,而稻田①的甲烷释放量对这一过程有重要影响。早期研究估算,在所有人为因素引发的甲烷释放中,稻田的释放量约占 1/4,这与反刍动物消化过程或者能源行业的甲烷释放量相当(Fung et al,1991;Hein et al,1997)。然而,近年来研究估算的稻田甲烷释放量有大幅下降,大多数研究估算的甲烷年释放量为 25~50 Tg。通常以大气中甲烷混合比的变化为基础的反演模型(下行方法)所获得的值偏高(Hein et al,1997;Chen and Prinn,2006),而把实地观测的结果进行尺度上推时(上行方法)得到的值偏低(图 8.1)。

随着实验测量和模型模拟的增加,我们对于调控甲烷释放的机理性理解也逐渐深入,通过上行方法所得估算值逐渐降低的趋势,正好反映了这一变化。需要说明的是,估算值的差异与实际耕作方式或耕种面积的变化无关。实验测量和模型研究显示,许多因素如水淹模式(持续淹水或进行排水晒田)、有机残体进入土壤中的整合程度、作物的产量水平以及耕种的品种等因素均会影响稻田的甲烷排放量。就控制甲烷产生的基本过程及农业管理活动对其的影响方面加强理解,不仅可以提高估算甲烷排放量的准确性,而且指明了减少甲烷排放的可能途径。

---

① 稻田(rice field),泛指人工种植禾本科稻属农作物的土地;水稻田(rice paddy),特指栽培水稻的稻田。——译者注

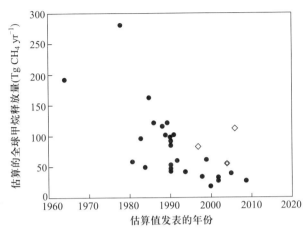

图 8.1　全球稻田甲烷释放的估算量随时间逐渐降低

注：菱形的空心符号代表了全球反演模型即由上到下的方法得到的估算值。

来源：在 Sass(2002)的基础上，又增加了 Fung et al(1991)，Hein et al(1997)，Olivier et al(1999,2005)，Scheehle et al(2002)，Wang et al(2004)，Fletcher et al(2004)，Chen and Prinn(2006)以及 Yan et al(2009)的结果重绘。

8.1.1　水稻生产

水稻可以在世界上多种气候、土壤和水文条件下生长，从中国的东北地区(53°N)到澳大利亚南部(35°S)，从海平面高程的低地到海拔高于 2 500 m 的高地，都有其分布。它在易受洪水影响的南亚、东南亚(最高水深可达 5 m)，或在亚洲、南美洲和非洲的干旱高地，都能长势良好(Neue and Sass,1994)。现在，超过 90%的水稻产区位于亚洲季风区，作为一种主食，大米也维系了当地 2/3 居民的生存。在亚洲的几种语言中，代表食物与米饭或者水稻与农业的词汇都是相同的，这体现了数千年来水稻对于当地居民生存的重大意义。

由于对大米的需求日益增加，世界水稻种植面积已由 1935 年的 0.84 亿 ha 增加到 2005 年的 1.54 亿 ha，相当于年增长约 1%(图 8.2)。种植面积的快速增长也意味着过去 70 年中甲烷释放量的增加。此外，引种高产品种、采用新耕作技术都显著提高了水稻产量，导致在过去 50 年中，世界水稻产量增长了三倍多。水稻增产额外增加了甲烷的释放，这是因为更多的有机物以作物残体的形式进入土壤，从而加快了水稻-土壤系统中的碳周转(Kimura et al,2004)。研究人员估计，如果要满足预期消费率，到 2015 年时全球所需的糙米量需增加 5 000 万 t(相当于现产量的 9%)(国际水稻研究所,2006)，因此未来 10 年中，全球甲烷释放量中源自稻田的份额很可能会进一步提高。

尽管旱、涝、病、虫等灾害会影响水稻产量，但水稻种植依然是数亿小农生产者赖以生存的农业生产方式。这些小农生产者的主要目标是确保水稻高产从而维持家庭生计，减少甲烷排放量并不是他们所关心的事情。尽管如此，一些传统的耕作方法的确可以控制甲烷排放(虽然这不是他们的主要目的)，这就减少了不同的经济、环境和社会目标间的冲突，从而提供了一种双赢的结果。在后面的小节中，我们将就这一内容展开讨论。

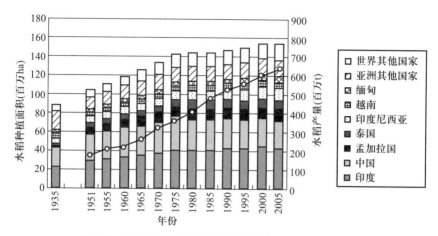

图 8.2　全球水稻种植面积(柱状)和产量(圆圈)的变化
来源:数据源自国际水稻研究所的世界水稻统计数据。

8.2　甲烷生成的生物地球化学研究

在天然湿地和水稻田中,当环境条件处于严格的还原态(缺氧)时会产生甲烷(详见第2章)。这种环境条件受土壤化学和微生物学性质的双重调控(Conrad,1989a,1993;Neue and Roger,1993)。由于氧气和其他气体在水体中的扩散速率只是气相中的 10^{-4},有氧、通气状况良好的土壤在受到水淹后,水分可形成一道屏障,阻止大气中的氧气进入土壤,因此土壤会变得完全缺氧。只有在土壤-水分交界面和植被根系周边区域中,缺氧的状况才有所缓解(Conrad,1993)。微生物和植物根系的呼吸作用会迅速消耗系统中存留的氧气,此时其他的化学离子如硝酸盐、四价锰离子、三价铁离子、硫酸盐和二氧化碳等依次作为电子受体,被微生物还原(如 Ponnamperuma,1972,1981;Peters and Conrad,1996)。此外,一些有机物如腐殖酸也可以作为电子受体(Lovley et al,1996)。

在大多数水稻土壤中,在硫酸盐开始还原的前几天中,孔隙水中的硫酸盐浓度会增加(Ponnamperuma,1981;Yao et al,1999)。根据 Yao 等(1999)的研究表明,由于碳酸氢盐或三价铁离子被还原,三价铁矿物(如针铁石)释放所吸附的硫酸盐,从而导致水中硫酸盐浓度增加。在酸性土壤中,黏土和水合铝氧化物大量吸附硫酸盐,在水淹时,由于 pH 上升,这些硫酸盐也会被释放出来。

如热力学理论所示,不同的电子受体按照其氧化还原电位依次还原(Ponnamperuma,1972,1981;Zehnder and Stumm,1988)。当这些电子受体全部被还原时,即可产生甲烷。在这一过程中,氢起着非常关键的作用。氢在有机物分解的过程中产生(Conrad,1996a),作为一种电子供体,氢在各种氧化还原反应中很快被消耗,因此 H_2 的周转时间相当短暂(Conrad et al,1989b;Yao et al,1999)。在这些还原反应的后期,氢分压增加,氢营养型甲烷生产随即开始。Yao 等(1999)的研究表明,氢分压在 1~23 Pa 时,这一过程均可发生。H_2 浓度的大小由 H_2 产生和消耗的相对速率决定。关于氢营养型甲烷化的热力学详情,可参见 Yao 和 Conrad(1999)的研究。

乙酸盐是甲烷产生过程中的另一项主要驱动因子,它同样来源于有机物分解。Yao 等(1999)的研究发现,在水稻土中乙酸盐的周转时间通常以小时甚至天为单位,远高于 H_2 的周转时间。他们的研究还发现,当乙酸盐的浓度在 $30\sim8\,000$ μmol/L、pH 在 $6.0\sim7.5$、氧化还原电位(Eh)在 $-80\sim+250$ mV 时,开始产生甲烷。在 Yao 等(1999)的研究中,开始生成甲烷的 Eh 要高于 Wang 等(1993)和 Masscheleyn 等(1993)所报道的 -150 mV。但是产甲烷菌的培养实验表明,O_2 对于产甲烷菌活性的副作用远大于高氧化还原电位,因此当环境中缺氧时,在高 Eh 的条件下产甲烷菌依然可生成甲烷,此时 Eh 可高达 420 mV(Fetzer and Conrad,1993)和 $0\sim100$ mV(Garcia et al,1974;Peters and Conrad,1996;Ratering and Conrad,1998)。因此,Yao 等(1999)认为,氧化还原电位并不是判断土壤中甲烷生成的一个好指标,只有在土壤和甲烷生成状况得到详细研究的情况下才可以作为一个指示指标(如 Yagi et al,1996;Sigren et al,1997)。

水稻土中产生的甲烷通过以下几种途径释放(图 8.3):通过水体扩散、以气泡的形式直接进入空气以及通过水稻的通气组织扩散(Yagi et al,1997)。在温带稻田中,超过 90% 的甲烷经由植被释放(Schütz et al,1989)。相比之下,在热带稻田中,大量的甲烷通过气泡直接释放到空气中,在生长季早期和有机物输入量较高时这一现象尤为明显(Denier van der Gon and Neue,1995)。

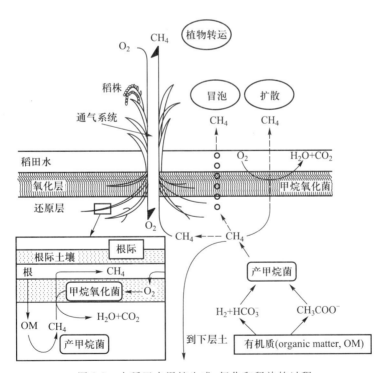

图 8.3 水稻田中甲烷生成、氧化和释放的过程

来源:Yagi et al(1997)。

8.2.1 甲烷氧化

部分产甲烷菌生成的甲烷被甲烷氧化菌消耗。受微生物活动调控的甲烷氧化过程(尤其是需氧的甲烷氧化)普遍存在于土壤和水体中,这一过程也调节了甲烷的实际释放量(如 Conrad,1996b)。在水稻田中,在厌氧土层中生成的甲烷很可能在有氧界面内被氧化,这些界面包括土壤-水分交界面以及水稻植株根际区域(Gilbert and Frenzel,1995)。因此,甲烷的净释放量可正可负,其数值取决于甲烷生成和氧化的相对大小。

早期研究显示,在稻田生成的甲烷中,高达80%的甲烷在释放到大气之前就被氧化(如 Sass et al,1991;Tyler et al,1997)。Krügeret 等(2001)借由一种甲烷氧化的选择性抑制剂(二氟甲烷)对这一过程进行研究,发现这一比例约为40%,具体数值在生长季的不同阶段略有差异。

在有氧的土壤系统中,添加额外的营养元素(如氮)可抑制空气中甲烷的氧化,但在水稻田系统中(至少在生长季初期),真实存在的是相反现象(施氮促进氧化)。Krüger 和 Frenzel(2003)认为,增加 N 供给也利于甲烷氧化菌的生长。然而,在田间,N 的这种施肥效应短暂,且增加的甲烷释放量可抵消增加的甲烷氧化量。

同位素研究

经由乙酸盐和经由 H_2 和 CO_2 生成的甲烷有不同的同位素特征值(主要是甲烷的 $\delta^{13}C$)。Sugimoto 和 Wada(1993)的研究表明,乙酰营养型细菌的发酵过程对 $^{13}C/^{12}C$ 比的影响很小,这意味着甲烷中的 $\delta^{13}C$ 只比乙酸盐中甲基的 $\delta^{13}C$ 低 11 ppm。作为一种 C3 植物,水稻 $\delta^{13}C$ 的特征值为-28 ppm。乙酸盐中甲基主要来自水稻,其 $\delta^{13}C$ 位于水稻 $\delta^{13}C$ 的范围之内。由 CO_2 还原产生的甲烷具有更低的 $\delta^{13}C$。在已发表的研究工作中,Marik 等(2002)发现由此途径产生的甲烷,其 $\delta^{13}C$ 可低达-68 ppm;Krüger 等(2002)的研究表明,$\delta^{13}C$ 在-69~-87 ppm。在生成甲烷的过程中,氘和氢的比率(D/H 比)也发生了变化,甲烷的 δD 在-330~-360 ppm 间变动(Marik et al,2002)。

扩散作用和甲烷氧化作用都会使剩余甲烷中 ^{13}C 和氘的含量增加。对 ^{13}C 来说,扩散作用的分馏系数是 1.019,氧化作用的分馏系数在 1.003~1.025(Coleman et al,1981;Happell et al,1994)。对于甲烷中的氘来说,其扩散作用的分馏系数与 ^{13}C 相同,氧化作用的分馏系数在 1.044~1.325(Coleman et al,1981;Bergamaschi and Harris,1995)。由于甲烷生成、扩散和氧化作用间存在相互影响,在生长季中,稻田所释放甲烷的同位素特征值会不断变化(Tyler et al,1994;Bergamaschi,1997;Marik et al,2002)。

8.3　水稻耕种方式的影响

水稻是一种具高度适应性、可在多种环境中种植的独特作物(Yoshida,1981)。可以用温度的季节变化、降水模式、水淹高度和排水程度以及水稻对这些农业生态因子的适应性等特征来描述水稻生态系统。此外,对于划分水稻生态系统来说,水分管理的有效程度是一种非常有用的工具,因为它体现了为提高生产力而采取的管理方案(Huke and Huke,1997)及甲烷的排放状况

(Sass et al,1992;Yagi et al,1996;Wassmann et al,2000b)。目前主要有灌溉地(irrigated)、雨养地(rainfed)、深水地(deepwater)和高地(upland)四类主要的水稻生态系统。根据耕作期间的淹水模式,灌溉地水稻生态系统可进一步划分为连续的和间歇的灌溉系统,雨养地水稻生态系统可划分为常规、干旱和深水系统。

现有数据表明,生长季中单位面积的甲烷释放量依次为:持续淹水的灌溉稻田≥间歇淹水的灌溉稻田≥深水稻田>常规(易水淹的)雨养稻田>易旱的雨养稻田(表8.1)。由于土壤常年维持有氧环境,高地稻田并不是甲烷释放的源。然而,上述只是对不同类型稻田甲烷潜在释放量的一种大致排序,具体的农业管理活动可能增加或降低甲烷的实际释放量(Wassmann et al,2000a,2000b)。水稻耕种之前的水淹模式对甲烷释放速率有显著影响(Fitzgerald et al,2000;Cai et al,2003)。另外一些因素的差异也是造成稻田中甲烷通量变化的主要原因,包括:植被残体的循环速率、有机肥的施用量、排水晒田操作、土壤性质、施用化肥以及水稻栽培品种的选择。无论向土壤中施用哪种有机肥,如内源的秸秆、绿肥或是外源的农家肥,都会增加甲烷的排放量(Schütz et al,1989;Yagi and Minami,1990;Sass et al,1991)。由于施用有机肥的种类和数量上的差异,其对甲烷释放的影响不尽相同,这种影响可利用剂量响应曲线来描述(Denier van der Gon and Neue,1995;Yan et al,2005)。当植物残体再循环较慢、生长季中进行多次排水晒田、种植水稻的土壤贫瘠且施肥量低时,水稻长势较差、产量较低,在这类水稻田中,测得的甲烷通量最小。由于雨养地中调控甲烷释放的各项因子具有较高的变异性,其甲烷通量最难估测。

表 8.1 农业灌溉的稻田中不同水分管理方式所占的比例

国家	持续淹水	单次排水晒田	多次排水晒田	数据来源
印度	0.30	0.44	0.26	ALGAS 报告[a]
印度尼西亚	0.43	0.22	0.35	ALGAS 报告
越南	1	0	0	ALGAS 报告
中国	0.2	0	0.8	Li et al,2002
日本、韩国、孟加拉国	0.2	0	0.8	假设同中国数据
亚洲其他季风区国家	0.43	0.22	0.35	假设同印度尼西亚数据
其他国家	0.3	0.44	0.36	假设同印度数据

注:a. ALGAS 是亚洲温室气体减排成本最小战略(Asia Least Cost Greenhouse Gas Abatement Strategy)的缩写。ALGAS 的报告可从亚洲发展银行的网页(www.adb.org/REACH/algas.asp)下载。

数据来源:Yan et al (2009)。

8.3.1 有机物和营养元素的作用

与其他农业种植形式一样,为了维持土壤肥力,耕作水稻也需向土壤返还植被所需营养。植物残体、来自间作作物或水生植物(如与固氮蓝绿藻 Anabaena azollae 共生的满江红 Azolla)的绿肥、人类与动物的粪便,是用于水稻耕作中最主要的有机肥。自 20 世纪 60 年代"绿色革命"以来,水稻种植普遍采用了新品种。新品种在提高产量的同时也增加了营养需求,因此现在很多地区有机肥料只作为化肥的补充。就甲烷生成过程而言,化肥和有机肥料的主要差异在于,除植物所需营养外有机肥料还包含促进土壤微生物活动的能源物质(如碳水化合物)。有氧分解时,有机肥料中的能源物质含量快速减少。然而新鲜的有机肥料会增加甲烷释放量。以秸秆还田为例,如果选择在漫灌前1个月甚至更长的时段中进行秸秆还田,到漫灌时秸秆会部分分解;相比之下,如果在漫灌前不久才进行秸秆还田,其甲烷释放量会增加2~3倍(Yan et al,2005)。如果将秸秆还田的时间选在非生长季,全球每年的甲烷释放量可减少4 Tg(Yan et al,2009)。

如果在农田外完成堆肥的过程,能更有效地抑制甲烷释放,不过这种操作包含了肥料转运等额外劳动。不管是选择原位抑或移位方式进行堆肥,植物营养(包括大部分氮)都会在能源物质减少的同时保留下来。相比之下,焚烧秸秆消耗了全部能源物,同时氮也几乎完全流失,而其他营养都仍然保留着。目前约有30%的水稻种植区会采用焚烧秸秆的方式还田(Yan et al,2009)。然而,有些地区是禁止焚烧秸秆的。除了法律约束之外,对秸秆燃烧几乎没有什么其他限制,放开这些约束可能是降低甲烷排放最简单的选项。

8.3.2 植物生理学与水稻品种差异的影响

水稻生长可以影响微生物的能量供给及控制甲烷释放的土壤厌氧环境。植物根系可向周围土壤释放可溶性有机碳,这些能源物质可被产甲烷菌利用。由于植被生理状况存在差异,不同品种的释放速率不同(Sigren et al,1997;Inubushi et al,2003;Lou et al,2008)。品种差异也会对根系中氧气向根围土壤的扩散产生影响(Satpathy et al,1998)。较高的氧气扩散速率在土壤-根系交界面形成较高的氧分压,可加速甲烷氧化、抑制甲烷产生。研究人员在印度进行了一项实验,检测了10个高产品种的甲烷季节释放量,发现产量相近的不同品种其甲烷释放量最多相差可达4倍,而总体上产量和甲烷释放量之间没有关系(Satpathy et al,1998)(图8.4)。

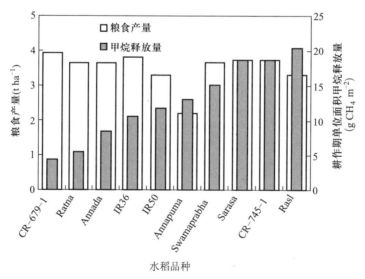

图 8.4 印度10个高产水稻品种的产量和甲烷释放量的变化

数据来源:Satpathy et al (1998)。

Huang 等(1997)在美国的研究发现,相同条件下培育的 10 个水稻品种,其产量和甲烷释放量间存在正相关关系。然而,高产并不总意味着高甲烷释放量。此外,美国的研究人员发现,植株高度和甲烷释放量之间存在正相关关系(Ding et al,1999),半矮秆品种的甲烷释放量较高秆品种减少 36%(Lindau et al,1995)。在这类研究中,最多同时检测了 29 个水稻品种的甲烷释放量,但并没有得到一致的结果(Wassmann et al,2002)。在一个生长季中,不同品种间的甲烷释放量差异较小;在环境条件不同的 9 个生长季中,大多数情况下品种间的甲烷释放量差异并不显著。因此,Wassmann 等(2002)认为,相对于其他存在季节性变化的因子来说,品种间的差异对甲烷释放的影响较小,因此很难依据品种来对甲烷减排潜力进行分级。由于全世界栽培有上百种高产水稻品种,而且各国还在不断地培养新品种,因此在该问题上并无定论,研究人员还需付出更多的努力来确定造成品种特异性的甲烷排放机制。

8.3.3 用水管理的影响

如前所述,甲烷只会在严格还原、厌氧的条件下产生。只有经受连续水淹的土壤才会产生这样一种环境。在相对干燥的时期,氧气进入土壤,土壤中氧化还原电势迅速增加,甲烷生成随即停止。这种状况经常发生在雨养稻田中,这类水稻田的平均甲烷释放量只有灌溉稻田的 1/3(Abao et al,2000;Setyanto et al,2000;Yan et al,2005)。在人工灌溉的水稻田中,一种传统的耕作方法是进行排水晒田。为了提高产量,日本和中国农民广泛采用排水晒田的耕作方式(Greenland,1997),这种方法在印度北部地区也有较多应用(Jain et al,2000)。然而在其他地区比如越南,持续的浇灌更为常见(表 8.1)。

排水晒田的另一项好处在于,这种耕作方式打乱了一些生活史过程需水的人类疾病病原体(如疟疾、乙型脑炎等)的生长周期(Greenland,1997)。为了减少蚊子对当地居民生活的影响,在意大利北部水稻种植区,人们对城镇周边的稻田采用了排水晒田的耕作方式(S. Russo,个人通信)。与持续淹水的稻田相比,排水晒田可降低甲烷释放的比例据报道为 7%~80%(Wassmann et al,2000b,及其引文中的参考文献)、26%~46%(Zheng et al,2000)。其中,间断性灌溉和只在生长季中期进行排水晒田一样,均可有效降低甲烷释放量(Husin et al,1995;Yagi et al,1996),在某些时候前者甚至更为有效(Lu et al,2000)。Yan 等(2005)在 100 多处地点进行了超过 1 000 次的季节性测量,根据他们的分析,2006 年 IPCC《国家温室气体清单指南》(以下简称《2006 年指南》)(IPCC,2007a)中采用了这样的数值:与持续水淹相比,在生长季中进行一次排水晒田可减少 40%的甲烷排放,进行多次排水晒田可将这一比例提高到 48%。

从全球增温势来看,通过排水晒田取得的部分成果被增加的 N_2O 排放量抵消(Cai et al,1997;Akiyama et al,2005)。IPCC《2006 年指南》估计,在水稻田所施用的氮肥中,平均有 0.31%的氮以 N_2O 的形式释放(IPCC,2007a)。这个排放系数值建立于 Akiyama 等(2005)的分析结果之上,他们的计算得出,持续淹水稻田的 N_2O 排放系数为 0.22%,在进行排水晒田的稻田中,这一系数为 0.37%。Yan 等(2009)估计,全球约有 2 700 万 ha 持续水淹的稻田。假设每公顷稻田的平均氮肥使用量为 150 kg,如果在生长季中,所有持续淹水的稻田都进行多次排水晒田,其 N_2O 释放量可增加约 9.5Gg。虽然相同质量 N_2O 的 GWP 是甲烷的 12 倍(IPCC,2007b),但是 Yan 等(2009)估计排水晒田可减少 4.14 Tg 的甲烷排放,而额外的 N_2O 排放所增加的 GWP 只占甲烷减排所降低 GWP 的 2.7%,因此从对气候的净效益来说,排水晒田是有益的。但需要强调的是,只有在目前经受持续水淹的稻田里和可以控制水淹程度的区域中采取这种耕作方式,才能减少甲烷排放。Yan 等(2009)估计,在全球尺度上,通过合理的水分管理措施降低的甲烷排放量与实施非生长季秸秆还田的效果相当(亦即 $4Tg\ CH_4\ yr^{-1}$)。

非生长季秸秆还田和生长季排水晒田对甲烷释放的影响如图 8.5、图 8.6 和表 8.2 所示。

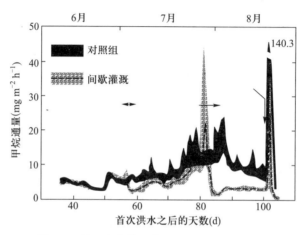

图 8.5　稻田水分管理措施对甲烷释放的影响

注:图中箭头所示的时间段是采用间歇方式灌溉的稻田里排水晒田持续的时间,以及生长季末期两类稻田的放水时间。

来源:Yagi et al (1997)。

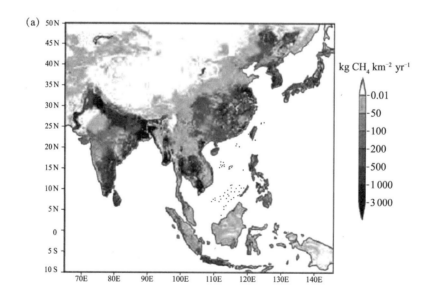

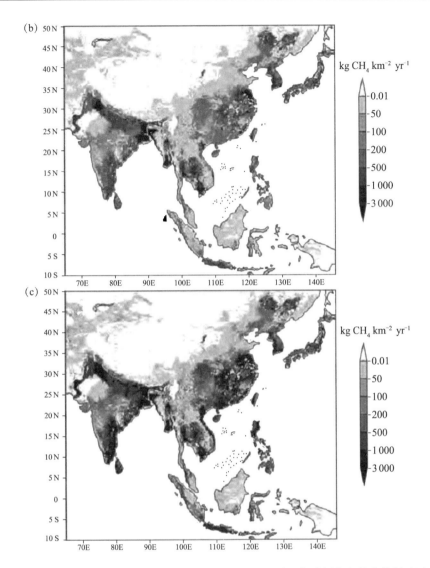

图 8.6 不同农业管理方式对甲烷释放的影响:(a)尽可能采用非生长季秸秆还田;
(b)生长季排水晒田;(c)同时采用以上两种方式

注:负值代表甲烷释放量减少。
来源:Yan et al(2009)。

表 8.2 在主要水稻生产国家中采取不同的农业管理方式可减少的甲烷排放量(%)

国家	非生长季秸秆还田	排水晒田	两种方式均采用
中国	12.8	15.6	26.4
印度	16.3	13.6	27.5
孟加拉国	22.4	4.4	25.9
印度尼西亚	8.4	21.7	28.6
越南	5.7	36.6	40.7

续表

国家	非生长季秸秆还田	排水晒田	两种方式均采用
缅甸	15.9	19.8	33.2
泰国	20.2	4.7	24.2
菲律宾	9.0	22.7	30.0
巴基斯坦	25.1	28.7	46.7
日本	33.6	15.6	43.9
美国	35.2	21.8	49.3
柬埔寨	27.9	6.6	33.4
韩国	26.7	12.0	35.5
尼泊尔	19.0	16.7	32.6
尼日利亚	19.6	6.3	24.7
斯里兰卡	18.5	24.5	38.8
巴西	27.7	17.0	39.9
马达加斯加	22.7	2.8	24.8
马来西亚	16.4	23.5	36.6
老挝	21.7	5.2	26.0
全球	16.1	16.3	30.1

8.4 国家与全球尺度甲烷释放评估

IPCC国家温室气体清单特别工作组（TFI）会不定期发布方针，指导《联合国气候变化框架公约》的缔约国准备每年均需提交的国家温室气体排放详单。相对于其他经济领域（如电力业或运输业），在农业产业中，由于环境因子的变异性（许多相关因子在上文中都已讨论），估算其温室气体释放量（无论是氧化亚氮还是甲烷）的难度更大。由于许多国家没有实验数据或者实验数据不足以直接确定稻田的甲烷释放量，因此为了给计算温室气体排放量的工作提供指导，需要建立一系列估算方法及背景参数。

为估算国家尺度上稻田的甲烷排放量，IPCC最新的指导方针（IPCC，2007a）提供了两个基本计算公式（公式6和7）。由于在国家尺度上，自然条件和农业管理方式仍可存在高度的变异性，因此为了更好地体现这种变异性，指导方针中推荐在国家尺度上再对水稻总产区进行细分。例如，公式6中的i、j、k表示具有不同的水文条件和不同的有机肥料使用情况下的水稻种植亚区。各个亚区的甲烷释放量之和就是国家尺度上的甲烷释放量：

$$甲烷释放量 = \sum_{ijk} (EF_{ijk} \cdot t_{ijk} \cdot A_{ijk}) \tag{6}$$

其中，EF_{ijk}是日尺度上的甲烷释放因子，t_{ijk}代表了水稻种植期的长度（以天为单位），A_{ijk}是每年水稻耕种的面积。以没有添加有机肥料的持续淹水灌溉稻田的甲烷释放量为默认的基础甲烷释放

因子(EF_c),在此基础上乘以公式 7 中的多个换算系数,即可得到每个亚区校正过的甲烷释放量:

$$EF_i = EF_c \cdot SF_w \cdot SF_p \cdot SF_o \cdot SF_{s,r} \tag{7}$$

其中,EF_i 代表某一亚区中经过校正的日甲烷释放因子,SF_w、SF_p、SF_o 和 $SF_{s,r}$ 分别代表了在不同环境状况下的换算系数,这些环境状况分别是:生长期的水文状况、生长期之前的水文状况、有机肥料的使用情况及其他因子(如土壤类型、水稻栽培品种等)。

IPCC(2007a)提供 EF_c 默认的基础甲烷释放因子是 1.30(误差范围为 0.8~2.2)kg $CH_4 ha^{-1} d^{-1}$,这个值是通过对现有的实地测量数据进行统计分析后得到的(Yan et al,2005)。表 8.3 展示了在生长期内不同水文状况下的默认换算系数。

表 8.3 不同水分管理方式下默认的甲烷排放的换算系数(相对于持续淹水的灌溉稻田)

水分管理方式	换算系数(SF_w)	误差范围
高地稻田	0	—
灌溉稻田		
持续淹水的灌溉稻田	1	0.79~1.26
间歇淹水的灌溉稻田——单次排水晒田	0.60	0.46~0.80
间歇淹水的灌溉稻田——多次排水晒田	0.52	0.41~0.66
雨养稻田和深水稻田		
常规雨养稻田	0.28	0.21~0.37
易旱的雨养稻田	0.25	0.18~0.36
深水稻田	0.31	未定

来源:Yan et al,2005;IPCC,2007a。

8.5 结论与展望

水稻是生活在季风性湿润气候地区人们的主食。在水稻的栽培过程中,需要共同协作进行水分和作物管理,才能获得最高产量,这种团体协作方式也是几大文明的基础。传统的水稻栽培方法一直流传至今,但必须与植物品种的需求、复杂的生物地球化学过程以及不断发展的植物育种、施肥方式和病虫害治理方法相融合。人口增长需要更多的食物供给,而且要求这种供给必须和增长的人口相匹配。这些因素使得理解稻田的甲烷释放过程并制定合理的减排方案变得尤为复杂,特别值得考虑的是,农民为了养家糊口更关心水稻的产量,而保护环境并不是他们的主要目标,这是一个现实的问题。

在过去几十年中,我们对于不同的水稻生长环境和甲烷释放之间的关系有了更深入的理解。水分和植物残体的管理方式是厌氧条件下影响有机物周转速率的两个主要控制因子,而甲烷的释放过程则依赖于这种周转速率。一般认为,现有耕作方式的变化可改变这两个因子,从而可在根本上减少甲烷排放。在全球尺度上,如果所有经受持续水淹的稻田在生长季中都进行至少一次的排水晒田,同时选择在非生长季进行秸秆堆肥,那么全球的甲烷释放量可降低30%。然而,凡事不会无因凭空而行。出于实际的考虑或者作为对传统的一种传承(不过我们可能已经无法明确了解传统做法的初始原因),现有的各种耕作方式还会继续流传下去。在各种可以减少全球甲烷排放量的方法中,劝说数以百万计的农民改变他们耕种水稻的方式可能是颇具挑战性的。

IPCC 第四次评估报告认为,通过农业管理来减少甲烷排放,往往可同时达到提高产量和改善环境质量的目的(Smith et al,2007)。排水晒田等改进的水分管理方法,在减排甲烷的同时提高了水稻产量,因而是一种不错的选择。总之,任何通过改变农业管理方式来降低水稻田甲烷释放量的方法,都应该保持所制定的气候变化政策与可持续发展相协调。

参 考 文 献

Abao, E. B. Jr., Bronson, K. F., Wassmann, R. and Singh, U. (2000) 'Simultaneous records of methane and nitrous oxide emissions in rice-based cropping systems under rainfed conditions', *Nutrient Cycling in Agroecosystems*, vol 58, pp131–139

Akiyama, H., Yagi, K. and Yan, X. Y. (2005) 'Direct N_2O emissions from rice paddy fields: Summary of available data', *Global Biogeochemical Cycles*, vol 19, article GB1005

Bergamaschi, P. (1997) 'Seasonal variation of stable hydrogen and carbon isotope ratios in methane from a Chinese rice paddy', *Journal of Geophysical Research*, vol 102, pp25383–25393

Bergamaschi, P. and Harris, G. W. (1995) 'Measurements of stable isotope ratios ($^{13}CH_4/^{12}CH_4$; $^{12}CH_3D/^{12}CH_4$) in landfill methane using a tunable diode laser absorption spectrometer', *Global Biogeochemical Cycles*, vol 9, pp439–447

Cai, Z. C., Xing, G. X., Yan, X. Y., Xu, H., Tsuruta, H., Yagi, K. and Minami, K. (1997) 'Methane and nitrous oxide emissions from rice paddy fields as affected by nitrogen fertilisers and water management', *Plant and Soil*, vol 196, pp7–14

Cai, Z. C., Tsuruta, H., Gao, M., Xu, H. and Wei, C. F. (2003) 'Options for mitigating methane emission from a permanently flooded rice field', *Global Change Biology*, vol 9, pp37–45

Chen, Y.-H. and Prinn, R. G. (2006) 'Estimation of atmospheric methane emission between 1996–2001 using a 3-D global chemical transport model', *Journal of Geophysical Research*, vol 111, article D10307

Coleman, D. D., Risatti, J. B. and Schoell, M. (1981) 'Fractionation of carbon and hydrogen isotopes by methane-oxidizing bacteria', *Geochimica et Cosmochimica Acta*, vol 45, pp1033–1037

Conrad, R. (1989a) 'Control of methane production in terrestrial ecosystems', in M. Andreae and D. Schimel (eds) *Exchange of Trace Gases between Terrestrial Ecosystems and the Atmosphere*, Wiley, Chichester, pp39–58

Conrad, R. (1989b) 'Temporal change of gas metabolism by hydrogensyntrophic methanogenic bacterial associations in anoxic paddy soil', *FEMS Microbiology Ecology*, vol 62, pp265–274

Conrad, R. (1993) 'Mechanisms controlling methane emission from wetland rice fields', in R.

Oremland (ed) *The Biogeochemistry of Global Change: Radiative Trace Gases*, Chapman and Hall, New York, pp317-335

Conrad, R (1996a) 'Anaerobic hydrogen metabolism in aquatic sediments', in D. D. Adams, S. P. Seitzinger and D. M. Crill (eds) *Cycling of Reduced Gases in the Hydrosphere*, Schweitzerbart'sche Verlagsbuchhandlung, Stuttgart, pp15-24

Conrad, R. (1996b) 'Soil microorganisms as controllers of atmospheric trace gases (H_2, CO, CH_4, OCS, N_2O, and NO)', *Microbiological Reviews*, vol 60, pp609-640

Denier van der Gon, H. A. C. and Neue, H.-U. (1995) 'Influence of organic matter incorporation on the CH_4 emission from a wetland rice field', *Global Biogeochemical Cycles*, vol 9, pp11-22

Ding, A., Willis, C. R., Sass, R. L. and Fisher, F. M. (1999) 'Methane from rice fields: Effect of plant height among several rice cultivars', *Global Biogeochemical Cycles*, vol 13, pp1045-1052

Fetzer, S. and Conrad, R. (1993) 'Effect of redox potential on methanogenesis by *Methanosarcinabarkeri*', *Archives of Microbiology*, vol 160, pp108-113

Fitzgerald, G. J., Scow, K. M. and Hill, J. E. (2000) 'Fallow season straw and water management effects on methane emissions in California rice', *Global Biogeochemical Cycles*, vol 14, pp767-775

Fung, I., John, J., Lerner, J., Matthews, E., Prather, M., Steele, L. P. and Fraser, P. J. (1991) 'Three-dimensional model synthesis of the global methane cycle', *Journal of Geophysical Research*, vol 96, pp13033-13065

Garcia, J.-L., Jacq, V., Rinaudo, G. and Roger, P. (1974) 'Activités microbiennes dans les sols de rizières du Sénégal: Relations avec les caractéristiques physico-chimiques et influence de la rhizospère', *Revue d'Ecologie et de Biologie du Sol*, vol 11, pp169-185

Gilbert, B. and Frenzel, P. (1995) 'Methanotrophic bacteria in the rhizosphere of rice microcosms and their effect on porewater methane concentration and methane emission', *Biology and Fertility of Soils*, vol 20, pp93-100

Greenland, D. J. (1997) *The Sustainability of Rice Farming*, CAB International, Wallingford, Oxon, in association with IRRI, Los Baños, The Philippines

Happell, J. D., Chanton, J. P. and Showers, W. S. (1994) 'The influence of methane oxidation on the stable isotopic composition of methane emitted from Florida swamp forests', *Geochimica et Cosmochimica Acta*, vol 58, pp4377-4388

Hein, R., Crutzen, P. J. and Heimann, M. (1997) 'An inverse modeling approach to investigate the global atmospheric methane cycle', *Global Biogeochemical Cycles*, vol 11, pp43-76

Huang, Y., Sass, R. L. and Fisher, F. M. (1997) 'Methane emission from Texas rice paddy soils: 1. Quantitative multi-year dependence of CH_4 emission on soil, cultivar and grain yield', *Global Change Biology*, vol 3, pp479-489

Huke, R. H. and Huke, E. H. (1997) *Rice Area by Type of Culture: South, Southeast, and East Asia*, International Rice Research Institute, Los Baños, The Philippines

Husin, Y. A., Murdiyarso, D., Khalil, M. A. K., Rasmussen, R. A., Shearer, M. J., Sabiham, S.,

Sunar, A. and Adijuwana, H. (1995) 'Methane flux from Indonesian wetland rice: The effects of water management and rice variety', *Chemosphere*, vol 31, pp3153–3180

Inubushi, K., Cheng, W. G., Aonuma, S., Hoque, M. M., Kobayashi, K., Miura, S., Kim, H. Y. and Okada, M. (2003) 'Effects of free-air CO_2 enrichment (FACE) on CH_4 emission from a rice paddy field', *Global Change Biology*, vol 9, pp1458–1464

International Rice Research Institute (2006) *Bringing Hope, Improving Lives: Strategic Plan, 2007–2015*, IRRI, Manila, The Philippines

IPCC (Intergovernmental Panel on Climate Change) (2007a) *2006 IPCC Guidelines for National Greenhouse Gas Inventories*, H. S. Eggelston, L. Buendia, K. Miwa, T. Ngara and K. Tanabe (eds), IGES, Kanagawa, Japan

IPCC (2007b) *Climate Change 2007: The Physical Science Basis. Contribution of Working Group I to the Fourth Assessment Report of the Intergovernmental Panel on Climate Change*, S. Solomon, D. Qin, M. Manning, Z. Chen, M. Marquis, K. B. Averyt, M. Tignor and H. L. Miller (eds), Cambridge University Press, Cambridge

Jain, M. C., Kumar, S., Wassmann, R., Mitra, S., Singh, S. D., Singh, J. P., Singh, R., Yadav, A. K. and Gupta, S. (2000) 'Methane emissions from irrigated rice fields in northern India (New Delhi)', *Nutrient Cycling in Agroecosystems*, vol 58, pp75–83

Kimura, M., Murase, J. and Lu, Y. H. (2004) 'Carbon cycling in rice field ecosystems in the context of input, decomposition and translocation of organic materials and the fates of their end products (CO_2 and CH_4)', *Soil Biology and Biochemistry*, vol 36, pp1399–1416

Krüger, M. and Frenzel, P. (2003) 'Effects of N-fertilisation on CH_4 oxidation and production, and consequences for CH_4 emissions from microcosms and rice fields', *Global Change Biology*, vol 9, pp773–784

Krüger, M., Frenzel, P. and Conrad, R. (2001) 'Microbial processes influencing methane emission from rice fields', *Global Change Biology*, vol 7, pp49–63

Krüger, M., Eller, G., Conrad, R. and Frenzel, P. (2002) 'Seasonal variation in pathways of CH_4 production and in CH_4 oxidation in rice fields determined by stable carbon isotopes and specific inhibitors', *Global Change Biology*, vol 8, pp265–280

Li C. S., Qiu, J. J., Frolking, S., Xiao, X. M., Salas, W., Moore, B., Boles, S., Huang, Y. and Sass, R. (2002) 'Reduced methane emissions from large-scale changes in water management of China's rice paddies during 1980–2000', *Geophysical Research Letters*, vol 29, doi: 10.1029/2002GL015370

Lindau, C. W., Bollich, P. K. and Delaune, R. D. (1995) 'Effect of rice variety on methane emissions from Louisiana rice', *Agricultural Ecosystems and Environment*, vol 54, pp109–114

Lou, Y. S., Inubushi, K., Mizuno, T., Hasegawa, T., Lin, Y., Sakai, H., Cheng, W. and Kobayashi, K. (2008) 'CH_4 emission with differences in atmospheric CO_2 enrichment and rice cultivars in a Japanese paddy soil', *Global Change Biology*, vol 14, pp2678–2687

Lovley, D. R., Coates, J. D., Blunt Harris, E. L., Phillips, E. J. P. and Woodward, J. C. (1996)

'Humic substances as electron acceptors for microbial respiration', *Nature*, vol 382, pp445-448

Lu, W. F., Chen, W., Duan, B. W., Guo, W. M., Lu, Y., Lantin, R. S., Wassmann, R. and Neue, H. U. (2000) 'Methane emissions and mitigation options in irrigated rice fields in southeast China', *Nutrient Cycling in Agroecosystems*, vol 58, pp65-73

Marik, T., Fischer, H., Conen, F. and Smith, K. (2002) 'Seasonal variation in stable carbon and hydrogen isotope ratios in methane from rice fields', *Global Biogeochemical Cycles*, vol 16, pp41-1-41-11

Masscheleyn, P. H., DeLaune, R. D. and Patrick, W. H. Jr. (1993) 'Methane and nitrous oxide emissions from laboratory measurements of rice soil suspension – effect of soil oxidation-reduction status', *Chemosphere*, vol 26, pp251-260

Mikaloff Fletcher, S. E., Tans, P. P., Bruhwiler L. M., Miller, J. B. and Heimann, M. (2004) 'CH_4 sources estimated from atmospheric observations of CH_4 and its $^{13}C/^{12}C$ isotopic ratios', *Global Biogeochemical Cycles*, vol 18, article GB4005

Neue, H. U. and Roger, P. A. (1993) 'Rice agriculture: Factors controlling emissions', in M. Khalil (ed) *Atmospheric Methane: Sources, Sinks, and Role in Global Change*, Springer, Berlin, pp254-298

Neue, H. U. and Sass, R. (1994) 'Trace gas emissions from rice fields', in R. Prinn (ed) *Global Atmospheric-Biospheric Chemistry*, Plenum Press, New York, pp119-147

Olivier, J. G. J., Bouwman, A. F., Berdowski, J. J. M., Veldt, C., Bloos, J. P. J., Visschedijk, A. J. H., van der Maas, C. W. M. and Zandveld, P. Y. J. (1999) 'Sectoral emissions inventories of greenhouse gases for 1990 on a per country basis as well as on $1°\times1°$', *Environmental Science and Policy*, vol 2, pp241-263

Olivier, J. G. J., Van Aardenne, J. A., Dentener, F. J., Pagliari, V., Ganzeveld, L. N. and Peters, J. A. H. W. (2005) 'Recent trends in global greenhouse emissions: Regional trends 1970-2000 and spatial distribution of key sources in 2000', *Environmental Sciences*, vol 2, pp81-99

Peters, V. and Conrad, R. (1996) 'Sequential reduction processes and initiation of CH_4 production upon flooding of oxic upland soils', *Soil Biology and Biochemistry*, vol 28, pp371-382

Ponnamperuma, F. N. (1972) 'The chemistry of submerged soils', *Advances in Agronomy*, vol 24, pp29-96

Ponnamperuma, F. N. (1981) 'Some aspects of the physical chemistry of paddy soils', in A. Sinica (ed) *Proceedings of Symposium on Paddy Soil*, Science Press-Springer, Beijing and Berlin, pp59-94

Prather, M., Derwent, R., Ehhalt, D., Fraser, P., Sanhueza, E. and Zhou, X. (1995) 'Other trace gases and atmospheric chemistry', in J. T. Houghton, L. G. Meiro Filho, B. A. Callander, N. Harris, A. Kattenberg and K. Maskell (eds) *Climate Change 1994: Radiative Forcing of Climate Change and an Evaluation of the IPCC IS92 Emission Scenarios*, Cambridge University Press, Cambridge, pp73-126

Ratering, S. and Conrad, R. (1998) 'Effects of short-term drainage and aeration on the production of methane in submerged rice field soil', *Global Change Biology*, vol 4, pp397-407

Sass, R. L. (2002) 'Methods for the mitigation of methane emission to the atmosphere from irrigated rice paddy fields', *Proceedings of the 1st Agricultural GHG Mitigation Experts Meeting*, Non-CO_2 Network Project on Agricultural GHG Mitigation, Washington, DC, December

Sass, R. L., Fisher, F. M. Jr., Turner, F. T. and Jund, M. F. (1991), 'Methane emissions from rice fields as influenced by solar radiation, temperature, and straw incorporation', *Global Biogeochemical Cycles*, vol 5, pp335-350

Sass, R. L., Fisher, F. M. Jr., Wang, Y. B., Turner, F. T. and Jund, M. F. (1992) 'Methane emission from rice fields: The effect of floodwater management', *Global Biogeochemical Cycles*, vol 6, pp249-262

Satpathy, S. N., Mishra, S., Adhya, T. K., Ramakrishnan, B., Rao, V. R. and Sethunathan, N. (1998) 'Cultivar variation in methane efflux from tropical rice', *Plant and Soil*, vol 202, pp223-229

Scheehle, E. A., Irving, W. N. and Kruger, D. (2002) 'Global anthropogenic methane emissions', in J. van Ham, A. P. Baede, R. Guicherit and J. Williams-Jacobse (eds) *Non-CO_2 Greenhouse Gases: Scientific Understanding, Control Options and Policy Aspects*, Millpress, Rotterdam, pp257-262

Schütz, H., Seiler, W. and Conrad, R. (1989) 'Processes involved in formation and emission of methane in rice paddies', *Biogeochemistry*, vol 7, pp33-53

Setyanto, P., Makarim, A. K., Fagi, A. M., Wassmann, R. and Buendia, L. V. (2000) 'Crop management affecting methane emissions from irrigated and rainfed rice in Central Java (Indonesia)', *Nutrient Cycling in Agroecosystems*, vol 58, pp85-93

Sigren, L. K., Byrd, G. T., Fisher, F. M. and Sass, R. L. (1997) 'Comparison of soil acetate concentrations and methane production, transport, and emission in two rice cultivars', *Global Biogeochemical Cycles*, vol 11, pp1-14

Smith, P., Martino, D., Cai, Z., Gwary, D., Janzen, H. H., Kumar, P., McCarl, B., Ogle, S., O'Mara, F., Rice, C., Scholes, R. J., Sirotenko, O., Howden, M., McAllister, T., Pan, G., Romanenkov, V., Rose, S., Schneider, U. and Towprayoon, S. (2007) 'Agriculture', in B. Metz, O. R. Davidson, P. R. Bosch, R. Dave and L. A. Meyer (eds) *Climate Change 2007: Mitigation. Contribution of Working Group III to the Fourth Assessment Report of the Intergovernmental Panel on Climate Change*, Cambridge University Press, Cambridge

Sugimoto, A. and Wada, E. (1993) 'Carbon isotopic composition of bacterial methane in a soil incubation experiment: Contributions of acetate and CO_2/H_2', *Geochimica et Cosmochimica Acta*, vol 57, pp4015-4027

Tyler, S. C., Brailsford, G. W., Yagi, K., Minami, K. and Cicerone, R. J. (1994) 'Seasonal variations in methane flux and $\delta^{13}CH_4$ values for rice paddies in Japan and their implications', *Global Biogeochemical Cycles*, vol 8, pp1-12

Tyler, S. C., Bilek, R. S., Sass, R. L. and Fisher, F. M. (1997) 'Methane oxidation and pathways of production in a Texas paddy field deduced from measurements of flux, $\delta^{13}C$, and δD of CH_4', *Global Biogeochemical Cycles*, vol 11, pp323-348

Wang, J. S., Logan, J. A., McElroy, M. B., Duncan, B. N., Megretskaia, I. A. and Yantosca, R. M. (2004) 'A 3-D model analysis of the slowdown and interannual variability in the methane growth rate from 1988 to 1997', *Global Biogeochemical Cycles*, vol 18, article GB3011

Wang, Z. P., DeLaune, R. D. and Masscheleyn, P. H. (1993) 'Soil redox and pH effects on methane production in a flooded rice soil', *Soil Science Society of America Journal*, vol 57, pp382-385

Wassmann, R., Neue, H. U., Lantin, R. S., Buendia, L. V. and Rennenberg, H. (2000a) 'Characterization of methane emissions from rice fields in Asia: I. Comparison among field sites in five countries', *Nutrient Cycling in Agroecosystems*, vol 58, pp1-12

Wassmann, R., Neue, H. U., Lantin, R. S., Makarim, K., Chareonsilp, N., Buendia, L. V. and Rennenberg, H. (2000b) 'Characterization of methane emissions from rice fields in Asia: II. Differences among irrigated, rainfed and deepwater rice', *Nutrient Cycling in Agroecosystems*, vol 58, pp13-22

Wassmann, R., Aulakh, M. S., Lantin, R. S., Rennenberg, H. and Aduna, J. B. (2002) 'Methane emission patterns from rice fields planted to several rice cultivars for nine seasons', *Nutrient Cycling in Agroecosystems*, vol 64, pp111-124

Yagi, K. and Minami, K. (1990) 'Effect of organic matter application on methane emission from some Japanese paddy fields', *Soil Science and Plant Nutrition*, vol 36, pp599-610

Yagi, K., Tsuruta, H., Kanda, K. and Minami, K. (1996) 'Effect of water management on methane emissions from a Japanese rice paddy field: Automated methane monitoring', *Global Biogeochemical Cycles*, vol 10, pp255-267

Yagi, K. Tsuruta, H. and Minami, K. (1997). 'Possible options for mitigating methane emission from rice cultivation', *Nutrient Cycling in Agroecosystems*, vol 49, pp213-220

Yan, X. Y., Yagi, K., Akiyama, H. and Akimoto, H. (2005), 'Statistical analysis of the major variables controlling methane emission from rice fields', *Global Change Biology*, vol 11, pp1131-1141

Yan, X. Y., Akiyama, H., Yagi, K. and Akimoto, H. (2009) 'Global estimations of the inventory and mitigation potential of methane emissions from rice cultivation conducted using the 2006 Intergovernmental Panel on Climate Change Guidelines', *Global Biogeochemical Cycles*, vol 23, article number GB2002

Yao, H. and Conrad, R. (1999) 'Thermodynamics of methane production in different rice paddy soils from China, the Philippines, and Italy', *Soil Biology and Biochemistry*, vol 31, pp463-473

Yao, H., Conrad, R., Wassmann, R. and Neue, H. U. (1999) 'Effect of soil characteristics on sequential reduction and methane production in sixteen rice paddy soils from China, the Philippines, and Italy', *Biogeochemistry*, vol 47, pp269-295

Yoshida, S. (1981) *Fundamentals of Rice Crop Science*, International Rice Research Institute, Los

Baños, The Philippines

Zehnder, A. J. B. and Stumm, W. (1988) 'Geochemistry and biogeochemistry of anaerobic habitats' in A. Zehnder (ed) *Biology of Anaerobic Microorganisms*, Wiley, New York, pp1-38

Zheng, X., Wang, M., Wang, Y., Shen, R., Li, J., Heyer, J., Koegge, M., Papen, H., Jin, J. and Li, L. (2000) 'Mitigation options for methane, nitrous oxide and nitric oxide emissions from agricultural ecosystems', *Advances in Atmospheric Sciences*, vol 17, pp83-92

第9章

反刍动物

Francis M.Kelliher and Harry Clark

9.1 引 言

　　本章将介绍动物肠道中 CH_4 的排放。有些动物是食草动物或称植食者。它们具有一套让食物回流并再次进行咀嚼的助消化结构。这就是所谓的咀嚼"反刍食物"(cud)或反刍现象(ruminating),而这些动物就被称为反刍动物(ruminants)。反刍家畜包括绵羊、牛、山羊和鹿等。反刍动物的胃分为四个胃室,其中两个前室中有一个瘤胃,整个胃室形成一个相对大的发酵池。反刍动物自身不能消化植物中的纤维素,但这些胃室里富含多种微生物群落来"转包"此工作。反刍动物高达75%的能量供应来自微生物对食物中碳水化合物的代谢(Johnson and Ward,1996)。此共生关系包括这个微生物群落获取的某些饲料中的能量,而反刍动物则必须采集食物并为微生物群落提供一个稳定的环境(温暖、湿润且无氧的条件)。微生物群落将其发酵产物输送到两个"真正"具有消化作用的后胃室,它们的工作就完成了,该过程中的主要能源是挥发性脂肪酸。一般来说,反刍动物体型越大,其能量需求以及发酵池也越大;"烹制"食物所需的时间越长,这种饲料质量"可接受"的程度就越低。

　　肠道 CH_4 是饲料在瘤胃中发酵的一种副产物,也有少数产生于大肠。通常大于80%的 CH_4 在瘤胃中产生,其余的则产生于下消化道(Immig,1996)。对绵羊和牛所进行的测量表明,92%~98%的 CH_4 气体是从口中排出的,其余的则通过肛门排出(Murray et al,1976;Grainger et al,2007)。对于肠道 CH_4,气体排放也称为气体呃逆,本章不作探讨。瘤胃微生物群落和"生态系统"是复杂的,其长期的进化形成了对氢的处理机制,即通过产甲烷菌将 CO_2 还原为 CH_4 的过程来实现(McAllister and Newbold,2008)。瘤胃中的高氢分压会抑制微生物的生长和消化(Wolin et al,1997)。总之,反刍动物与其微生物群落一起消耗碳水化合物来满足其能量需求,并"自然而然地"排出 CH_4,以避免因氢过量产生潜在危害。

　　近来,由于与温室气体相关的国际公共政策方面的影响,肠道 CH_4 排放受到了前所未有的关注。我们之前的工作致力于肠道 CH_4 排放的测量方法、清单计算以及对所提出的减缓或减少排放技术的验证。因而,我们旨在寻找一种跨越重要时间和空间尺度的计算方法。尺度变化增加了测定大气中 CH_4 排放源强度的不确定性。在为读者介绍完测定 CH_4 排放的方法之后,我们将告诉反刍动物研究者、政策分析员和农民目前正面临的挑战是什么,并简要说明减缓肠道 CH_4 排放的有效方法。

9.2 肠道甲烷排放量的确定

《联合国气候变化框架公约》(UNFCCC)每年都会主持发布各国的动物肠道 CH_4 排放清单(F_{CH4};排放量以通量形式呈现,单位是每年释放到大气中的 CH_4 质量)。据美国环境保护局(US EPA)估计,2005 年全球年 F_{CH4} 为 92 Tg(2006)。该计算采用了一级和二级方法。一级方法是利用动物种群估算,并结合 IPCC 综合国际数据所建议的排放因子来确定,或根据可获得的特定国家信息来确定。这里将介绍二级方法。到目前为止,我们知道这种方法更复杂,但也有希望会更准确,同时可反映一些基本原则。Steinfeld 等(2006)混合使用一级方法和二级方法进行估计,2005 年全球动物肠道年 F_{CH4} 为 84 Tg。Clark 等(2005)使用二级方法估计的 2003 年全球动物肠道年 F_{CH4} 为 70 Tg。对美国环境保护局(2006)报告的数据进行线性插值,得出 2000 年到 2005 年间全球释放量年增加 1.4%,因此 Clark 等(2005)将 2005 年的估值上调至 72 Tg。这样,三种全球估算结果的差值高达 22%,"真实"值难以确定,按照美国环境保护局(2006)的估算,2010 年的释放量应该是 99 Tg。

据美国环境保护局(2006)报道,2010 年亚洲、拉丁美洲和非洲的排放量分别占全球的 34%、24%、15%。按国家算,前十位的排放大国包括中国(13.9 Tg)、巴西(11.7 Tg)、印度(11.2 Tg)、美国(5.5 Tg)、澳大利亚(3.1 Tg)、巴基斯坦(3.0 Tg)、阿根廷(2.9 Tg)、俄罗斯(2.5 Tg)、墨西哥(2.3 Tg)和埃塞俄比亚(1.9 Tg),其排放总量占全球总量的 58%。Clark 等(2005)采用二级方法,估算出 2003 年全球 CH_4 排放的 63% 来自草场畜牧业(70 Tg),35 Tg 来自牛,9 Tg 来自其他家养反刍动物,包括绵羊、山羊、亚洲水牛(*Bubalus bubalis*)和骆驼。

根据 UNFCCC 推荐的办法,CH_4 源的肠道排放强度可以通过编制一张清单来估算。此清单可用一项方程式来表示:

$$F_{CH4} = n R (1/e) m \tag{8}$$

其中,n 是动物的数量,R 是动物能量需求的平均值(单位时间的焦耳 J),m 是平均 CH_4 产量,表示为 R 的比例。一般,变量 R 依据总能量(GE)的摄入量来表示。当然,变量 R 也可根据可代谢能(maintenance energy, ME)来表示。ME 等于 GE 减去所释放的 CH_4 和所排泄尿液与排遗粪便的总能量。如果要将 F_{CH4} 表示为质量通量单位,我们需要一个变量 e,即饲料中干物质(DM)的 ME 含量(MJ ME kg^{-1} DM)。

正如式(8)中的变量 R 所示,F_{CH4} 取决于饲料的摄入量,这将在后面进行分析。用质量通量单位表示 F_{CH4},可使我们将变量 m 表示为单位 DM 干物质摄入量(DMI)所释放的甲烷质量。饲料的 DMI 可通过测定各反刍动物的量而获得,即测定所提供的饲料以及拒绝摄入和/或浪费的 DM 质量。在一个喂食"回合"中,如果给予充足的饲料和足够的摄食时间,则瘤胃的体积控制了摄入的上限。农民在饲养过程中创建这样好的条件,可能是为了追求家养反刍动物的最佳产量,其中喂食的间隔时间由消化速率决定。

式(8)中的变量是基于一系列不完善的测量手段或判断所获得的平均值。我们可以评估每个变量的不确定性,并用变异系数(CV)表示。在此,我们将区分不确定性或变异的两个来源。首先,反刍动物种群内具有变异性,这可用标准差来进行量化。其次,有关真实种群的均值,其不确定性一般来源于采样,因此这种不确定性可以用标准误差来量化。我们根据标准误差和样本平均值分布的标准差来描述CV。

要测量F_{CH4},需要将反刍动物置入一个箱室中,然后用热量计法测量所排放的气体样品(Pinares-Patino et al,2008)。或者将一种示踪物(六氟化硫,SF_6)装入罐中再置入瘤胃,再将一个收集排放气体的装置佩戴在反刍动物身上(Lassey,2007)。在新西兰进行的一项研究中,通过对受控的绵羊个体分别进行削减饲料和投放新鲜草料处理,对热量计法和SF_6示踪法进行了比较(Hammond et al,2009)。他们对357个记录的整合分析发现,这两种方法得到的变量m的均值(23.1 g与23.5 g CH_4 kg^{-1} DMI)几乎没有区别,但SF_6示踪法的标准误差达热量计法的2倍。这个比较说明SF_6示踪法的更大标准误差"噪声"归因于该方法本身。这些数据囊括了21个实验的测量结果,涉及对187只绵羊的记录,因此这些记录包括对同一只绵羊的重复测量。用数值模拟对数据进行额外分析发现,由于每个实验都有各自不同的目的,这就增加了不同实验数据的变异(可重复)性(Murray H. Smith和Keith Lassey,个人通信)。这个结果支持Hammond等(2009)采用常规的批量整合分析所做出的方法比较结论,但同时表明Hammond等低估了变量m的两项CV。基于热量计法数据的数值模拟,变量m的CV估计为3%。

假定式(8)中各变量均独立,且CV都小于10%,我们可以用一种均方根法来估计F_{CH4}的CV,可写成:

$$CV(F_{CH4}) = [CV(n)^2 + CV(R)^2 + CV(e)^2 + CV(m)^2]^{0.5} \tag{9}$$

例如,据Kelliher等(2007)的研究,在新西兰多达8 500万只绵羊和牛的肠道CH_4年排放清单中,变量n、R、e的CV分别是2%、5%和5%。他们在论文中描述了是如何确定这些CV的。如上所述,我们推荐变量m的CV为3%。将这些值代入式(9)可得到$CV(F_{CH4}) = [CV(2\%)^2 + CV(5\%)^2 + CV(5\%)^2 + CV(3\%)^2]^{0.5} = 8\%$。用$t$-统计量(= 1.96)乘以$CV$所得的($\pm$)95%置信区间来表示$F_{CH4}$的不确定性。因此我们有95%的把握肯定,新西兰清单的真实值落在计算值$\pm 16\%$的范围内。

2005年新西兰年度动物肠道CH_4的排放量为1.1 Tg(US EPA,2006)。此清单是由H. Clark使用二级方法编制的。如果包括不确定性的估计,新西兰的清单计算值为1.1 ± 0.2 Tg yr^{-1},由于所涉及的时间和空间尺度超出了测量范围,该计算不能被直接验证。但如前所述,该清单是基于较小尺度上测量进行概括而得。例如,SF_6示踪法已被用来测量自由放牧小群反刍动物的每日F_{CH4}(Judd et al,1999报道的一项新西兰早期研究)。微气象学方法也被用来测量在野外持续活动1个月的牛、羊群的平均F_{CH4}(Laubach et al,2008)。集成水平通量测定似乎是最有希望被采用的微气象学方法,该方法采用开路式激光器对动物下风向和上风向的大气浓度进行测量。在对肉牛群和奶牛群的一系列测量中,微气象学法和SF_6示踪法(后者的样本容量高达58个动物)的F_{CH4}统计均值没有区别。

UNFCCC 旨在稳定温室气体的排放。期望通过考察两个基准年中 CH_4 排放的变化来进行计算。例如，1990 年新西兰动物肠道 CH_4 排放清单总量为 992 Gg（10^3 Gg=1 Tg）。此前，基于公式（9）研究方法的发展，我们估计了这张清单计算中的不确定性，1990—2003 年的排放增长量（ΔF_{CH_4}）为 88 Gg（9%）（Kelliher et al，2007）。我们注意到精确估计一项相对很小变化的内在挑战。用（±）95% 的置信区间来表示 ΔF_{CH_4} 计算的不确定性，有 95% 的把握说明落在计算值 ±59% 范围内时，$\Delta F_{CH_4}>0$ 表示排放量的增加。

根据式（8），我们一直强调变量 m 是 F_{CH_4} 和 ΔF_{CH_4} 的一个关键决定因素。我们用新西兰绵羊食草的物料值进行数据分析，说明均值及其与变量 m 有关的不确定性。基于式（8）中 GE 摄入量的表达，并参照 Johnson 和 Ward（1996）的计算，从已发表的研究中确定变量 m 的全球范围平均值为 2%~15%。然而，他们认为仅当喂食低品质①的饲料，且其供给量被研究人员限制在接近或低于 R 的维持（基础代谢）水平时，才可能出现 $m>7%$，但这是"农民不大可能干的事"。此外他们认为，$m<5%$ 仅限于一些农民不常用的特殊饲料，例如精细研磨的颗粒饲料（可加速过筛率）、酿酒厂的副产品或麦芽浆以及高浓缩饲料（>90% 的食物摄入量）。根据 Clark 等（2005）所发表的研究，当喂食温带牧草时，m 的均值范围为 4%~8%，总平均值为 6%。在澳大利亚北部，对瘤牛（Bos indicus）肉牛喂食热带牧草，当将肉牛个体封闭在热量计测定室并进行 24 h 的连续观测，得到 m 的均值为 11%（Kurihara et al，1999）。在加拿大阿尔伯塔省的一个饲养场，对瘤牛肉牛喂食谷类食物，用微气象学法测 F_{CH_4} 得到 m 的均值为 5%（McGinn et al，2008）。在美国的典型饲养场中，对肉牛喂食不同谷类食物，用机制模型估算 m 的均值也为 5%（Kebreab et al，2008）。变量 m 的这些差异反映了不同饲养的"品质"，因此，当其他所有条件相同时，m 的均值应遵循与饲料有关的顺序，即谷物<温带牧草<热带牧草。

9.3 采食量与肠道甲烷排放量

在放牧的羊群或牛群中，动物个体的采食量不能被直接测量。为了避免这种情况的发生，包括联邦科学与工业研究组织（CSIRO）在内的机构已开发出估算放牧反刍动物 ME 需求的方法（CSIRO，2007）。用于维持的 ME 需求（ME_m）可根据维持该动物体重所需每日喂食的 ME 量来确定（Blaxter，1989），该体重被称为活重（LW）。维持动物生存的开支是昂贵的。基于维持"生命机理"所需要的 ME，ME_m 给反刍动物规定了一个下限。根据通过碳水化合物氧化的能量消耗，我们聚焦于测量健康、清醒、不活动、无生育、空腹的成年反刍动物在温度适中的环境下的呼吸速率。身体的能量损失取决于其体表面积。对于恒温动物来说，ME_m 取决于动物大小的维度变量，而动物大小是一个线性尺寸变量的平方（Brody，1945）。展开这个变量，ME_m 取决于动物体积的 2/3 次方。考虑到动物的密度和 ME_m 取决于其活重（kg LW），幂指数也是 0.67。如果将两个轴的刻度都变换为对数，ME_m 和 kg LW 之间的曲线关系图示出来就可能是一条直线。Kleiber（1932）的经典合成表明，该直线的斜率，也就是功率系数，等于 0.75，这是从老鼠到肉牛进行测量，kg LW 的值跨越 4 个数量级所获得的结果。West 和 Brown（2005）在相差 27 个数量级

---

① 经查证原参考文献，这里应为"高品质"。——译者注

($10^{-18} \sim 10^{10}$ kg LW)的研究中也进行了验证。或者,如果一个动物中的细胞数量与 w(体重)成比例,预计功率系数可能为1.0,因此单位 kg LW 的 ME_m 是一个常数。最近,Makarieva 等(2008)通过编译目前为止最大的数据库(包括3 006 个物种),并根据生活型对数据求平均,计算出 ME_m 为 $0.3 \sim 9$ W kg^{-1} LW(W = J s^{-1})。他们认为这"惊人的"狭窄范围是"生命最佳代谢条件"的证据。这确实是非同凡响的成果,但回顾式(8)和 $F_{CH4} \propto R$,由于较重的动物单位 w 的 ME_m 更低,因此 F_{CH4} 清单必须准确计算。

据 CSIRO(2007),要估计反刍动物的 ME 需求,需要知道饲养的 ME 含量和消化率。例如,我们对饲养于温带牧草的肉牛,采用的指示性诊断指标分别为 10MJ ME kg^{-1}DM 和 70%。从所饲养的 ME 含量计算,正常雄性动物的 ME_m 比被阉割的雄性动物和雌性动物大 15%,随着年龄的增长每年减少约 2%,使用的维持水平 ME 的净效率为 70%。例如,为了得到 $150 \sim 700$ kg LW 的肉牛,估算 ME_m 为 $30 \sim 96$ MJ ME d^{-1}。由于采集食物、生长以及雌性繁育、怀孕和哺乳的需要,反刍动物对 ME 的需求可能已经超过了 ME_m。这些需要可用 ME_m 的乘数形式表示。对于放牧与之前在同一 LW 范围的肉牛,乘数与 LW 是成比例的,ME_m 也增加了 11%~32%。体重增加 0.2 kg LW d^{-1},ME 的乘数会进一步使 ME_m 增加 20%。对于繁育期的雌性动物,怀孕和哺乳又将使 ME 乘数为 ME_m 分别增加 13% 和 20%。例如,放牧繁育期重 430 kg LW 的雌性动物,总 ME 需求为 104 MJ ME d^{-1},比 ME_m 高 66%。再举一个雄性动物的例子,放牧一匹重量为 700 kg LW 的牛,其总 ME 需求为 134 MJ ME d^{-1}。

依据公式(8)中的变量 R,F_{CH4} 是隐含地取决于采食量的,而且动物的 ME 需求是可估算的,饲料 DMI 和 F_{CH4} 之间的关系也可通过测量来确定。这之前被用于确定式(8)中的变量 m。现在我们提出一个不同的方法,这是根据一个特定实验设计所获得的不同数据所进行的分析。减少放置于热量计舱室中已断奶羔羊的饲草量,则 DMI 和 F_{CH4} 可以直接测量,得到最符合测量数据的关系是线性关系(图 9.1)。在图 9.1 中描绘的 23 个实验数据表示羔羊的饲养水平(feed level lamb, FLL),这 23 只羔羊年龄都小于 1 岁,且体重为 $35 \sim 41$ kg。DMI 和 F_{CH4} 之间的线性关系说明单位采食量的 CH_4 产量是恒定不变的,即式(8)中的变量 m,表示为线性关系的斜率(17.4 ± 1.2 g CH_4 kg^{-1}DMI)。尽管这种回归的变异性高达 91%,但偏移量仅为 3.4 ± 0.8 g CH_4 d^{-1}。这 23 个记录的平均 CH_4 产量为 23.6 ± 0.5 g CH_4 kg^{-1} DMI。

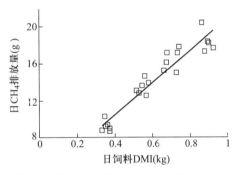

图 9.1 通过对放置于热量计舱室中 23 只羔羊进行断奶与减少饲草量处理所得到的日饲料 DMI 与肠道 CH_4 排放之间的关系

注:各记录均为 2008 年 6 月 3—13 日每两天的平均值。CH_4 排放与饲料 DMI 进行线性回归,得到斜率为 17.4 ± 1.2 g CH_4 kg^{-1}DMI,偏移量(y 轴上截距)为 3.4 ± 0.8 g CH_4,CH_4 排放 91% 的变异性与饲料 DMI 有关。

依据 CSIRO(2007 年)的动物代谢体重做独立计算,我们将 CH_4 产量和采食量之间的关系表达为 ME_m 的比例来进行考察。虽然这个自变量的表达是不同于采食量的,但采食量仍是它的一部分。由于我们认识到自变量与因变量这两个变量都必须由测得的采食量确定这个限制,因此

将 CH_4 产量与采食量之间的关系作为 ME_m 的比例进行考察是必然的办法。

在热量计舱室中确定断奶羔羊的 ME_m 包括计算中所需适当活重问题的解决方法。坦率地讲,我们应当先解释一下我们的方法,这是非常有启发性的。在热量计舱室中,羔羊每天被喂食两次。对于放养的羔羊来说,最大的日 DMI 估计为活重的 3%。而将羔羊关在热量计舱室中,这一比值将近减少到 2%。因此,每一次在舱室中完成采食后,我们估计 DMI 可能已上升了活重的 1%。摄食的数量(摄入但未消化的)被称为"肠道填充量"。我们强调采食量是实测值,估计值只是用来解释肠道填充问题的。羔羊进食后,随着时间的变化,消化作用会减少基于饲料通过率的肠道填充量。为了方便计算,我们考虑 LW 40 kg 的羔羊的情况。我们假设牧草的 DM 含量为 15%。那么,羔羊的膳食应该包含高达 0.4 kg DM。包括新切制的牧草中所含的水分,最大的肠道填充量估计为 2.7 kg。因此,肠道填充的最大估计值相当于羔羊 LW 的 7%。由于羔羊的 ME_m 的确定是基于 LW 的,因此未知的肠道填充量将可能产生一项潜在的重大偏差。对每头羔羊来说,在饲喂 24 h 后且被放入热量计舱室之前被定为空腹 LW。空腹体重用于确定 ME_m,这提供了用于计算的合理标准。

随着采食量(以 ME_m 的比例来表示)增加,CH_4 产量降低(图 9.2)。据回归分析,采食量比例表达(proportional expression)从 1 增加到 2,相应甲烷产量会减少 18%。尽管这只是一个初步分析,但这说明根据采食量和 CH_4 产量均值估算 F_{CH4} 这种常规方法具有局限性。为了理解这种局限性,我们考虑到增加采食量必定会发生物理变化(由于瘤胃的容积是固定的)而相应提高羔羊的食物通过率,因此会减少瘤胃中微生物对膳食碳水化合物的有效代谢时间。图 9.2 中的关系所揭示的 CH_4 产量估算的替代方法也可合并肠道 CH_4 排放清单进行计算。虽然此处没有说明,但是初步分析也表明可能有必要根据动物年龄或者生理状态将动物分为不同的类型。尚需进一步的研究来验证这些推论,特别是替代肠道 CH_4 排放清单的方法其优点所在。该替代方法虽然比目前常用的方法更复杂一些,但可以对"真实"的 CH_4 排放量做出一个更准确的估计。

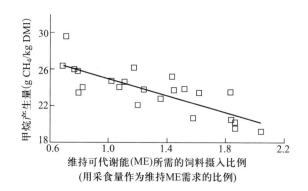

图 9.2 采食量与 CH_4 产量之间的关系。采食量是作为维持可代谢能(ME)需求的比例,CH_4 产量是在热量计舱室中减少 23 只断奶羔羊的饲草量所测得的

注:线性回归的斜率为 -4.5 ± 0.8 g CH_4 kg^{-1} DMI,偏移量(y 轴的截距)为 29.5 ± 1.0 g CH_4,CH_4 产量 62% 的变异性与采食量的比例表达有关。

9.4 减少肠道甲烷排放量的减缓措施

在这个问题上虽然预期会有一些潜在的机会,但让农民减缓或减少 F_{CH4} 仍具挑战性(表 9.1)。此外,即使有技术解决方案,如果想让农民采用这些技术,还需在实际操作和经济上具备可行性。后面一点是非常重要的,由于普遍缺乏价格信号,如今要让农民采纳减缓技术的吸引力相当有限;排放交易方案在许多国家都到位了,但是到目前为止,这些计划无一包括畜牧业(ruminant agriculture)。更进一步的问题是,减少温室气体排放需要从整体上来看待。例如,通过给反刍动物喂养更多的谷物以减少农场的 F_{CH4},若在食品生产价值链的其他地方二氧化碳和氮氧化物的排放增加,则不会带来净收益。这种排放量的置换有时被称为"泄漏"(leakage)。

表 9.1 被提议用来减少反刍家畜肠道 CH_4 排放的方法

短期	中期	长期
减少动物数量	瘤胃改造	瘤胃生态系统的靶标式操控
提高每头动物的生产力	选择使动物产生较低 CH_4 产量的植物饲料	培育产 CH_4 少的动物
喂食管理		
瘤胃改造		

注:这些方式是根据对短期(现在)、中期(可能在 10 年之内商业化)和长期(不可能在 10 年之内商业化)的实用性前景判断所进行的分类。

9.4.1 短期机会

减少动物数量是减少 F_{CH4} 的一种显而易见的方法。但同样显而易见的是,如果这威胁到农民的生计,他们不可能会接受该法。此外,虽然有些国家(例如欧盟和美国)的动物数量一直在减少,但据 FAO(2009)报道,在过去十年中全球反刍动物总量却略有增加。这反映了人们对反刍动物产品(奶和肉类)更多的需求(Steinfeld et al,2006)。人们对总肉类需求的增加更强,这更多地是由单胃动物如猪和鸡的产品来提供的(Galloway et al,2007)。此外,还有以植物为基础生产的人类饮食所需蛋白质的替代品。然而,这些生产系统还未得到充分利用,尤其是对于经济发达和发展中的社会来说更是如此。根据 Smil(2002)深刻又富建设性的分析,这种变革是非常可能的。因此,动物数量不应与产品割裂开来考虑。

农民一直渴望提高生产效率。从采食量或 ME 需求的基础来看或许更清晰一些。根据定义,效率与采食量分配为 ME_m 和生产需求的量有关。ME_m 及其相关的 F_{CH4} 可认为是固定的,它取决于反刍动物的体重。因此,额外的 ME 需求和 F_{CH4} 将由生产速率确定。这意味着采食量的增加及产量,与归属于 ME_m 的 F_{CH4} 和单位产品 F_{CH4} 比例减少是一致的。因此,对于给定数量的产品,农民可以通过利用生产力水平最高的反刍动物以减少 F_{CH4}。对于一个静态的生产水平来说,这种争论已经进行了诠释,提出了基于反刍动物选择的 F_{CH4} 减缓策略。但是,一个农场的生产水平不可能是静态的,因此减少单位产品的 F_{CH4} 未必与减少 F_{CH4} 一致。

为了说明生产效率和 F_{CH_4} 之间的关系,我们分析了放牧新鲜牧草奶牛的奶制品生产。在新西兰的牧场,牧草的 GE 含量为 18.4 MJ GE kg^{-1} DM(Judd et al,1999)。CH_4 的 GE 含量为 55.6 MJ kg^{-1}。结合这些值和变量 m 之 6%的均值后转化单位,则 m 的均值为 20 g $CH_4 kg^{-1}$ DM。在此情况下,该计算值比之前讨论的均值小 14%,这个均值是基于对羊(喂食草料)测量的整合分析。据 Clark 等(2005 年)的结果,放牧一头非哺乳期的奶牛(常数 w = 450 kg),其日 DMI 为 5 kg。基于此 DMI 和均值 m,则日 F_{CH_4} 为 100 g。作为一个参数,我们认为此 DMI 和 F_{CH_4} 归因于 ME_m。如果这头奶牛的日 DMI 为 10 kg,那么它在哺乳期的日牛奶产量为 12 kg(Clark et al,2005)。相应地,日 F_{CH_4} 为 200 g,那么一半的 F_{CH_4} 归因于其产品,产奶的贡献为17 g CH_4 kg^{-1}。增加这头奶牛的日 DMI 到 14 kg,则每日的牛奶产量为 24 kg(Clark et al,2005)。现在,对应的日 F_{CH_4} 为 280 g,所以有 1/3 是归因于其产品,产奶贡献为 12 g CH_4 kg^{-1}。因此,尽管将牛奶产量翻一倍,导致单位产量的 F_{CH_4} 减少了 29%,但 F_{CH_4} 本身却增加了 40%。

对反刍动物来说,喂食管理被认为是目前减少 F_{CH_4} 的另一种方式。例如,已有研究显示增加谷物的比例可减少 F_{CH_4}(Lovett et al,2006)。虽然也有报道这会增加盈利能力,但是具体情况可能不同或发生变化,因此,这还不能被视为具有普遍性的建议。据 Beauchemin 等(2008)的研究,给饲料中添加脂肪也会显著减少 F_{CH_4}。但是,全球反刍动物 F_{CH_4} 的 40%~55%可能归功于食草动物,它们大多生活在户外且以牧草为食(Clark et al,2005)。可以将牧草的类型变为豆科植物,例如,已有研究表明增大缩合单宁的浓度可减少食草反刍动物的 F_{CH_4}(Waghorn and Woodward,2006)。但是,替代品种不可能单独生长,所以它们必须与现在所采用的品种(如黑麦草)生长在一起,但生长不能被其他品种所抑制。

瘤胃改良(modification)涉及化学品的管理。例如,使用离子载体或莫能菌素①在某些情况下能减少 F_{CH_4}(Beauchemin et al,2008)。莫能菌素也能提高生产率并带来健康福利,因此它引起了广泛的科学关注。但是,瘤胃微生物群落往往具有很强的自适应能力(McAllister and Newbold,2008),因此,F_{CH_4} 减少现象可能不会持久。这些化合物已被归类为抗生素,其使用可能难以被进行反刍动物生产的某些客户所接受,甚至在某些产地是非法的。已经出现其他声称具有减少 F_{CH_4} 功效的化合物,广义上可归类为瘤胃改良剂,包括酵母菌、缩合单宁提取物、益生菌和以酶为基础的饲料添加剂。尽管其商业化是可行的,但是我们发现支持其所声称疗效的数据比较稀少,因此在将这些产品推荐给农民使用之前,尚需要进一步的证据支撑。

9.4.2 中期机会

虽然瘤胃改良目前是可行的,但更为现实的问题是它们对未来的可能影响。公平地讲,这些开发出来的产品的确提高了生产力。在对 CH_4 缺乏统一的价格和责任市场的情况下,减少 F_{CH_4} 也算是一个意外的"价值"。从目前不清晰的状况改变为国际市场的协议,可能会为此类产品的制造商带来明确和实质性的共同利益。

植物提取物如蒜素(如大蒜)、菌素和改进的酵母产品能通过一系列的机制减少 F_{CH_4}(McAllister and Newbold,2008)。通过繁育可减少 F_{CH_4} 的植株性状也被认为是一个中期的可能

---

① 又称瘤胃素,一种蛋白转运抑制剂。——译者注

性。其中一个例子是培育的所谓的"高糖"草（Abberton et al,2008）。至少在理论基础上,给反刍动物喂食"高糖"草,只需要更少的饲料就能满足它们对 ME 的需求,因此会减少 F_{CH_4}。动物学家面临的主要挑战,是要能清楚地鉴别能减少 F_{CH_4} 的特定植物化学特性。这不是一项简单的任务。例如,对于以牧草为基础的饲养方式,近似分析无法确定哪些饲料成分会影响到 F_{CH_4}（Hammond et al,2009）。

9.4.3 长期机会

针对瘤胃生态系统的靶标式操控,在很长时间里一直被认为是减少 F_{CH_4} 最有希望的措施,但其挑战性也最大。原则上,可以开发刺激反刍动物产生对瘤胃中产甲烷菌不利抗体的疫苗（Wright et al,2004）。但是成功的开发应该还有很长的路要走。疫苗开发的技术要求和挑战包括实质性的效果和长期功效,以及在瘤胃中的广谱活性。虽然还没有瘤胃产甲烷菌专性噬菌体的报道,但噬菌体病毒和噬菌体疗法或许是一个可能的疫苗替代方案（McAllister and Newbold, 2008）。基于对瘤胃产甲烷菌的基因组知识,新一代的"设计"抑制剂有可能被开发出来（Attwood and McSweeney,2008 年）。繁育可减少 F_{CH_4} 的动物有可能会基于饲料转化效率的提高（Alford et al,2006；Hegarty et al,2007）和单位饲料消耗的低排放（Pinares-Patino et al,2008）。第一种方法被认为是有吸引力的,因为所选择的这类动物兼具更高的生产力和更低的采食量。这将意味着单位产量的 F_{CH_4} 更低,单位动物的 F_{CH_4} 更低（可能会被动物存栏率的增加所抵消）,这会降低每头动物的饲养成本。繁育单位采食量产 F_{CH_4} 较少的动物可保障最终 F_{CH_4} 的减少。然而,要很好地采用这种方法,生产力特征必须是不受影响的。最近在反刍动物中对单位采食量 F_{CH_4} 显著较低的现象进行了测量,这种"效果"对所测定的动物来说是短暂的（Pinares-Patino et al,2008）。

致　　谢

我们要感谢 Murray H. Smith 和 Keith Lassey 所做出的有价值贡献,他们的整合分析量化了绵羊饲草产生 CH_4 的不确定性。我们还要感谢 Kirsty Hammond 给我们分享她的手稿,以及 Stefan Muetzel 为我们整理热量计数据所提供的帮助。

参 考 文 献

Abberton, M. T., Marshall, A. H., Humphreys, M. W., Macduff, J. H., Collins, R. P. and Marley, C. L. (2008) 'Genetic improvement of forage species to reduce the environmental impact of temperate livestock grazing systems', *Advances in Agronomy*, vol 98, pp311-355

Alford, A. R., Hegarty, R. S., Parnell, P. F., Cacho, O. J., Herd, R. M. and Griffith, G. R. (2006) 'The impact of breeding to reduce residual feed intake on enteric methane emissions from the Australian beef industry', *Australian Journal of Experimental Agriculture*, vol 46, pp813-820

Attwood, G. and McSweeney, C. (2008) 'Methanogen genomics to discover targets for methane mitigation technologies and options for alternative H_2 utilisation in the rumen', *Australian Journal of Experimental Agriculture*, vol 48, pp28-37

Beauchemin, K. A., Kreuzer, M., O'Mara, F. P. and McAllister, T. A. (2008) 'Nutritional management for enteric methane abatement: A review', *Australian Journal of Experimental Agriculture*, vol 48, pp21-27

Blaxter, K. L. (1989) *Energy Metabolism in Animals and Man*, Cambridge University Press, New York

Brody, S. (1945) *Bioenergetics and growth*, Reinhold Publishing Corporation, New York

Clark, H., Pinares-Patino, C. and deKlein, C. A. M. (2005) 'Methane and nitrous oxide emissions from grazed grasslands', in D. A. McGilloway (ed) *Grassland: A Global Resource*, Wageningen Academic Publishers, Netherlands

CSIRO (Commonwealth Scientific and Industrial Research Organization) (2007) *Nutrient Requirements of Domesticated Ruminants*, CSIRO Publishing, Collingwood, Victoria, Australia

FAO (Food and Agriculture Organization) (2009) 'Global livestock and health production atlas', www.fao.org/ag/aga/glipha/index.jsp

Galloway, J. N., Burke, M., Bradford, G. E., Naylor, R., Falcon, W., Chapagain, A. K., Gaskell, J. C., McCullough, E., Mooney, H. A., Oleson, K. L. L., Steinfeld, H., Wassenaar, T. and Smil, V. (2007) 'International trade in meat: The tip of the pork chop', *Ambio*, vol 36, pp622-629

Grainger, C., Clarke, T., McGinn, S. M., Auldist, M. J., Beauchemin, K. A., Hannah, M. C., Waghorn, G. C., Clark, H. and Eckard, R. J. (2007) 'Methane emissions from dairy cows measured using the sulphur hexafluoride (SF_6) tracer and chamber techniques', *Journal of Dairy Science*, vol 90, pp2755-2766

Hammond, K. J., Muetzel, S., Waghorn, G. C., Pinares-Pitano, C. S., Burke, J. L. and Hoskins, S. O. (2009) 'The variation in methane emissions from sheep and cattle is not explained by the chemical compiosition of ryegrass', *New Zealand Society of Animal Production Proceedings*, vol 69, pp174-178

Hegarty, R. S., Goopy, J. P., Herd, R. M. and McCorkell, B. (2007) 'Cattle selected for lower residual feed intake have reduced daily methane production', *Journal of Animal Science*, vol 86, pp1479-1486

Immig, I. (1996) 'The rumen and hindgut as source of ruminant methanogenesis', *Environmental Monitoring and Assessment*, vol 42, pp57-72

Johnson, D. E. and Ward, G. M. (1996) 'Estimates of animal methane emissions', *Environmental Monitoring and Assessment*, vol 42, pp133-141

Judd, M. J., Kelliher, F. M., Ulyatt, M. J., Lassey, K. R., Tate, K. R., Shelton, I. D., Harvey, M. J. and Walker, C. F. (1999) 'Net methane emissions from grazing sheep', *Global Change Biology*, vol 5, pp647-657

Kebreab, E., Johnson, K. A., Archibeque, S. L., Pape, D. and Wirth, T. (2008) 'Model for estimating enteric methane emissions from United States dairy and feedlot cattle', *Journal of Animal Science*, vol 86, pp2738-2748

Kelliher, F. M., Dymond, J. R., Arnold, G. C., Clark, H. and Rys, G. (2007) 'Estimating the uncertainty of methane emissions from New Zealand's ruminant animals', *Agricultural and Forest Meteorology*, vol 143, pp146-150

Kleiber, M. (1932) 'Body size and metabolism', *Hilgardia*, vol 6, pp315-353

Kurihara, M., Magner, T., Hunter, R. A. and McCrabb, G. J. (1999) 'Methane production and energy partition of cattle in the tropics', *British Journal of Nutrition*, vol 81, pp227-234

Lassey, K. R. (2007) 'Livestock methane emission: From the individual grazing animal through national inventories to the global methane cycle', *Agricultural and Forest Meteorology*, vol 142, pp120-132

Laubach, J., Kelliher, F. M., Knight, T., Clark, H., Molano, G. and Cavanagh, A. (2008) 'Methane emissions from beef cattle – A comparison of paddock-and animal-scale measurements', *Australian Journal of Experimental Agriculture*, vol 48, pp132-137

Lovett, D. K., Shaloo, D., Dillon, P. and O'Mara, F. P. (2006) 'A systems approach to quantify greenhouse gas fluxes from pastoral dairy production as affected by management regime', *Agricultural Systems*, vol 88, pp156-179

Makarieva, A. M., Gorsgkov, V. G., Li, B., Chown, S., Reich, P. and Garrilov, V. M. (2008) 'Mean mass-specific metabolic rates are strikingly similar across life's major domains: Evidence for life's metabolic optimum', *Proceedings of the National Academy of Sciences*, vol 105, pp16994-16999

McAlister, T. A. and Newbold, C. J. (2008) 'Redirecting rumen fermentation to reduce methanogenesis', *Australian Journal of Experimental Agriculture*, vol 48, pp7-13

McGinn, S. M., Chen, D., Loh, Z., Hill, J., Beauchemin, K. A. and Denmead, O. T. (2008) 'Methane emissions from feedlot cattle in Australia and Canada', *Australian Journal of Experimental Agriculture*, vol 48, pp183-185

Murray, R. M., Bryant, A. M. and Leng, R. A. (1976) 'Rates of production of methane in the rumen and large intestine of sheep', *British Journal of Nutrition*, vol 36, pp1-14

Pinares-Patino, C. S., Waghorn, G. C., Machmuller, A., Vlaming, B., Molano, G., Cavanagh, A. and Clark, H. (2008) 'Variation in methane emission – effect of feeding and digestive physiology in non-lactating dairy cows', *Canadian Journal of Animal Science*, vol 88, pp309-320

Smil, V. (2002) 'Worldwide transformation of diets, burdens of meat production and opportunities for novel food proteins', *Enzyme and Microbial Technology*, vol 30, pp305-311

Steinfeld, H., Gerber, P., Wassenaar, T., Castel, V., Rosales, M. and de Haan, C. (2006) *Livestock's Long Shadow*, United Nations, FAO, Rome

US EPA (United States Environmental Protection Agency) (2006) *Global Anthropogenic Non-CO_2 Greenhouse Gas Emissions: 1990-2020*, United States Environmental Protection Agency, Washington, DC

Waghorn, C. C. and Woodward, S. L. (2006) 'Ruminant contributions to methane and global warming – A New Zealand perspective', in J. S. Bhatti, R. Lal, M. J. Apps and M. A. Price (eds) *Climate Change and Managed Ecosystems*, Taylor and Francis, Boca Raton, pp233-260

West, G. B. and Brown, J. H. (2005) 'The origin of allometric scaling laws in biology from genomes to ecosystems: Towards a quantitative unifying theory of biological structure and organization', *Journal of Experimental Biology*, vol 208, pp1575-1592

Wolin, M. J., Miller, T. J. and Stewart, C. S. (1997) 'Microbe-microbe interaction', in P. N. Hobson and C. S. Stewart (eds) *The Rumen Microbial Ecosystem*, Blackie Academic and Professional, London, pp467-491

Wright, A. D. G., Kennedy, P., O'Neill, C. J., Toovey, A. F., Popovski, S., Rea, S. M., Pimm, C. L. and Klein, L. (2004) 'Reducing methane emission in sheep by immunization against rumen methanogens', *Vaccine*, vol 22, pp3976-3985

第10章

废水与粪肥

Miriam H. A. van Eekert, Hendrik Jan van Dooren, Marjo Lexmond and Grietje Zeeman

10.1 前 言

2005年，农业对全球非CO_2温室气体排放量的贡献估计相当于每年排放5.1~6.1 Gt CO_2，此排放量占全球人类活动所造成的温室气体总排放量的10%~12%(Smith et al,2007)。农业主要气体排放为CH_4和N_2O，分别占全球人类活动所造成排放量的47%和58%。根据IPCC的报告，农业排放的主要来源是土壤(占38%)、牲畜肠道发酵(占32%)、生物质燃烧(占12%)、水稻生产(占11%)和粪肥处理(占7%)(Smith et al,2007)。

联合国粮食及农业组织(FAO)报道，全球人类活动造成CH_4和N_2O的排放量分别相当于5.9 Gt和3.4 Gt的CO_2当量。其中，相当于2.2 Gt CO_2当量的CH_4和N_2O排放来自牲畜(Steinfeld et al,2006)。牲畜的排放量预计会在2020年增长到相当于2.8 Gt的CO_2排放当量(EPA,2006)。牲畜代表了约80%的农业CH_4排放量。来自牲畜CH_4的两个主要排放源是肠道发酵和粪便。肠道发酵约占牲畜总排放量的80%，但是在世界范围内排放量因地域和时间不同而变化。肠道发酵排放量的计算是通过动物个数乘以排放因子，排放因子对不同的动物类别和国家会有所不同。排放因子是由不同国家间不同的精确度水平所决定的(VROM,2008a)。甲烷排放量受牛奶生产、投料水平、能源消耗量、饲料组分和反刍条件的影响(Monteny and Bannink,2004)。

减缓肠道发酵的方法集中于提高生产力和牲畜生产的效率，以及通过改变饲料组分或者介入反刍消化过程来提高饲料的消化能力(Steinfeld et al,2006)。尽管这些措施从区域或国家层面上来说，可能有益于排放，但是它们可能会增加每个动物CH_4的排放量(EPA,2006)。肠道发酵作为CH_4的一个主要排放源在本书中有更多详细的介绍(见第9章)。

生物过程作为环境问题的一种解决方法日益引起人们的关注。在这些处理过程中，厌氧消化迅速地被全世界所采用，它可用于固体有机粪便、污泥和废水的处理，并在废弃物和生物质的处理中扮演主角(图10.1)。有机化合物转变成沼气，它是CH_4、CO_2、H_2S、H_2以及N_2O(某特定条件下)的混合物。在常规好氧污水处理中，随着氮和磷的去除，有机物被氧化成CO_2。厌氧过程

中 CH_4 的生成比其他生物过程更占优势，因为其可作为能源进行再利用。所有采用天然气的地方也能采用沼气（经过前处理）。1 kg 化学需氧量（COD）的能量含量相当于约 1 kWh（Aiyuk et al,2006）。如今，沼气大部分转化为电能和/或相当于电转换效率 25%的热能（对于小于 200 kW 的发动机），甚至对于更大电转换效率达 30%~35%的发动机（达到1.5 MW）。发电与热水复用（经由内燃机的废气）相结合可产生高达 65%~85%的效率（IEA,2001）。采取一些措施后，CH_4（GWP 21）（US EPA,2002）和 N_2O（GWP 310）（US EPA,2002）温室气体的无意排放是可以避免的。

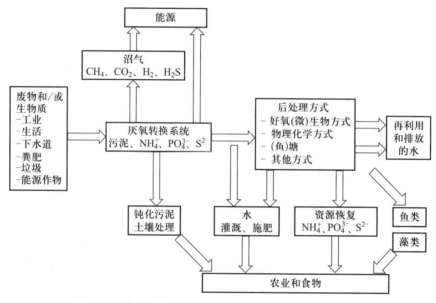

图 10.1 作为废物和生物质处理中核心技术的厌氧处理

涉及此转化的微生物过程在本书的其他章节有更详细的讨论。简单来说，有机物转化成沼气有四个连续的反应阶段：水解，产酸，乙酸形成和甲烷生成。理论上，1 kg 的转换 COD 可产生 0.35 m^3 的 CH_4（在标准温度和大气压条件下）。与好氧处理相比，厌氧处理最大的优势是产生较少的污泥并形成沼气。反之，好氧处理的出水水质要优于厌氧处理，因为厌氧处理无法去除氮、磷。当处理过的废水用于施肥和灌溉进行再利用时，厌氧处理无法去除氮、磷则成为优势而非劣势。与厌氧条件下的初级和次级污泥消化过程中会产生 CH_4 不同，在好氧处理中其排放量几乎可以忽略（El-Fadel and Massoud,2001）。在敞开的好氧污水处理系统中显然会排放 CO_2，但这是"短周期"CO_2，与来自化石燃料中的 CO_2 是不同的。与好氧污水处理厂能源需求相关的 CO_2 排放量也已纳入考虑。N_2O 的形成似乎更是一个难题，特别是氧含量较低的硝化和反硝化过程，以及当废水中低 C/N 时可导致亚硝酸盐浓度的增加。硝化过程中 N_2O 的排放与硝化细菌的活动无关，但却归因于污水处理厂脱氮阶段所剥离的 N_2O。这是种非常缓慢的过程，N_2O 的排放可能发生在出水排入地表水之后。因此，来自好氧污水处理厂的 N_2O 排放量与每年人类活动的排放总量相比是很小的（约占 3%），但是考虑整个水链时还是相对高的（26%）（Kampschreur et al,2009）。到目前为止，好氧污水处理厂中哪一类微生物对于 N_2O 的形成起主要作用尚不清楚。

由于 N_2O 不是本书的主要关注对象，因此本章并不会对其排放进行详细讨论。

10.2 技　术

10.2.1 厌氧反应器系统

固体废物和废水可以进行现场处理或是运输到污水处理厂或消化池内集中进行处理。厌氧处理是处理这种废水第一步中的一种方法。从技术上讲，水停留时间长的"低效"系统与水停留时间相对较短的"高效"系统是有区别的(de Mes et al,2003)。化粪池常用于住宅现场的废水处理，但是这些系统既不能归类为"高效"，也不能归类为"低效"。化粪池产生的沼气通常不会回收再利用。如粪肥之类的泥浆和固体废物通常在低效系统内处理。这些系统中的水停留时间和污泥泥龄是相等的。而这在一般用于废水处理的高效系统内是不会出现的。这些系统可根据水停留时间和污泥泥龄的差别而进行鉴别。停留时间可根据反应器中保留的细菌性污泥生物量或废水中分离出的污泥量而获得。沉淀作用、（固定）载体材料上生物量的增长或生物质颗粒化是用来保留生物质的一些方法。序批式系统、活塞流和连续搅拌槽反应器（CSTR）是"低效"厌氧反应系统的一些例子。而"高效"反应系统则包括接触法、厌氧滤池、流化床和上流式厌氧污泥床（UASB）或膨胀颗粒污泥床（EGSB）反应器 (de Mes et al, 2003; Lehr et al, 2005)。低效池（SRT）通常比高效池（HRT）大很多，化粪池系统通常在低负荷率下运行。

UASB 和 EGSB 反应器是废水厌氧处理中最常采用的系统(IEA,2001)。这些系统通常含有颗粒性污泥。这些污泥颗粒通过自固定作用形成，直径为 0.5~3.0 mm，由菌胶团组成，该菌胶团能够将废水中的 COD 转化成 CH_4。它们有高的产 CH_4 活性和高沉降性能（沉降速率）（高达 6~9 m/h）。此外，这些颗粒污泥对外部剪切力具有很强的抗性(Lehr et al,2005)。

无论粪肥是否添加联合发酵物料，CSTR 单元都是最为常用的消化系统(Braun,2007)。反应器的体积从几百到几千立方米不等，其大小取决于粪肥和联合发酵物料的供应。序批式反应器仅在底物十分干燥且易堆叠（>30%的干物质）时应用。这种情况下，物料堆放在气密性容器中，喷洒被加热的接种物，并经一定的停留时间后去除。在荷兰 Lelystad 安装的生物电池就采用了这种装置。活塞流反应器用于干物质含量在 20%~30%废物的厌氧处理。活塞流反应器在消化比较干的材料上是有优势的，但是消化残余物的回流会增加气体产量。操作单元一般相对较小。在其他情况下，均可采用 CSTR 反应器。

厌氧处理系统可以是单级体系，也可以是二级体系。单级体系最为常用，它是将复合底物转化成 CH_4（从水解到产甲烷阶段）的不同过程在一个反应器中完成，在不同的反应阶段没有任何的空间隔离。在二级反应器中，水解和酸化一般在第一阶段发生，而 CH_4 产生则在第二阶段发生。废物或废水厌氧处理系统的设计，在很大程度上取决于废水的组成成分及其浓度，以及组成成分的性质。尽管消化过程在粪肥消化后的贮存阶段将持续以低速率进行，但用于粪肥消化的农业设施一般是一级反应器。

10.2.2 厌氧系统中影响甲烷产量的因素

当然,厌氧系统中CH_4产量主要取决于现有底物的性质。表10.1给出了实验室得出的不同底物产生沼气或CH_4的例子。对于有机物的厌氧转化,其产生的CH_4量也可以通过Buswell方程式计算出(Buswell and Neave,1930)。在此情况下,假定有机复合物能完全被生物降解,并被厌氧微生物完全转化为CH_4、CO_2和NH_3(假定污泥产量为0)。

表10.1 不同底物在35 ℃条件下的典型沼气或甲烷产量潜力

底物	停留时间 (d)	沼气潜力 (m^3 CH_4 kg^{-1}VS)	甲烷潜力 (m^3 CH_4 kg^{-1}VS)
猪粪	20	0.3~0.5	
牛粪	20	0.15~0.25	
鸡粪	30	0.35~0.6	
碳水化合物(理论)		0.747	0.378
脂肪(理论)		1.25	0.85
蛋白质(理论)		0.7	0.497
动物脂肪	33	1.00	
血液	34	0.65	
剩余食物	33~35	0.47~1.1	
食用油	30	1.104	
粮酒厂污水(糖浆、玉米、马铃薯)	10~21	0.4~0.47	
啤酒厂废水	14	0.3~0.4	
马铃薯(淀粉)废弃物	25~45	0.35~0.898	
蔬菜和水果加工	14	0.3~0.6	
胡萝卜			0.31
冬大麦			0.30
油菜			0.29
香豌豆			0.37

来源:Braun(2007);Pabon Pereira(2009)。

CH_4的产量总体上取决于底物的性质(生物降解能力、毒性)、物理化学过程和工艺条件(如停留时间、温度和pH)(Lehr et al,2005)。

pH对微生物处理过程的影响是众所周知的(Prescott et al,2002)。每个微生物群都有其最适宜的pH条件。pH对于产甲烷过程非常重要,因为在限定的pH变化范围内,产烷微生物才具有活性(pH=6.5~8.0)。该原理同样适用于温度对微生物活性的影响。不同的微生物群同样有它们自己最适宜生长的温度范围。尽管这些温度范围不是绝对的,但厌氧处理过程中的三个温度范围是有明显区别的:嗜冷微生物在20 ℃以下具有活性,嗜常温菌的最佳活性范围是20~40 ℃,嗜热菌在40 ℃以上具有活性。尽管不同的微生物种群在不同的温度范围内具有活性,但它们可以把相同的底物转化为 CH_4。在嗜热温度范围内(如 55℃),嗜常温菌转化反应器的操作过程将无法立即顺利进行。不同的微生物种群需要时间来适应生长。温度除了影响微生物活性之外,对 CH_4 在水中的溶解度也有影响。在嗜冷温度范围内,CH_4 的最大溶解度实际上高于较高温度时(图 10.2),因此,厌氧反应器污水中呈现大量的 COD 可代表 CH_4。如果不采取额外措施,当溶解的 CH_4 从反应系统中排出时可能会扩散到大气中。

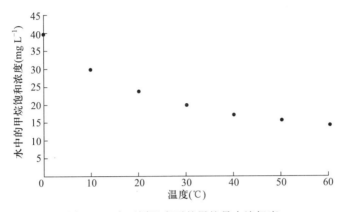

图 10.2 在不同温度下的甲烷最大溶解度

来源:亨利常数(Henry's constant)的数据来自 Metcalf & Eddy Inc. (1991)。

另一个在厌氧反应系统中影响 CH_4 产量的重要因素是有机负荷及其变化。系统突然超负荷可能会引起故障导致恶性循环(图 10.3)。系统不稳定的出水会导致后储存系统的 CH_4 排放或进入地表水。

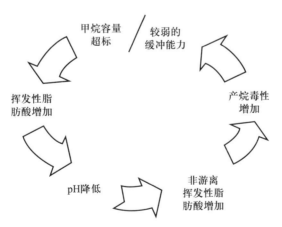

图 10.3 与厌氧处理系统过载相关的问题

来源:根据 van Lier et al (2008)重绘。

10.3 来源于粪肥的甲烷排放

关于农场排放的粪肥有几种处理方法(图10.4)。关于粪肥收集存储、处理过程中的甲烷排放同样是厌氧发酵过程的结果,其中一部分厌氧发酵是由动物排泄物中的肠道细菌引起的。现场或集中消化是公认的一种粪肥处理途径,可产生沼气并减少贮存物中 CH_4 的排放。消化器中沼气的产生取决于粪肥的性质及进程参数(表10.1),该参数已在本章的其他地方讨论过。粪肥的消化及影响其成功与否的因素已被广泛评论过(Velsen,1981;Zeeman,1991;El-Mashad,2003)。与其他厌氧过程相似,产生的沼气包括 CH_4 和 CO_2。粪肥排放的 CH_4 量是通过将每种动物和/或国家地区的粪便量与排放系数相乘得出的。排放系数取决于有机物质组分、总 CH_4 产生潜力和转换因子(代表特定粪肥处理系统中 CH_4 产生潜力实际实现的百分比)(VROM,2008b)。

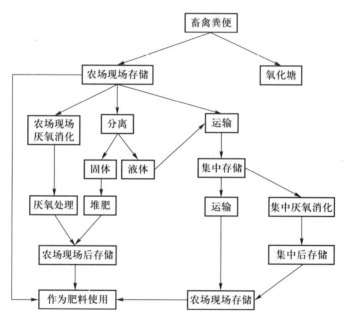

图10.4 处理粪肥的不同方式

增加 CH_4 产量并捕获沼气是一种减缓战略,通常被称为厌氧消化。被捕获的气体可作为供热、照明、运输或电力生产,也可能是没有实益用途的燃烧(燃排,flaring)。温室气体排放的正效应是基于将 CH_4(GWP21~25)转化为 CO_2,以及将 CH_4 作为一种再生能源取代化石燃料发电。

粪肥处理与储存系统中厌氧消化的减排潜能取决于参照系统的排放,液态粪肥系统的减排范围是从较低温气候环境下的50%到高温气候环境下的75%(Steinfeld et al,2006)。在发达国家,大规模的 CSTR 与活塞流反应器可实现85%的减排效果,而在发展中国家小规模的反应器据报道约有50%的减排效果(US EPA,2006)。

所谓的粪肥与其他生物质的联合消化通常会增加甲烷的产量。联合消化可用于农作物、农作物残余物、食品工业废料或是自然保护区的生物质（参照表10.1中的例子）。在农场通过联合消化的粪肥可缩短预储存时间。然而，与玉米的生化产甲烷潜能（BMP）为 $0.3m^3/t$ 相比，粪肥的相对较低（表10.1），而且粪肥的有机质含量与玉米（Amon et al，2007）和其他联合底物相比也较低，因此，较短储存期所造成的影响能够得以抵消。在荷兰，仍将沼渣作为"动物来源的肥料"时，所允许的联合底物的量在体积上约占50%。

对于整个沼气产生链，包括生物质的联合消化在内的温室气体减排总量，很难确立替代过程的排放，而且处理过程中的排放原因还有争议。

粪肥消化沼渣的后存储阶段作为无意 CH_4 排放的可能来源，得到了越来越多的关注。根据15种不同沼渣的清单数据，计算平均每吨沼渣可形成 $5\ m^3$ 的 CH_4（范围为 $1\sim 10\ m^3\ CH_4/t$ 沼渣），粪肥集中处理系统可能占总 CH_4 减排潜能的8%（I. Bisschops，个人通信，2009）。后消化系统（例如密闭的储存）可以促进 CH_4 产量的优化，并避免了无意的甲烷排放。由于水解作用不充分，消化器中的BMP通常达不到要求。Angelidaki等（2005，2006）分析了集中粪肥消化系统中潜在的沼渣 CH_4 产生/排放。就集中粪肥消化而言，由于昂贵的土地价格，沼渣的集中存储时间通常比较短，而对于农场存储场地来说，通常缺乏沼气收集的激励措施（Angelidaki et al，2005）。

现有技术为减少无意 CH_4 排放提供了可能性：

- 泥浆的存储温度对排放有着重要的影响。较低环境温度下的室外存储会减少 CH_4 排放，并取决于气候条件。主动（深度）降温可将 CH_4 排放进一步减少，但同时伴随着较高的能量消耗，以及与发电相关的 CO_2 排放等风险（Sommer et al，2004）。
- 经常去除动物房中的泥浆有利于减少散发表面，并使泥浆浓缩。同时，可以进行其他更有效的减缓措施，例如，覆盖、过滤、冷却或空气处理。存储区域必须完全清除干净，以避免新鲜粪肥中活性微生物的接种（Zeeman，1994）。
- 使用气密性好的存储容器是减少 CH_4 和氨气排放的相对简单且经济有效的方法。
- 固体分离可去除大部分 CH_4 产生过程所必需的有机物，因此固体分离可减少剩余液体中 CH_4 的排放。
- 对所收集的泥浆进行好氧处理，能够通过抑制微生物的产甲烷过程，从而减少甲烷的产生，但是将造成较高的能量消耗及增加 N_2O 排放的风险。
- 泥浆与其他有机固体，或是固体农家肥的堆肥可减少 CH_4 的排放，但同时可能增加 N_2O 的排放。
- 从动物房或具生物滤池的粪肥储存库进行空气处理的可能性（Melse，2003）。在测试系统中，CH_4 的去除率达到85%，这是由于动物房和储存库所排出的空气中 CH_4 浓度低，处理一个 $1\ 000\ m^3$ 储存库废气的生物滤池所需的面积为 $20\sim 80\ m^3$。经计算，这种处理方法的成本相当于每减排 $1\ t\ CO_2$ 当量需 $100\sim 500$ 欧元。

10.4 来源于废水的甲烷排放

根据废水来源不同，如生活污水或工业废水，其处理程度也不同。废水可能直接排入（沿岸的）地表水，或是经过预处理后排放（图10.5）。发达国家的废水通常在常规集中式好氧污水处理厂进行处理。工业废水在排放前先在厂内进行处理,或是经处理后用于生产用水循环。根据工业性质不同,产生的废水同样可以采用厌氧处理。来自食品行业的废水常常只需简单进行厌氧处理;其至有些来自化工行业的废水,也经常采用厌氧技术进行处理,尽管废水中含有有毒化合物(Lettinga,1995)。需要采取一些特殊的措施来确保后续过程中的厌氧处理,如应用特殊反应器,需考虑设计污泥停留或是利用专化菌种对厌氧污泥进行接种。在具有较高环境温度的温暖的气候条件下进行厌氧处理同样适用于对生活污水的处理。

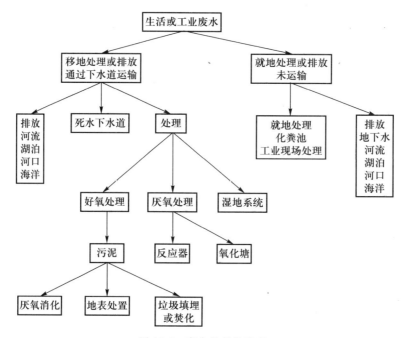

图 10.5 废水的排放途径

当考虑生活污水中的 CH_4 排放时,需要考虑的首要因素之一是收集和运输系统。开放式的下水道、运河管网、水槽和沟渠都是 CH_4 排放源。封闭式排水沟未被计入 CH_4 排放源(IPCC,2006d)。开放式排水沟中形成的 CH_4 量与废水中可生物降解的 COD 量及当地环境条件(特别是温度)有直接关系。废水直接排放进入地表,以及废水初级、二级和三级处理过程中形成的污泥处理也都有 CH_4 的排放。因此,产生 CH_4 的量很难确定,本章将不再详细讨论。

10.4.1 生活污水

生活污水各处理系统或排放阶段的甲烷排放可通过系统默认的最大甲烷生产能力(B_0)计算,B_0 通过乘以污水处理系统中甲烷修正系数(MCF)进行修正。由表 10.2 中的 MCF 可清楚地看出,这些系统中 CH_4 的回收是很重要的。从下面公式中可以看出:废水中可降解有机物总量(TOW)的计算经过以污泥形式移除有机物(S)和甲烷回收量(R)等修正,然后再由排放因子(EF_j)和程度因子($T_{i,j}$)来进行调整。其中排放因子是通过不同输入群(U_i)对废水产生量的影响来修正,而程度因子则是由不同输入群所使用的不同处理步骤(j)决定的。

$$CH_{4排放,生活污水} = \left[\sum_{i,j} (U \times T_{i,j} \times EF_j) \right] (TOW-S) - R \tag{10}$$

其中

$$TOW = P \times \frac{BOD}{1\ 000} \times I \times 365 (kg\ BOD\ yr^{-1}) \tag{11}$$

这里,P = 所述年份的人口;BOD = 生物需氧量,区域特点人均BOD;I = 额外工业排放的修正因子。

表 10.2 与废水处理和排放相关的甲烷释放

处理		MCF[a]	甲烷释放
未处理废水	排入地表水	0~0.2	基于废水的COD和具有最大产量的当地条件:$CH_{4,产量,最大}$
	封闭式排水沟		无
	开放式排水沟	0~0.8	基于废水的COD和具有最大产量的当地条件:$CH_{4,产量,最大}$
废水的好氧集中处理	废水	0.0~0.2(好的管理)	合适的设计或管理:无或最小的CH_4释放
		0.2~0.4(差的管理)	差的设计或管理:CH_4释放完全依赖于工厂的条件
	污泥	0.8~1.0(无回收)	在初级和次级污泥厌氧消化的条件下,CH_4在没有合适的回收下可能会释放
好氧浅水塘		0~0.3	合适的设计或管理:无或最小的CH_4释放
			差的设计或管理:CH_4释放完全依赖于工厂的条件
厌氧深水塘		0.8~1.0	具有最大产量的甲烷释放可能:$CH_{4,产量,最大}$
厌氧反应器		0.8~1.0(无回收)	在缺乏合适回收条件下的甲烷可能被释放
化粪池		0.5	甲烷生产。产量基于对系统的管理
露天开采坑/厕所		0.05~1.0	甲烷产量主要基于当地的条件(温度)和管理(停留时间)

注:a 基于IPCC(2006d)发起的专家评价的甲烷校正因子(MCF)。
来源:改编自IPCC(2006d)。

计算的准确度主要由所使用数据资料的不确定性决定。B_0实际值的不确定性可能高达30%~50%。此外,由于城市化进程及其利用程度的差异,各个地区和国家的人均BOD值变化很大。尽管如此,使用上述方程可以估计出其CH_4排放量(IPCC,2006d)。

生活污水的厌氧处理与CH_4回收相结合能够限制CH_4的排放(表10.2),同时使用CH_4作为替代化石燃料可减少CO_2的排放(Aiyuk et al,2006)。第一家用于生活污水厌氧处理的试验工厂建于哥伦比亚的卡利(Cali),用于处理稀释的生活污水(Schellinkhout et al,1985)。在平均温度为25 ℃的条件下,实现了COD与BOD去除率大于75%(Lettinga et al,1987)。随后全面应用于印度的坎普尔和米尔扎布尔、哥伦比亚的布卡拉曼加、巴西、葡萄牙、墨西哥和其他一些国家(Maaskant et al,1991;Draaijer et al,1992;Schellinkhout and Collazos,1992;Haskoning,1996;Monroy et al, 2000)。生物滴滤池(trickling filter)或精处理塘(polishing pond)已用于污水的深度处理。

低温生活污水处理已得到了广泛研究,但是到目前为止尚未全面应用(Seghezzo et al, 1998)。这个方法的缺点之一是大部分的 CH_4 产量在低温条件下会溶解于水中(见图10.2)。

根据每人每天盥洗、粪便及尿液产生的生活污水中 COD 量(表10.3)(Kujawa-Roeleveld and Zeeman, 2006),考虑生活污水的厌氧生物降解能力为70%(Elmitwally et al, 2001),67.9亿人口组成的群体每年产生的 CH_4 总量可达 70 Tg。同样,厌氧处理人类的这些废弃物后可产生 98×10^9 m^3 的 CH_4 用于能源生产。

表10.3 分离出的生活污水的总量和组成

参数	单位	尿液	粪便	洗盥水	厨余垃圾
总量	g 或 L p^{-1} d^{-1}	1.25~1.5	0.07~0.17	91.3	0.2
氮	g N p^{-1} d^{-1}	7~11	1.5~2	1.0~1.4	1.5~1.9
磷	g P p^{-1} d^{-1}	0.6~1.0	0.3~0.7	0.3~0.5	0.13~0.28
钾	g K p^{-1} d^{-1}	2.2~3.3	0.8~1.0	0.5~1	0.22
钙	g Ca p^{-1} d^{-1}	0.2	0.53		
镁	g Mg p^{-1} d^{-1}	0.2	0.18		
BOD	g O_2 p^{-1} d^{-1}	5~6	14~33.5	26~28	
COD	g O_2 p^{-1} d^{-1}	10~12	45.7~54.4	52	59
干物质	g p^{-1} d^{-1}	20~69	30	54.8	75

来源:Kujawa-Roeleveld and Zeeman(2006)。

10.4.2 工业废水

使用厌氧消化(anaerobic digestion, AD)过程回收 CH_4,这作为工业有机废水的处理工艺具有相当大的潜力。许多行业采用 AD 作为预处理步骤来降低污泥处理成本,同时控制臭气,减少市政污水处理装置的最终处理成本。从市政设施的角度来看,预处理有效地扩大了现有设施的处理能力(IEA, 2001)。

下列行业被认为是具有高 CH_4 排放潜力(IPCC, 2006d)或产生(IEA, 2001)的部门:
- 纸浆和造纸业;
- 肉类及家禽加工业;
- 酒精、啤酒和淀粉行业(和其他食品加工行业,例如牛奶、食用油、水果、罐头工厂、果汁制造等);
- 有机化学生产。

如果工业废水采用跟生活污水相同的处理系统处理,它在计算中应将生活污水包括在内。然而,在很多情况下,工业废水在排入污水管道系统、地表水或是用作厂内循环再用水之前,已进行了现场预处理。这些行业都会产生大量含有中高 COD 浓度的废水,这对于厌氧处理及随后的 CH_4 回收是具有吸引力的。不同行业产生废水量(m^3/t 产品)的代表值和 COD 浓度,如表10.4所示。

同生活污水一样,工业废水引起的 CH_4 排放可通过下式计算出:

$$\text{CH}_{4\text{排放,生活污水}} = \sum_i \left[(TOW_i - S_i) EF_i - R_i \right] \tag{12}$$

其中

$$TOW_i = P_i \times W_i \times COD_i (\text{kg COD yr}^{-1}) \tag{13}$$

这里,P = 工业部门 1[①] 总工业生产量(t/年);W = 废水产生量(m^3/t 生产量)(IPCC,2006d)。

废水产生量(W)和 COD 浓度的典型值均在表 10.4 中列出,不同行业每吨产品排放 CH_4 的潜力可以计算出来。然而,在当前的经济形势下,考虑到工业生产有很大的波动性,全球范围内单位产量所排放 CH_4 的潜力仍无法计算。

表 10.4 产业废水产量的典型数据

产业	废水利用		COD		B_0	计算的 CH_4 产量[a]
	典型值 (m^3/t)	范围 (m^3/t)	典型值 (kg/m^3)	范围 (kg/m^3)	($m^3 CH_4$/kgCOD) (STP)	(m^3/t 产品)
啤酒和麦芽	6.3	5.0~9.0	2.9	2~7	0.33	6.0
奶制品	7	3~10	2.7	1.5~5.2	0.35	6.6
有机化学	67	0~400	3	0.8~5	可变	不确定
纸浆造纸	162	85~240	9	1~15	0.27	393.7[b]
淀粉生产	9	4~18	10	1.5~42	0.33	29.7
食糖加工	-	4~18	3.2	1~6	0.33	4.2

注:a 所用的数据显示在表 10.1 中。b 因内部闭合的水循环,目前纸浆造纸业一般使用较少的水,废水中的 COD 浓度也比较低(Pokhrel and Viraraghavan,2004)。
来源:数据来自 IPCC(2006d);Lexmond and Zeeman(1995)。

10.4.3 污泥处理

污泥和其他可生物降解的有机废物具有巨大的产能潜力。有机质氧化释放的能量大约是 14.5 MJ$(kgO_2)^{-1}$(Blackburn and Cheng,2005)。能量的释放量取决于在一定条件下有机质的可生物降解能力。最常用的生物废物的处理方法将在下文讨论。

垃圾填埋场

垃圾填埋场的废物处理应采用适当的方法,从而避免因分解造成的无意 CH_4 排放(见第 11 章)。垃圾填埋场气体的回收再利用是现在普遍采用的一种减少无意 CH_4 排放的方法(IPCC,2006b)。评价污泥处理对 CH_4 排放的影响较为困难,在有机质缓慢腐烂的条件下,一般普遍接受的方法是采用一级腐败法(first-order decay,FOD)。特定条件下(特别是温度),垃圾填埋场污泥腐烂的产 CH_4 速率常数在干燥条件下为 0.05~0.10/年,在潮湿条件下为 0.10~0.70/年(IPCC,2006b)。

---

① 工业部门 1 指具有高 CH_4 排放潜力的行业。——译者注

消化

污泥消化引起的 CH_4 排放量可通过下列方程式计算：

$$CH_{4排放,生活污水} = \sum_i (M_i \times EF_i) \times 10^{-3} - R \tag{14}$$

其中，M_i = 生物处理类型 i 处理的有机废物量；EF_i = 处理类型 i 的排放因子；i = 堆肥或消化；R = CH_4 回收再利用的总量（IPCC，2006a）。

CH_4 排放因子为 CH_4 排放的主要决定因素，其变异性较大，它是由废弃物和支撑材料（如果有的话）的性质、温度和水分含量，以及曝气的能量需求（在堆肥情况下）所决定的（表 10.5）（IPCC，2006d）。厌氧消化器无意泄漏引起的 CH_4 排放量估计在 0~10%（默认值为 5%）。

表 10.5 在沼气装置中进行厌氧消化和在堆肥中的甲烷释放因子

	基于干重	基于湿重（水分含量 60%）
厌氧消化	2（0~20）	1（0~8）
堆肥	10（0.08~20）	4（0.03~8）

注：假设干物质中含可溶性有机碳（dissolved organic carbon, DOC）含量为 25%~50%，而湿废物的水分含量为 60%。
来源：数据来自 IPCC（2006a）。

典型的生化甲烷潜力数据见表 10.6。正如预期，BMP 主要由污泥性质决定。在某些情况下，CH_4 的产量可通过加热、化学、物理或是热化学等预处理进一步增加。用此方法可产生更多的 CH_4，并可进一步作为能源进行利用，同时也可减少消化过程中无意的 CH_4 排放。例如，Kim 等（2003）研究了热化学预处理方法对 CH_4 产量的影响效果。他们得出：在 pH 为 12，温度 121 ℃ 条件下，经热化学预处理 30 min 后，活性污泥消化过程中 CH_4 产量会增加 34%。同样，Tanaka 等（1997）发现，在对污泥进行热化学预处理之后，CH_4 产量增加了 27%。

表 10.6 不同污泥类型和其他生物废弃物的典型 BMP

污泥类型	$m^3 CH_4$/t OS	参考文献
初级污泥（生活）	600	Han and Dague（1997）
初级污泥（工业）	300	Braun（2007）
生活污泥	172	Tanaka et al（1997）
次级污泥（生活）	200~350	Braun（2007）
浮选污泥	690	Braun（2007）
源分离的市政生物废弃物	400	Braun（2007）

注：OS = 有机污泥。

堆肥

废弃污泥堆肥过程中产生的甲烷排放量可采用上述消化过程给出的方程式来计算。尽管堆肥是好氧过程，但甲烷是在堆块的厌氧区形成的。在堆肥过程中，不大可能产生显著的甲烷释放，因为任何形成的 CH_4 气体将在堆肥的好氧区被甲烷氧化菌氧化。堆肥产生的总 CH_4 排放量将被限制在少于原始污泥(或其他任何用于堆肥的物质)碳含量的1%(IPCC,2006c)。

其他方法

固废的焚烧,如堆肥后的剩余污泥,通常在可控设施内进行。排放因子很难确定。同样,污泥在土地中的利用对甲烷排放的影响也很难评价。

10.4.4 甲烷燃烧和燃排

理想状况下,废水处理和固体废物(如粪肥、生活污水污泥)消化过程产生的任何甲烷均可回收作为能源进行再利用。政府为鼓励将生物产生的 CH_4 替代天然气来使用,出台了许多奖励措施。然而,在大多数情况下,消化器中产生的沼气只能通过热电联供(CHP)发电机进行发电。欧洲大多数国家认为生物发电属于利用可再生能源,有一定的补贴。CHP系统中沼气燃烧产生的热量常用于加热消化器和消化器内含物的添加,剩余热量可用来干燥粪肥经消化分离后的固体部分。这些热量也可以用来给商业建筑或居民区供暖。对后一种情况,在热需求区安装CHP并输送沼气比输送热更为便利。

如今,直接利用国家天然气输气网运输生物气,或将其作为汽车、公交车和火车交通燃料已越来越普遍。若要直接利用这种气体,必须首先净化达到天然气的水平(FNR,2005)。如果不能实现 CH_4 的回收再利用,则可采用 CH_4 的燃排。燃排在减缓温室气体排放上的优点主要是可通过燃烧将 CH_4 转化成 CO_2 和水蒸气,大大降低了 CO_2 当量的总排放量。

10.5 结论与建议

本章主要讨论了来源于动物粪便、生活和工业废水及污泥处理过程中潜在的 CH_4。这里讨论世界范围内 CH_4 生产、回收及再利用的优化问题。

10.5.1 动物粪便

早在1980年代的荷兰,人们就发现了在畜肥消化器中 CH_4 的产量会减少,并认为这是预储存粪肥消化的结果(Zeeman et al,1985)。在许多能够容纳超过100天粪肥的存储装置,特别是大型存储容器中,很难避免 CH_4 排放的发生。存储温度、存储时间和种菌的存在(即清空存储装置后粪肥的残余物)是决定粪肥存储装置中 CH_4 释放量的三个关键因素(Zeeman,1994)。当粪肥作为唯一的底物进行消化时,必须是完全新鲜的从而确保最大的沼气产量。如今,联合消化的使用更为频繁,其副产品对沼气产生的贡献占最大比例,并可以减少对新鲜粪肥输入的要求。除了在预存储阶段会有 CH_4 排放发生外,在后存储阶段也会发生。在30℃条件下,CSTR反应器中新鲜的猪粪经过20天的停留时间进行消化后,其在10~15℃条件下的后存储阶段所产生的额外 CH_4 量可达到总产量的23%(Zeeman,1994)。联合消化会导致输入物料的组成和浓度的变化,导致厌氧消化池中有机负荷的变化。这些变化会对沼渣的稳定性产生负面影响,从而导致后存储

阶段 CH_4 排放增加[取决于消化器中采用的水力停留时间(hydraulic retention time, HRT)]。

通过对沼渣存储容器进行气密性覆盖，可避免后存储阶段 CH_4 的排放。近来，许多沼气工厂已经在后存储罐中安装了气体收集系统(Angelidaki et al, 2005)。1980 年代的荷兰和瑞士，对联合存储/消化(积累)系统中的低温消化进行了大量研究，该方法有助于使本系统内的其他消化达到最优，同时解决预存储和后存储阶段的 CH_4 排放问题(Wellinger and Kaufmann, 1982; Zeeman, 1991)。

据报道，对底物混合物采用后消化作用可提高沼气产量(Boea et al, 2009)。在 55 ℃、37 ℃和 15 ℃以及 HRT 均为 5.3 天的条件下，后消化过程中使用牛粪、猪粪和工业废物进行混合，其相应沼气产量分别会增加 11.7%、8.4% 和 1.2%。长期存储经常是无法避免的，就现场消化而言，经覆盖的后存储装置要比后消化更有效。如丹麦所采用的集中消化，由于土地价格通常较高，会采用短期后存储。为防止随后的农场长期存储过程中 CH_4 的排放(见图 10.4)，同时增加 CH_4 的回收，Boea 等(2009)建议后消化过程中提升温度可能是一种有效的选择。

10.5.2 废水

每人每年排放的生活污水产生/排放 CH_4 的潜力约为 14 m^3。所采用的收集、运输和处理方法将会决定 CH_4 回收可用于生产能源的程度，决定 CH_4 是否将部分排放，同时还决定是否用 CO_2 来代替 CH_4。虽然可控厌氧处理是个挑战，但是它很有可能成为减少能源使用和增加能源生产的重要技术，同时减少了 CO_2 当量排放(Aiyuk et al, 2006)。

生活污水的厌氧处理常常应用于热带地区，而在高纬度地区其使用比较罕见。较低的营养物质去除率及较高的 CH_4 溶解度是低温厌氧处理的两个不利条件。最新开发的营养物质去除技术，如 CH_4 的厌氧氨氧化和反硝化处理(Strous and Jetten, 2004)，使未来低温生活污水处理的应用成为可能。最近的研究发现，CH_4 的直接厌氧氧化并联合硝酸盐的反硝化作用是可能的(Raghoebarsing et al, 2006)。将来微生物转化过程的应用可同时解决两个问题，即生活污水经低温厌氧处理后，可同时去除出水中高溶解性的 CH_4 并降低含氮量。

另一种可能的方法是从源头处分离生活污水，随后以社区为基础，在提升温度的条件下，对浓缩污水及厨余垃圾采用现场厌氧处理，从而产生能量(盥洗废水单独处理)。德国和荷兰目前已有了成功的案例(Otterpohl et al, 1999; Zeeman et al, 2008)。世界范围内，特别是农村地区，常常就地设化粪池用于处理生活污水，这类情况下产生的 CH_4 一般不能回收利用或是作为能源资源使用。大量的化粪池系统可通过改进成为 UASB 式化粪池运行，这样可提高运行效率及沼气的产量(Lettinga et al, 1993)。实际上，通过将生活污水和厨余垃圾添加到 UASB 式化粪池中，可产生供约 60% 的烹饪所需能源的沼气(Zeeman and Kujawa, 未发表结果)。

1970 年代中期，工业废水的高效厌氧处理首先大规模应用于荷兰的制糖业。从那时起，这项技术发展成为各行各业工业废水处理的标准方法(Frankin, 2001)。对于工业废水，需采用厌氧氨氧化和其他有机物去除工艺以进一步提高废水处理效率。除了应用厌氧处理产生能源外，许多行业对封闭水和资源循环越来越有兴趣。重新安排行业中的传统水循环比单独"增加"水资源有很多优势。荷兰工业优化水利用的主要驱动力与下列因素有关(vanLier and Zeeman, 2007):

- 原材料的优化利用(低损耗);
- 优化能源利用率,加热地表水和地下水到生产温度约需 4.2 MJ ℃$^{-1}$ m^{-3} 的能量,如果生产过程中废水经处理后重新利用,将获得巨大的能源效益;
- 减少与取水税收相关的费用并减少饮用水/工业用水的成本;
- 减少废水运输和处理的成本。

本章讨论了许多有关来源于废水和粪肥的 CH$_4$ 排放问题。很明显,可采取不同的措施提高可控 CH$_4$ 的产生,或减缓 CH$_4$ 的无意排放。无论是从能源角度,还是从温室气体排放方面,CH$_4$ 的回收再利用都是很重要的。因此,如果没有好的方法利用,任何形式释放的 CH$_4$ 至少要燃排,更好的方式当然是用作能源生产。最后,当务之急是解决工业和城市废水处理在发展中国家的应用仍然比较少的问题:例如在亚洲实施废水处理的国家约占 35%,拉丁美洲约占 14% (WHO/UNICEF,2000)。这种情况给数百万本已面临严重水资源危机的人们带来了更大的威胁(van Lier and Zeeman,2007)。

参 考 文 献

Aiyuk, S., Forrez, I., De Kempeneer, L., van Haandel, A. and Verstraete, W. (2006) 'Anaerobic and complementary treatment of domestic sewage in regions with hot climates – A review', *Bioresource Technology*, vol 97, pp2225-2241

Amon, T., Amon, B., Kryvoruchko, V., Zollitsch, W., Mayer, K. and Gruber, L. (2007) 'Biogas production from maize and dairy cattle manure: Influence of biomass composition on the methane yield', *Agriculture, Ecosystems & Environment*, vol 118, pp173-182

Angelidaki, I., Boe, K. and Ellegaard, L. (2005) 'Effect of operating conditions and reactor configuration on efficiency of full-scale biogas plants', *Water Science & Technology*, vol 52, pp189-194

Angelidaki, I., Heinfelt, A. and Ellegaard, L. (2006) 'Enhanced biogas recovery by applying post-digestion in large-scale centralized biogas plants', *Water Science & Technology*, vol 54, pp237-244

Blackburn, J. W. and Cheng, J. (2005) 'Heat production profiles from batch aerobic thermophilic processing of high strength swine waste', *Environmental Progress*, vol 24, pp323-333

Boea, K., Karakasheva, D., Trablyb, E. and Angelidaki, I. (2009) 'Effect of post-digestion temperature on serial CSTR biogas reactor performance', *Water Research*, vol 43, pp669-676

Braun, R. (2007) 'Anaerobic digestion: A multi-faceted process for energy, environmental management and rural development', in P. Ranalli (ed) *Improvement of Crop Plants for Industrial End Uses*, Springer Verlag, pp335-416

Buswell, A. M. and Neave, S. L. (1930) *Laboratory Studies of Sludge Digestion*, Bulletin no. 30., Division of the State Water Survey, Urbana, Illinois

de Mes, T. D. Z., Stams, A. J. M., Reith, J. H. and Zeeman, G. (2003) 'Methane production by anaerobic digestion of wastewater and solid wastes', in J. H. Reith, R. H. Wijffels and H. Barten (eds) *Bio-methane and Bio-hydrogen: Status and Perspectives of Biological Methane and Hydrogen Production*, Dutch Biological Hydrogen Foundation, Energy Research Centre of The Netherlands, pp58-102

Draaijer, H., Maas, J. A. W., Schaapman, J. E. and Khan, A. (1992) 'Performance of the 5 MLD UASB reactor for sewage treatment at Kanpur, India', *Water Science & Technology*, vol 25, pp123-133

El-Fadel, M. and Massoud, M. (2001) 'Methane emissions from wastewater management', *Environmental Pollution*, vol 114, pp177-185

El-Mashad, H. E. H. (2003) 'Solar Thermophilic Anaerobic Reactor (STAR) for renewable energy production', PhD thesis, Wageningen University, Wageningen, The Netherlands

Elmitwally, T. A., Soellner, J., de Keizer, A., Bruning, H., Zeeman, G. and Lettinga, G. (2001) 'Biodegradability and change of physical characteristics of particles during anaerobic digestion of domestic sewage', *Water Research*, vol 35, pp1311-1317

FNR (Fachagentur Nachwachsende Rohstoffe) (2005) *Handreichung biogasgewinnung und nutzung*, Fachagentur Nachwachsende Rohstoffe, Gülzow

Frankin, R. (2001) 'Full-scale experiences with anaerobic treatment of industrial wastewater', *Water Science and Technology*, vol 44, no 8, pp1-6

Han, Y. and Dague, R. R. (1997) 'Laboratory studies on the temperature-phased anaerobic digestion of domestic primary sludge', *Water Environment Research*, vol 69, pp1139-1143

Haskoning (1996) *MLD UASB Treatment Plant in Mirzapur, India*, Evaluation report on process performance, Haskoning Consulting Engineers and Architects, Nijmegen, The Netherlands

IEA (International Energy Agency) (2001) *Biogas and More! Systems and Markets Overview of Anaerobic digestion*, IEA, Paris

IPCC (Intergovernmental Panel on Climate Change) (2006a) 'Waste generation, composition and management data', in J. Wagener Silva Alves, Q. Gao, S. G. H. Guendehou, M. Koch, C. Lopez Cabrera, K. Mareckova, H. Oonk, E. Scheehle, A. Smith, P. Svardal and S. M. M. Vieira (eds) *2006 IPCC Guidelines for National Greenhouse Gas Inventories*, Institute for Global Environmental Strategies, Kanagawa, Japan, pp2.1-2.24

IPCC (2006b) 'Solid waste disposal', in J. Wagener Silva Alves, Q. Gao, C. Lopez Cabrera, K. Mareckova, H. Oonk, E. Scheehle, C. Sharma, A. Smith and M. Yamada (eds) *2006 IPCC Guidelines for National Greenhouse Gas Inventories*, Institute for Global Environmental Strategies, Kanagawa, Japan, pp3.1-3.40

IPCC (2006c) 'Biological treatment of solid waste', in J. Wagener Silva Alves, Q. Gao, C. Lopez Cabrera, K. Mareckova, H. Oonk, E. Scheehle, C. Sharma, A. Smith, P. Svardal and M. Yamada (eds) *2006 IPCC Guidelines for National Greenhouse Gas Inventories*, Institute for Global Environmental Strategies, Kanagawa, Japan, pp4.1-4.8

IPCC (2006d) 'Wastewater treatment and discharge', in M. R. J. Doorn, S. Towprayoon, S. M. Manso, W. Irving, C. Palmer, R. Pipatti and C. Wang (eds) *2006 IPCC Guidelines for National*

Greenhouse Gas Inventories, Institute for Global Environmental Strategies, Kanagawa, Japan, pp6.1–6.28

Kampschreur, M. J., Temmink, H., Kleerebezem, R., Jetten, M. S. and Loosdrecht, M. C. M. v. (2009) 'Nitrous oxide emission during wastewater treatment', *Water Research*, doi:10.1016/j.watres.2009.03.001

Kim, J., Park, C., Kim, T.-H., Lee, M., Kim, S., Kim, S.-W. and Lee, J. (2003) 'Effects of various pretreatments for enhanced anaerobic digestion with waste activated sludge', *Journal of Bioscience and Bioengineering*, vol 95, pp271–275

Kujawa-Roeleveld, K. and Zeeman, G. (2006) 'Anaerobic treatment in decentralised and source-separation-based sanitation concepts', *Reviews in Environmental Science and Bio/Technology*, vol 5, pp115–139

Lehr, J. H., Keeley, J. and Lehr, J. (2005) *Water Encyclopedia: Domestic, Municipal, and Industrial Water Supply and Waste Disposal*, J. Wiley and Sons, New York

Lettinga, G. (1995) 'Anaerobic digestion and wastewater treatment systems', *Antonie van Leeuwenhoek*, vol 67, pp3–28

Lettinga, G., de Man, A., Grin, P. and Hulshof Pol, L. (1987) 'Anaerobic wastewater treatment as an appropriate technology for developing countries', *Tribune Cebedeau*, vol 40, pp21–32

Lettinga, G., de Man, A., van der Last, A. R. M., Wiegant, W., Knippenburg, K., Frijns, J. and van Buuren, J. C. L. (1993) 'Anaerobic treatment of domestic sewage and wastewater', *Water Science & Technology*, vol 27, pp67–73

Lexmond, M. J. and Zeeman, G. (1995) *Potential of Controlled Anaerobic Wastewater Treatment in Order to Reduce the Global Emissions of the Greenhouse Gases Methane and Carbon Dioxide*, NRP, Bilthoven

Maaskant, W., Magelhaes, C., Maas, J. and Onstwedder, H. (1991) 'The upflow anaerobic sludge blanket (UASB) process for the treatment of sewage', *Environmental Pollution*, vol 1, pp647–653

Melse, R. W. (2003) 'Methane degradation in a pilot-scale biofilter for treatment of air from animal houses and manure storages', *Agrotechnology and Food Innovations*, report no 2003-16, 193pp

Metcalf & Eddy Inc. (1991) *Wastewater Engineering: Treatment, Disposal, and Reuse*, McGraw-Hill International Editions, New York

Monroy, O., Fama, G., Meraz, M., Montoya, L. and Macarie, H. (2000) 'Anaerobic digestion for wastewater treatment in Mexico: State of technology', *Water Research*, vol 34, pp1803–1816

Monteny, G. J. and Bannink, A. (2004) 'Main principles for greenhouse gas abatement strategies for animal houses, manure storage and manure treatment', *Proceedings of the International Conference on GHG Emissions from Agriculture: Mitigation Options and Strategies*, Leipzig, Germany, February 2–4, pp38–42

Otterpohl, R., Albold, A. and Oldenburg, M. (1999) 'Source control in urban sanitation and waste management: Ten systems with reuse of resources', *Water Science & Technology*, vol 39, pp53–60

Pabon Pereira, C. P. (2009) 'Anaerobic digestion in sustainable biomass chains', PhD thesis,

Wageningen University, Wageningen, The Netherlands

Pokhrel, D. and Viraraghavan, T. (2004) 'Treatment of pulp and paper mill wastewater – a review', *Science of the Total Environment*, vol 333, pp37–58

Prescott, L. M., Harley, J. P. and Klein, D. A. (2002) *Microbiology*, McGraw Hill, Boston, USA

Raghoebarsing, A. A., Pol, A., van de Pas-Schoonen, K. T., Smolders, A. J., Ettwig, K. F., Rijpstra, W. I., Schouten, S., Sinninghe-Damste, J., Op den Camp, H. J., Jetten, M. S. and Strous, M. (2006) 'A microbial consortium couples anaerobic methane oxidation to denitrification', *Nature*, vol 440, pp918–921

Schellinkhout, A. and Collazos, C. J. (1992) 'Full scale application of the UASB technology for sewage treatment', *Water Science & Technology*, vol 25, pp159–166

Schellinkhout, A., Lettinga, G., van Velsen, L. and Louwe Kooijmans, J. (1985) 'The application of UASB reactor for the direct treatment of domestic wastewater under tropical conditions', *Proceedings of the Seminar-Workshop on Anaerobic Treatment of Sewage*, Amherst, USA, pp259–276

Seghezzo, L., Zeeman, G., van Lier, J. B., Hamelers, H. V. M. and Lettinga, G. (1998) 'A review: The anaerobic treatment of sewage in UASB and EGSB reactors', *Bioresource Technology*, vol 65, pp175–190

Smith, P., Martino, D., Cai, Z., Gwary, D., Janzen, H., Kumar, P., McCarl, B., Ogle, S., O'Mara, F., Rice, C., Scholes, B. and Sirotenko, O. (2007) 'Agriculture', in B. Metz, O. R. Davidson, P. R. Bosch, R. Dave and L. A. Meyer (eds) *Climate Change 2007: Mitigation. Contribution of Working Group III to the Fourth Assessment Report of the Intergovernmental Panel on Climate Change*, Cambridge University Press, Cambridge and New York

Sommer, S. G., Pederson, S. O. and Møller, H. B. (2004) 'Algorithms for calculating methane and nitrous oxide emissions from manure management', *Nutrient Cycling in Agroecosystems*, vol 69, pp143–154

Steinfeld, H., Gerber, P., Wassenaar, T., Castel, V., Rosales, M. and de Haan, C. (2006) 'Livestock's long shadow', *Environmental Issues and Options*, Food and Agriculture Organization of the United Nations, Rome

Strous, M. and Jetten, M. S. M. (2004) 'Anaerobic oxidation of methane and ammonium', *Annual Reviews in Microbiology*, vol 58, pp99–117

Tanaka, S., Kobayashi, T., Kamiyama, K. and Signey Bildan, M. L. N. (1997) 'Effect of thermochemical pretreatment on the anaerobic digestion of waste activated sludge', *Water Science & Technology*, vol 35, pp209–215

US EPA (US Environmental Protection Agency) (2002) *Greenhouse Gases and Global Warming Potential Values*, US Greenhouse Gas Inventory Program Office of Atmospheric Programs US Environmental Protection Agency, Washington, DC

US EPA (2006) *Global Mitigation of Non-CO_2 Greenhouse Gas*, United States Environmental Protection Agency, Washington DC

van Lier, J. B. and Zeeman, G. (2007) 'Water and the sustainable use of an "abundant" resource', in *Environmental Technology, Changing Challenges in a Changing World*, Farewell Symposium of Wim H. Rulkens, Wageningen, The Netherlands

van Lier, J. B., Mahmoud, N. and Zeeman, G. (2008) 'Anaerobic wastewater treatment', in M. Henze, M. C. M. van Loosdrecht, G. A. Ekama, and D. Brdjanovic (eds) *Biological Wastewater Treatment Principles: Modelling and Design*, IWA Publishing, London, pp415-457

van Velsen, A. F. M. (1981) 'Anaerobic digestion of piggery waste', PhD thesis, Wageningen University, Wageningen, The Netherlands

VROM (Ministerie van Volkshuisvesting, Ruimtelijke Ordening en Milieu; Ministry of Housing, Spatial Planning and the Environment) (2008a) 'Protocol 8127 Pensfermentatie rundvee t.b.v. NIR 2008. 4A: CH4 ten gevolge van pens-en darmfermentatie', VROM, Den Haag

VROM (2008b) 'Protocol 8130 Mest CH_4 t.b.v. NIR 2008. 4B CH_4 uit mest', VROM, Den Haag

Wellinger, A. and Kaufmann, R. (1982) 'Psychrophilic methane generation from pig manure', *Process Biochemistry*, vol 17, pp26-30

WHO/UNICEF (World Health Organization/ United Nations Children's Fund) (2000) *Global Water Supply and Sanitation Assessment*, WHO and UNICEF, Geneva

Zeeman, G. (1991) 'Mesophilic and psychrophilic digestion of liquid manure', PhD thesis, Agricultural University, Wageningen, The Netherlands

Zeeman, G. (1994) 'Methane production/emission in storages for animal manure', *Fertilizer Research*, vol 37, pp207-211

Zeeman, G., Treffers, M. E. and Halm, H. D. (1985) 'Laboratory and farmscale anaerobic digestion in The Netherlands', in B. F. Pain and R. Hepherd (eds) *Anaerobic Digestion of Farm Wastes*, Technical Bulletin 7, pp135-140

Zeeman, G., Kujawa, K., de Mes, T., Hernandez, L., de Graaff, M., Abu-Ghunmi, L., Mels, A., Meulman, B., Temmink, H., Buisman, C., van Lier, J. and Lettinga, G. (2008) 'Anaerobic treatment as a core technology for energy, nutrients and water recovery from source-separated domestic waste(water)', *Water Science & Technology*, vol 57, pp1207-1212

第 11 章

垃 圾 填 埋

Jean E. Bogner and Kurt Spokas

11.1 前言与背景

  垃圾填埋场产生的甲烷约占全球人为温室气体排放的 1.3%（每年 0.6 Gt CO_2 当量），全球人为温室气体总量为 49 Gt（Monni et al,2006；US EPA,2006；Bogner et al,2007；Rogner et al,2007）。对于长期进行垃圾填埋处理的国家来说，垃圾填埋是较大的人为甲烷来源之一。例如，美国的垃圾填埋场近年来成为甲烷的第二大来源，仅次于反刍动物（US·EPA，2008）。总体上说，发达国家垃圾填埋场的甲烷释放正在逐渐减少（Deuber et al,2005；EPA,2008）。由于 CH_4 有较高的全球增温势，且在大气中的寿命相对较短，约为 12 年（Forster et al, 2007），因此许多国家将减少垃圾填埋产生的 CH_4 设为目标，并作为稳定和减少大气中甲烷浓度的举措之一。从历史发展来看，许多国家从 1975 年开始就将垃圾填埋场产生的甲烷气体进行商业恢复和利用，为当地提供一种可再生的能源。在许多发达国家和发展中国家，垃圾填埋和其他废弃物的管理受到高度监管，因此相关的温室气体释放也就受到了公众的监督，包括现有的和不断发展的标准、规划、能源相关的和财政的机制，影响着当地、区域、国家和国际水平的废物处理活动。

  垃圾填埋所产生甲烷的传输与释放的潜在机制包括扩散（由浓度梯度驱动的气体通量）、水平对流（简称平流，因压力梯度产生的气体通量）、起泡（通过液相产生的气泡通量）以及通过植物维管系统产生的通量（植物介导的运输）。与其他土壤和湿地生态系统相似的是，扩散是垃圾填埋场甲烷释放的主要机制，伴随着周期性的平流过程、风驱平流和起泡的影响。以前的研究已经指出由风生平流（Poulsen,2005）和气压改变引起的平流（Latham and Young,1993；Kjeldsen and Fischer,1995；Nastev et al, 2001；Christophersen and Kjeldsen, 2001；Christophersen et al, 2001；McBain et al,2005；Gebert and Gröngröft, 2006）。在美国东北几个站点的联合研究中，Czepiel 等（2003）发现垃圾填埋产生的甲烷与气压之间存在非常强的逆线性关系（inverse linear relationship），这在之后的研究中并没有得到重复验证。在许多研究中，这些相关性较弱（$r^2 <$ 0.50，如 McBain et al,2005 的研究），说明大气压力变化并非影响排放的主要因素。人们通常认

为正常的气压变化在一天中的效果趋向于零。Gebert 和 Gröngröft(2006)的研究发现被动垃圾填埋场生物滤池(passive landfill biofilter system)中压力的变化与气体释放之间的倒数关系,生物滤池中不断上升的气压将导致通量逆转,大气中的空气渗透到垃圾填埋场。在垃圾填埋场一些压力梯度能够形成的特定区域是低于饱和覆被土壤的(Bogner et al,1987),或者在复合土工膜覆盖(geomembrane composite covers)之下。在饱和表面条件下,考虑起泡通量机制也非常重要,特别是在垃圾填埋场足迹区边缘尤其如此。植物介导的运输机制也可能影响所观测的通量,但这些影响在垃圾填埋中还未进行广泛研究。

减少垃圾填埋甲烷释放最重要的一项策略是安装采用竖井或横向收集器的工程气体提取系统。收集的垃圾填埋气体(含 60% 的甲烷)可成为当地重要的可再生能源来源,用于工业或商业锅炉提供过程加热,为现场使用内燃机或燃气涡轮机发电提供能源,或者加工成为天然气(去除二氧化碳及微量成分)的替代品。在发展中国家,其建设的垃圾填埋场没有工程单元、日常和最后的覆盖材料,以及用于液态和气态的工程控制系统,要构建有效的垃圾填埋气体回收系统是一个重大的挑战。在大多数情况下,需要考虑和附加覆盖材料。

除了垃圾填埋气体的回收,通过覆盖材料的厚度、组成、含水量和甲烷活性的联合效应,也能减少甲烷的排放。因此,这两个物理过程(甲烷传输率的减少;滞留时间的增加)和生化过程(有氧甲烷氧化率)以级联的方式减少了甲烷的排放。氧化速率依赖于覆盖层的甲烷总通量速率(主要由气体回收系统所决定)、覆盖层中甲烷的存留时间、来自大气的氧气扩散、土壤湿度、温度以及其他影响土壤中微生物活动的变量。甲烷排放以及其他如芳香烃和低氯化合物的碳氢化合物排放,可通过优化垃圾填埋覆盖土层中甲烷微生物的活动来减少(Scheutz et al,2003,2008;Barlaz et al,2004;Bogner et al,2010)。

这里我们通过强调垃圾填埋场甲烷排放和氧化的现场检测、排放与氧化的模拟,以及当前的趋势,以此来更新和补充以前的观点(Barlaz et al,1990;Christensen et al,1996;Bogner et al,1997b;Scheutz et al,2009)。我们不会广泛审查垃圾填埋区的生源甲烷产量,因为这个过程与其他开放性生态环境在基质、氧化还原性、营养、pH、毒素和微生物通路等方面都非常相似(参见第 2 章)。与围填区的一个区别是有机碳基质的复杂性,包括法规和当地废物管理规范所允许的任何物质。有关垃圾填埋场甲烷排放速率和抑制的详细信息,请参阅 Halvadakis 等(1983)和 Barlaz 等(1989a,1989b,1990)的文章。在所有情况下,厌氧分解会导致生物甲烷的产生,是由水解微生物、发酵微生物、产酸和乙酸微生物等介导的一系列复杂反应的最终一步。垃圾填埋场甲烷稳定的碳氢同位素信号(Bogner et al,1996)说明在垃圾填埋场环境中两种生物甲烷的产生途径(发酵/乙酸分解作用和氢气对二氧化碳的还原作用)都非常重要(Harris et al,2007)。为数不多的野外和实验室的数据表明,高温和竞争反应可抑制甲烷生成,导致垃圾填埋场富集更多的氢气和二氧化碳。此外,大量硫酸盐(特别是固体建筑垃圾中粒度细小的石膏板)的存在可以通过硫酸盐还原作用产生硫化氢(如 Fairweather and Barlaz,1998;Lee et al,2006)。

一般来说,虽然在发达国家和发展中国家都有多种不同的垃圾填埋场设计方案和操作实践,垃圾填埋场产生甲烷的过程可以认为是介乎两种情境之间的中间过程(Bogner and Lagerkvist,1997):① 湿地和土壤的开放式产甲烷系统(例如 Segers,1998);② 用于厌氧消化的高度受控"容器内"优化系统(例如 D'Addario et al,1993)。与生态系统和地质环境中有机物质不受控制的厌氧填埋相比,垃圾填埋场的厌氧途径正迅速发展起来,每天都有大量增加(数十吨到数千吨)并成为降解有机碳基质的普遍方式。如下面所讨论的,由于垃圾填埋场表层覆盖土壤中的甲烷排放和氧化速率可以在 6~7 个数量级之间变化,因此垃圾填埋场的文献扩展了以前所公布的土壤、湿地和其他生态系统速率的动态变化范围,达到"掩埋式"(in-ground)工程产甲烷系统更极端的条件。此外,由于氧化速率和向大气中的"净"排放率有较高的空间和时间变化,因此在垃圾填埋场环境中进行测量并对这些动态过程建模是一项重大的挑战。另外,相比于为厌氧消化进行了优化的"容器内"系统,垃圾填埋是一种在较少控制条件下相对低效的处理方式(例如 Pohland and Al-Yousfi,1994;Vieitez and Ghosh,1999)。

在垃圾填埋场中每摩尔甲烷的产生有几种可能的途径。这些途径可以归纳为如下的质量平衡框架(Bogner and Spokas,1993)(其中所有的单位=质量/时间):

$$CH_4产量 = CH_4回收量 + CH_4排放量 + 横向 CH_4转移量 + CH_4氧化量 + \Delta CH_4储存量 \quad (15)$$

因此,垃圾填埋场中产生甲烷的相关途径包括通过工程系统获取燃排或作为可再生能源资源使用;在排向大气之前由覆盖层土壤的好氧嗜甲烷微生物氧化;"净"排放到大气中;在地下进行横向转移(特别是无密封的垃圾填埋区);在垃圾填埋场的临时内部空间存储。接下来要讨论的是,我们对于"净"排放的理解,包括近年来已得到改善的其他途径,这采用了多种技术并整合了野外与实验室测量项目的结果。

11.2 垃圾填埋甲烷排放量的野外测量与甲烷氧化的实验室/野外测量

与过去二十年在湿地、土壤和粮食生产系统中的甲烷排放与氧化不同,并没有针对垃圾填埋场甲烷排放的综合性区域野外处理方案。在很大程度上,由于垃圾填埋场在地面的分布很分散,所以到目前为止,人们主要关注特定区域的野外处置问题,很少考虑不同季节和年份。根据之前的文献总结,大多数小尺度测量所得的甲烷排放速率差异可达 7 个数量级,变化范围从 0.000 4 g CH_4 m^{-2} d^{-1} 直至大于 4 000 g CH_4 m^{-2} d^{-1} (Bogner et al,1997b 及其中引用的参考文献)不等。Scheutz 等(2009)报道的最大排放量为 1 755 g CH_4 m^{-2} d^{-1}。到目前为止,有关垃圾填埋的研究也报道过负通量(吸收大气中的甲烷),有 6 个数量级的差异,从 -0.000 025 到 -16 g m^{-2} d^{-1} 不等(Bogner et al,1997b;Scheutz et al,2009 及其中引用的参考文献)。用于野外测量垃圾填埋场甲烷排放的技术包括:① 地表分析技术(静态箱法和动态箱法);② 地面微气象学技术(涡流相关、质量平衡),遥感技术(激光雷达、可调谐二极管激光),以及静态/动态示踪技术;③ 地下剖面技术(浓度廓线)。之前 Bogner 等(1997b)、Scheutz 等(2009)及其中引用的文献和其他引用的参考资料对垃圾填埋场所应用的各种技术优缺点进行了总结。一般而言,考察特定技术在特定区域的限制非常重要,包括考虑相邻场地不同覆盖材料(日常覆盖材料、中期覆盖材料和终场覆盖材料)排放信号的变化、地形复杂性、不同的坡度和当地的气象状态。通常推荐采用两个或多个技术联用,比如对整个垃圾填埋场各单元的排放来说,可采用静态箱法这样的地表监测技术(来表现各单元排放量的变化情况)。

到目前为止已发表的数据表明,通常各位点的排放率在短距离内(米)的空间变化幅度可达

2~4个数量级。从小空间尺度来看,垃圾填埋场相当普遍地存在一些排放增加的"热点"区域以及一些产生负排放的点(图11.1)。因此,小尺度箱式法测定的结果必须采用地统计学方法才能确定整个垃圾填埋场的通量(如 Graff et al,2002;Spokas et al,2003;Abichou et al,2006a)。一般,垃圾填埋场地面的排放量非常小,没有什么空间结构,这在分析半方差模型中已经得到体现(Graff et al,2002;Spokas et al,2003)。大多数情况下,推荐用反距离加权(inverse distance weighting,IDW)从箱式法结果进行插值推导出地区排放量,这是因为缺乏其他克立格(kriging)方法的前提条件——空间结构(Abichou et al,2006a;Spokas et al,2003)。然而,大量的箱式法测量必须充分考虑空间变化(Webster and Oliver,1992),这也体现了全站点分析所面临的挑战。使用替代变量(比地表箱式法测量更简单)可通过协同克立格法(co-kriging)提供机理分析。如果一个站点的替代变量和相应的排放(例如,Ishigaki et al,2005)能够建立稳定而可靠的联系,就能够改善对排放的估算。目前,协同克立格法还需得到进一步验证。

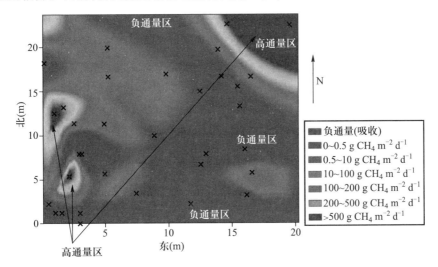

图 11.1　用静态箱法测定南加利福尼亚州垃圾填埋场一个中间覆盖区域甲烷释放的空间变异性
注:注意在接近(<5 m)负甲烷通量处(大气甲烷被吸收了)的正 CH_4 通量高值。
来源:作者未发表数据。

对"热点"(图11.1)的解释包括局部区域上的薄覆盖层、接口处的泄漏(垃圾填埋场足迹的边缘、需要维护的气体管道系统的局部释放)、大空隙的形成(例如,动物打洞或干裂形成的空隙),以及因废弃物的非匀质性、坡度、渗透性以及分解速度的变化所导致的沉降差。例如,一般在美国,这种零星的释放位置在常规地表甲烷浓度监测中已经被确定下来,然后通过后续的维护行动进行减缓。运用遥感(热成像)反映甲烷释放受到抑制的图像已经部分获得了成功(例如,Zilioli et al,1992;Lewis et al,2003)。欧洲、美国和南非报道了全垃圾填埋场的 CH_4 排放,其测量也主要依赖于箱式法,为 $0.1\sim1.0\ t\ CH_4\ ha^{-1}\ d^{-1}$,涉及一个数量级的变化(Nozhevnikova et al,1993;Hovde et al,1995;Czepiel et al,1996a;Börjesson,1997;Mosher et al,1999;Trégourès et al,1999;Galle et al,2001;Morris,2001)。

在过去5年中,通过在同一站点使用多种技术,以及在多个站点对这些技术的使用进行比较,增加了我们对垃圾填埋场甲烷排放速率的理解。此外,正如我们随后将讨论的,近来一些关于多个"地表"技术协同开发的研究也凸显了技术的局限性,这些技术主要是针对均匀的地形,相对不变的气象,以及比垃圾填埋场具有更小极端时间空间变化的释放源。

法国的 3 个填埋场耗时数年的研究,涉及使用不同覆盖材料和管理方式的 9 个垃圾填埋单元中完整的甲烷质量平衡(公式 15)中野外尺度的测量(Spokas et al,2006,以及其中所引用的参考文献)。图 11.2 根据这 9 个站点模拟出垃圾填埋场的气体产生情况,并与实测的气体回收和实测的排放(使用烟流示踪方法和动态气室)进行了比较。需要注意的是,生成和回收之间有显著的线性关系(8 个站点有活性气体萃取),但是生成与排放之间并没有什么关系,释放量的残差有好几个数量级的变化。通过结合集约的实地测量,实验室研究的支撑和建模,发现法国的几个站点有很高的甲烷回收。例如,法国东部的巴尔斯河畔蒙特勒伊(Montreuil-sur-Barse)(特鲁瓦附近)采用活性气体萃取系统,只有 1%~2% 的甲烷被排放出来,约 97% 的甲烷被回收了。在拉普伊阿德(Lapouyade)(法国西南部的波尔多附近),两个具有工程气体回收的单元至少有 94% 的甲烷被回收,但没有回收单元的那些填埋场,就会产生 92% 的甲烷排放(Spokas et al,2006)。因此,通过结合集约的实地测量、实验室研究和建模,在现场记录到了甲烷的高回收。对于不同管理策略,需要进行额外的质量平衡研究来加强我们对各种气候模式中现场尺度中一些过程的理解。

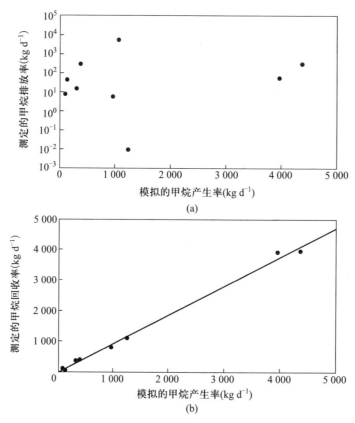

图 11.2　法国东北部、西部和西南部 9 个全垃圾填埋单元中,(a) 测定的甲烷排放率与模拟的甲烷产生率的比较;以及(b) 测定的甲烷回收率与模拟的甲烷产生率的比较

注:测定的甲烷回收率与模拟的甲烷产生率吻合得很好,而测定的排放率与模拟的产生率之间吻合不好。
来源:基于 Spokas et al(2006)的数据。

2007年10月,在法国西南部的拉普伊阿德填埋场完成了对5个地表技术的直接比较(Babillotte et al,2008)。另外,在这个工作期间,还选择了一个没有垃圾填埋的地区用这些技术进行了甲烷释放通量速率的盲测试验并进行了评估。上述5个技术是:① 由 ARCADIS 美国公司开展的垂直径向烟流映射(VRPM)和水平径向烟流映射(HRPM);② 由英国国家物理实验室(NPL)开展的差分吸收激光雷达(DIAL);③ 由荷兰能源研究中心(ECN)开展的动态和静态烟流法;④ 法国国家工业环境和风险研究院(INERIS)开展的车载光谱测量的反演模拟;⑤ 瑞士 PERGAM 公司开展的机载激光甲烷评估(ALMA),这是一个以直升机为平台的光谱测量方法。但是,ALMA/PERGAM 方法并不能得到通量的定量测量结果。一般来说,NPL 和 ARCADIS 的方法独立地从四个单元测量释放量,各自得到的全局释放量为 $12.8\pm2.9/s$ 和 25.2 ± 2.4 g/s。ECN 方法得到的甲烷全站点动态和静态的烟流结果分别为 $41\pm17/s$ 和 83 ± 36 g/s,而 INERIS 方法得到的全站通量为 167.2g/s。此外,在垃圾填埋场足迹上 100 m^2 的范围所进行盲测试验的甲烷排放量为 0.5 g/s。这些方法(依据各方法所检测的实际排放速率的百分数)的比较如下:NPL(-54%),ARCADIS(+78%),ECN(+240% ~ +360%)和 INERIS(+200% ~ +300%)。两个高斯扩散法(ECN 和 INERIS)很明显高估了排放量。首先,这些结果表明垃圾填埋场排放测量的复杂性(邻近单元之间的释放变化)和 4 种测量方法之间的一些系统差异。总的来说,到目前为止在垃圾填埋场甲烷释放的野外测量中,还没有找到一个普遍适用且部署明确的方法。

在 2008 年 9 月末和 10 月初,美国的威立雅环境服务公司(VES)和废物管理公司(WMX)共同合作,综合比较了美国东南部威斯康星州两个毗邻的垃圾填埋场:WMX 地铁站和 VES 绿宝石公园(Babillotte et al,2009)。在两个填埋场的多个地区使用了数种技术手段测量甲烷排放,这些技术包括:① 佛罗里达大学和垃圾填埋公司(Landfills Plus Inc)的 WMX 的静态箱法;② 芬兰气象研究所的微气象学方法(涡度协方差技术);③ WMX 与美国 ARCADIS 公司合作的 VRPM 法;④ 英国国家物理实验室的 DIAL 法;以及⑤瑞典 FLUXSENSE 遥感技术探测公司与查尔姆斯理工大学[①]合作采用的便携式傅里叶变换红外(FTIR)光谱仪所开展的移动烟流法。此外,在毗邻的两个非垃圾填埋区所进行的一系列甲烷排放速率盲测试验用于评估方法③~⑤的性能。在整个 300 m × 500 m 的区域内选择占地 40 m × 40 m 作为 CH_4 释放监测区域。这块区域的地形(平坦均匀)和气象条件(风速稳定,垃圾填埋场的气体源对这里无影响)有利于监测。本章内容中,只有对照组的释放结果被发表过(Babillotte et al,2009)。在午间时段(9:00—14:00)进行了 4 个独立试验,每个试验都在测试区的 1~3 位置获得了稳定的排放速率记录。所有分组都鼓励通过特定技术的实验设计和仪器布局来优化其数据。这些排放速率(在区域基础上进行了归一化处理)和试验结果总结在表 11.1 中。一般,FLUXSENSE 移动烟流/便携式 FTIR 法在距离排放区域下风向 450 m 的地方所测定的充分混合的烟流具有最明确的结果(实际释放率的标准偏差最低在 20% 以内)。然而,所有 3 种方法所测定的通量都是实际释放率的 20% ~ 30%。与 VRPM 有关的系统低估通量的主要问题,与这个低估的程度与源点和垂直测量平面之间的距离相关,这表明需要进一步细化现有的区域对通量的贡献模型。DIAL 方法允许对烟流和源面积进行定义,但在更大距离的情况下,可能因为测量的干扰而难以量化。因此,目前对于全垃圾填埋场的甲烷释放并没有唯一的地面测量推荐技术。这些技术因不同研究团体在类似垃圾堆填区这样的复杂地

---

① 原文是 Chalmers University,但并没有这样一所学校,怀疑是 Chalmers University of Technology。——译者注

区中的运用而逐步得到改进。一般而言,因为静态箱法可以穿过特定类型的覆盖材料(包括通量出现负值的地方,或者说吸收大气甲烷的地方)测定排放量的变化,因此强烈推荐采用这个方法并同时采用以上所介绍的这些方法。

表 11.1 用 3 种技术监测垃圾填埋场 CH_4 释放的实地比较:备测 CH_4 释放速率与盲测对照甲烷释放之间的偏差(威斯康星州,2008 年 10 月)

总甲烷释放率(试验1~4的范围,每个试验有1~3个释放点)	备测 CH_4 总通量与对照 CH_4 释放速率的偏差(试验1~4范围)		
	FLUXSENSE (mobile plume/FTIR)	WMX/Arcadis (VRPM)	NPL (DIAL)
在 300 m×500 m 评价区域中 1~3 个站点的甲烷释放为 1.01~3.28 g CH_4 s^{-1}	+4% ~ +19%	最近的垂直平面为 −3% ~ −21% 最远的垂直平面为 −42% ~ 48%	−21% ~ +19%
(在 40 m×40 m 的区域中释放速率约为 59~177g CH_4 m^{-2} d^{-1},或者说在 300 m×500 m 的区域释放速率约为 0.06~0.19g CH_4 m^{-2} d^{-1})	技术 SD 为 4% ~ 9%	技术 SD 为 18% ~ 33%	技术 SD 为 24% ~ 31%

注:风速范围为 3.8~4.4 m s^{-1};SD=标准差。
来源:Babillotte et al(2009)。

有关垃圾填埋场的甲烷氧化,其研究尺度可从实验室的批量研究到野外实地测量。在实地研究中(图 11.3),随季节的不同氧化往往在特定深度达到最大化,这种变化可在土壤气体廓线中观测到。对于小尺度的实验室批量研究来说,在有机碳含量为 1.2%~30%(w/dry w)的垃圾填埋场覆盖土壤中,甲烷的最大氧化速率为 0.01~117 μg CH_4 g^{-1} h^{-1}。当温度在 2~30 ℃时,Q_{10} 值介于 1.9~5.2。最佳含水量一般是低于 25% 的(w/w)。实验室的土壤柱试验模拟了垃圾填埋场的覆盖环境,在 30 天到大于 300 天不等的实验中,测得稳态甲烷氧化基线(aerial basis)介于 22~210 g CH_4 m^{-2} h^{-1},占甲烷氧化的 15%~97%。类似的土壤柱试验采用堆肥或其他有机土壤进行了 35~369 天,甲烷氧化的分量增加到更高的范围,为 70%~100%(Scheutz et al,2009,以及其中所引用的参考文献)。最近在垃圾填埋场覆盖土壤中的批量研究探讨了甲烷氧化的限制和动态。这些试验中含有甲烷的土壤被预先填埋 60 天,土壤水势调整为 33 kPa(实地承载能力),所有土壤类型的研究显示了稳定的高氧化率,变化范围为 112.1~644 μg CH_4 g_{soil}^{-1} · d^{-1}(Spokas and Bogner, 2011)。与没有预先填埋和调整水势的相同土壤平行试验对比显示,氧化率变化达 4 个数量级,介于 0.9~277 μg CH_4 g^{-1} · d^{-1}。在同一项研究中,氧化活动所需的土壤最低湿度阈值估计约为 1 500 kPa。此外,分析土壤湿度和温度的耦合作用表明,甲烷氧化活动在极端温度下所需的土壤水势阈值降低到更低的数值(湿度较大)。在温度<5 ℃时,最低土壤湿度阈值约为 300 kPa。在甲烷氧化活动较高的温度限制区(>40℃),最低土壤水分阈值约为 50 kPa。

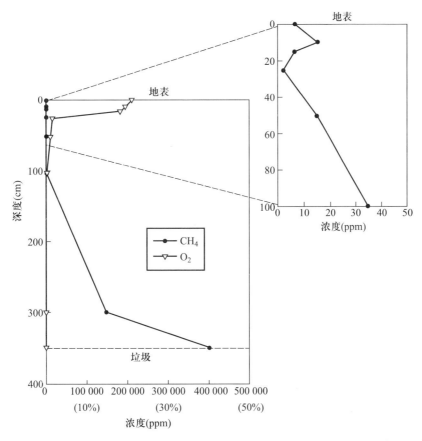

图 11.3　南加利福尼亚州垃圾填埋场中甲烷和氧气通过最终覆盖材料的土壤气体浓度廓线
注:插图显示了 0~100 cm 深度甲烷的细节(注意在 25 cm 处是降低的)。
来源:作者未发表的数据。

在实地测量中,碳稳定同位素方法是通过厌氧区域中所排放甲烷的 $\delta^{13}C$ 值和未被氧化的甲烷中 $\delta^{13}C$ 值的差别进行分析,是迄今为止定量测定 CH_4 氧化分量(甲烷在通过垃圾填埋场覆盖材料传输过程中被氧化的百分比)最有效的方法。同位素方法在过去十年已经得到了发展,根据考虑土壤特性和气体运输的一个或多个分馏系数(fractionation factor),甲烷氧化菌更偏好小质量的同位素 ^{12}C 而不是 ^{13}C(Liptay et al,1998;Chanton et al,1999;Chanton and Liptay,2000)。甲烷细菌氧化 $^{12}CH_4$ 的速度比 $^{13}CH_4$ 略快。一般同位素方法可用于如下一些情况:① 在地表水平,采用静态箱法,并比较垃圾中甲烷(气体回收井、集气头或深层气体探测器中取样)与静态箱中所收集甲烷的 $\delta^{13}C$;② 在低层大气,根据逆风断面和顺风断面大气甲烷 $\delta^{13}C$ 之间的比较;③ 在地表以下水平,根据甲烷和 $\delta^{13}C$ 做出土壤气体廓线。一般来说,厌氧区域中未氧化甲烷 $\delta^{13}C$ 值的变化范围为 -57 到 -60。氧化作用后,这个值可向正值靠近,达到 -35 或更多(Bogner et al,1996,以及其中所引用的参考文献)。另一种可能性是 $\delta^{13}C$ 和 δD 的联合使用方法,因为氢的同位素比碳具有更大的分馏系数。最近的研究已经解决了这些问题,并在方法、模型以及垃圾填埋场覆盖土壤中甲烷氧化产生的同位素不确定性上进行了扩展(De Visscher et al,2004;Mahieu et al,2006;Chanton et al,2008)。

可以预见,随着未来在方法和模型上的改善,甲烷在通过垃圾填埋场覆盖土壤中进行氧化的增量将得到更多可靠的量化。在静态箱测量中所产生的"负"通量,说明甲烷氧化菌能够使来自填埋垃圾底部的甲烷全部氧化,同时还能氧化大气中的甲烷,因此稳定碳同位素方法不适用。在这些情况下,静态箱法可以量化大气中甲烷氧化/吸收的速率,因此也应该记录下来。综上所述,通量值为正时,与厌氧区的甲烷相比,比较所释放甲烷的 $\delta^{13}C$ 同位素测量能用于量化甲烷氧化的分量。根据 Czepial 等(1996b),通常甲烷氧化分量比 IPCC 国家清单方法所获得的年度报告要显著高出 10%(IPCC,2006;Chanton et al,2008),这将在后面进行更详细的讨论。一份最新的综述显示,在全球范围内各垃圾填埋场覆盖土壤中甲烷氧化的百分比为 35%±6%(Chanton et al,2009)。

一些研究者将 CH_4 与 CO_2 的比值作为垃圾填埋场土壤气体廊线中甲烷氧化的指标。这里并不推荐这种做法,因为除了产甲烷作用和和甲烷氧化作用会产生二氧化碳外,许多地下和近地表过程(土壤呼吸、有机物氧化、土壤无脊椎动物活动、光合作用)也能产生和消耗二氧化碳(Kuzyakov,2006)。实际上,根据实验室培养的结果,泥炭土中甲烷氧化与相应的二氧化碳产生之间并没有显著的相关性(Moore and Dalva,1997)。更为复杂的是,二氧化碳比甲烷更易溶于水,从而更容易表现出与土壤湿度之间的相关(Stumm and Morgan,1987;Zabowski and Sletten,1991)。在没有进行垃圾填埋的土壤中,还观察到土壤中二氧化碳气体浓度的升高抑制了微生物呼吸(Koizumi et al,1991)。

在过去几年里,垃圾填埋场"生物覆盖"(biocovers)工程设计的稳健发展表明垃圾填埋场甲烷氧化的限制能够通过扩展工程方案来进行完善(Barlaz et al,2004;2004;Huber-Humer,2004;Abichou et al,2006b;Stern et al,2007;Bogner et al,2010)。通常,垃圾填埋场生物覆盖的共同要素包括:废弃物上粗粒材料的气体扩散层(减少覆盖层基础上甲烷通量的变化),上覆堆肥或其他有机物基质,这些基质已被证明具有较高的甲烷氧化能力。需要进行更多调查的问题包括在有机上覆材料中饱和条件下原位甲烷生成的可能性,以及类似污泥堆肥这样的富氮有机材料中 N_2O 的释放。顺便提一下,垃圾填埋场 N_2O 的释放在全球范围尺度上被认为是微不足道的(Bogner et al,1999;Rinne et al,2005)。然而,在含氮量高、湿度大、通气受到限制的地区,N_2O 的排放可能具有局地重要性。这包括用污泥进行改造的上覆土壤(Börjesson and Svensson,1997),或者在好氧或半好氧垃圾填埋区所进行的实践(Tsujimoto et al,1994)。

在更大尺度上,试图量化垃圾填埋场所产生甲烷对区域大气质量影响影响的工作并不是很多。在很大程度上这是由于垃圾填埋场来源的分散性以及许多地区多重甲烷来源的复杂性,包括大范围的释放速率以及与其他来源同位素信号的重叠(如湿地)。一项在伦敦采用碳稳定同位素方法测定大气甲烷来源的"下行"研究模拟了几种潜在来源的贡献,这其中包括垃圾填埋场产生的甲烷(Lowry et al,2001)。Zhao 等(2009)估测了加利福尼亚中部一个地区垃圾填埋所产生的甲烷对大气的贡献。然而,直接量化垃圾填埋场甲烷释放对区域大气的贡献仍然是在未来将面临的一项重大挑战。

11.3 垃圾填埋中甲烷产生、氧化和排放的现有和改进中的工具与模型

历史上,在第一次垃圾填埋场气体的全面回收利用项目实施(1975—1980)时,就采用了预测工具进行理论估计以便可回收甲烷能用于商业天然气利用项目(EMCON Associates,1980)。这些工具一般有两种形式:① 在适当地方基于废物量计算每年可回收甲烷的经验法则,或② 根据年垃圾填埋率来预测甲烷产生和回收各形式的一阶动力学理论模型。原有的一阶模型是针对特定位点的,而这些模型用实地甲烷产量和动力学系数进行了微调,可估算特定地点的年甲烷回收量(如用于加利福尼亚南部的 Scholl Canyon 模型)。必须强调的是,那时该工具关注的重点是预测商业可回收甲烷,并假定当提取活性气体时,散逸性排放和横向迁移可降到最低值。

从 20 世纪 80 年代中期到 90 年代初期,虽然箱式法技术以及基于气体浓度廓线和压力梯度的计算开始被使用,但从已发表的文献来看仍只有非常少的研究关注垃圾填埋场甲烷释放的野外测定。然而,两种扩展了的一阶动力学模型(有默认值)被广泛使用并专门用于垃圾填埋场甲烷排放,这与之前应用于甲烷产生和回收的情况不同。这两项发展包括在许多发达国家强制实施的新版综合空气质量管理方案和 IPCC 在 1988 年形成的方案,该方案到 1991 年底包括 IPCC 国家温室气体排放清单方案(IPCC-NGGIP)的开发。那时的观点是,基于垃圾填埋产生甲烷的一阶动力学模型工具为垃圾填埋甲烷生成提供一项保守估计(即高估)。在大多数情况下,建模方法的"验证"涉及对垃圾填埋气体回收数据模拟结果的比较(Peer et al,1993)。荷兰在 20 世纪 90 年代初全面研究了各种一元和多元零阶、一阶和二阶模型,得出一种多元一阶模型(使用的验证数据来自荷兰 9 个全规模的填埋场),能够模拟实测回收量在 30%～40% 的气体回收(Van Zanten and Scheepers,1994)。

一般来说,IPCC 项目需要 UNFCCC 成员国的方法开发和国家排放报告,其中要求高度发达国家提供年度报告,而对其他国家并不需要频繁的报告。因为垃圾填埋被视为大气中甲烷的主要来源之一(早期的排放量估计高达 70 Tg $CH_4 yr^{-1}$;Bingemer and Crutzen,1987),所以在缺乏全面的野外测定项目的情况下,非常有必要建立预测全国垃圾填埋场甲烷释放的标准方法。那时的观点认为简单的质量平衡工具(这里假定甲烷生成与废物处理发生在同一年)和具有保守默认值的一阶动力学模型(这更适合发达国家现有的废弃物数据)都可以用来提供大气甲烷排放的保守(高)估计值。

1996 年 IPCC 综合性的国家清单修订指南(IPCC,1996)允许使用一种简单质量平衡法作为一级默认方法以及二级一阶动力学模型(称为 FOD,或前面所称的一级腐败法)。在二级条件下开发的国家 FOD 模型在不同国家之间存在差异。此外,1996 年第一个估算年甲烷氧化分量的研究发表了(Czepiel et al,1996b),该研究是在无气体回收设备的美国新罕布什尔州纳舒厄(Nashua)17 ha 的垃圾填埋场中进行的。根据实测排放量,实验室对甲烷氧化的支持实验,以及年气候模型的综合运用,在纳舒厄站点计算所得值为 11%。因此,对于发达国家来说,根据 1996 年颁布的指南可从这些垃圾填埋场所估算的甲烷释放量中减去两个部分:10%的 CH_4 氧化量,以及用于燃烧或其他气体利用项目的甲烷回收量。

2006 年最新的国家清单修订指南包括一个用于垃圾填埋场甲烷释放的标准一级多组分 FOD 模型(EXCEL),以及各种气候条件下垃圾填埋场不同废弃物分量的默认输入值。二级模型是特定国别的值。三级模型可从特定站点的研究上推到对区域的估算。四级模型可允许采用更多复杂的针对特定站点的模型工具。垃圾填埋场中的有机碳分量都是可生物降解的,但该降解过程并不会发生在垃圾填埋场(保守估计降解率一般为 50%:Bogner,1992;Barlaz,1998),这作为废弃物部分的一个信息项,归为所收获的木材产品部分。

一些担忧并非空穴来风。总的来说,尽管调整的一级动力学模型和当前的 IPCC 一级/二级方法函数可以作为标准化的工具,但它们不能未经修改即用于特定场所甲烷的产生和回收。从历史上看,一阶动力学模型一直是商业垃圾填埋气体回收项目的初步预测方法,之后如果有全系统的数据就可以根据实际气体回收进行微调。在《京都议定书》所遵从的机制中,一级 FOD 模型已在《京都议定书》清洁发展机制(CDM)中被批准作为统一的垃圾填埋气体方法(ACM0001),在"基线"估算中被广泛使用。这种"灵活的机制"可让发达国家对《京都议定书》进行实质性履约,通过财政支持发展中国家的温室气体减排。然而,需要强调的是,对于填埋气体的 CDM 项目来说,实际的 CER(核证减排量)并不是根据模型预测的结果,而是根据特定站点严格量化的甲烷恢复与消耗的情况。但是,也有一些"避免垃圾填埋场产生甲烷"的 CDM 方法,其中的 CER 来自其他一些废物管理项目(堆肥、焚烧、机械生物式处理),这仅仅是基于废弃物成分和模型的结果。在这些"可避免的甲烷"应用中,鉴于 FOD 模型的具体应用所出现的问题,这些方法需要在《京都议定书》的第一承诺期(2012 年)之后重新进行考虑。

过去十年众多的实地和实验室研究已经提高了我们对垃圾填埋场甲烷排放速率实际范围的理解,但也使我们意识到在特定位点中方程(15)条件下联合解释甲烷排放和氧化过程的复杂性。特别是有关氧化的问题,De Visscher 和 Spokas 对垃圾填埋场应用中所用的模型工具进行了总结,这篇文章由 Scheutz 等(2009))撰写。一般来说,垃圾填埋场覆盖土壤中的甲烷氧化是一个复杂的过程,包括同时发生的转运和微生物氧化过程。对于这种过程,目前已有几种类型的模型。这些模型包括甲烷氧化的拟合模型(如 Czepiel et al,1996b),模拟那些不能被直接测量的参数。现有的一些模型还可以用来更好地理解垃圾填埋场覆盖土壤氧化过程的具体情形。例如,Hilger 等(1999)和 Wilshusen 等(2004)采用模型来理解污泥胞外多聚物(EPS)的形成如何影响转运和氧化过程。Mahieu 等(2005)利用模型来理解稳定同位素的分馏效应。Rannaud 等(2007)利用模型来评估发生甲烷氧化的深度。最后,模型可以用来预测或设计(如 De Visscher and Van Cleemput,2003;Park et al,2004;Rannaud et al,2007)。通常,现有的模型已经通过实验数据校准,可以用来预测或更好地了解现场条件。

现有的垃圾填埋场甲烷氧化模型可分为三种:经验模型、过程模型和碰撞模型(collision model)。经验模型(如 Czepiel et al,1996b;Park et al,2004)是基于测量数据的经验方程集合。这些模型只需要有关基本微生物和传输过程的少量信息,但不能外推到其他缺乏实地测量的站点。过程模型(如 Hilge et al,1999;Stein et al,2001)在数值方案中结合了大量甲烷氧化动力学方程。过程模型潜在地是最具现实性的模型,但它们需要在站点设置大量的参数,这通常在野外环境中很难获取,也就限制了其可用性。碰撞模型是一类试图在理论和经验中寻求平衡的模型,这些模型表达了垃圾填埋场覆盖物中气体分子和土壤发生的碰撞(Bogner et al,1997a)。

最新一代的垃圾填埋场排放模型是从 CH_4 生成模型出发的,模拟控制排放的实际土壤和微生物过程。目前正在开发的一个模型,是在制作国家温室气体清单背景下,加利福尼亚州垃圾填埋场为排放提供的一个改进的现场验证方法(Bogner et al,2009;Spokas et al,2009)。该模型是当前IPCC国家清单指南(2006)的第四层模型,因为它使用更复杂的特定位点的测定方法,然后总结提供区域的汇总结果。该模型也考虑气候变量的季节性差异(气温、降水、太阳辐射)和土壤微气候(分层土壤的温度和湿度)相对于它们对覆盖土壤甲烷氧化速率季节性的定量影响。利用这个模型,图11.4展示了在美国中西部一个假定的垃圾填埋场60 cm黏土覆盖层季节性氧化对CH_4释放效应的比较。

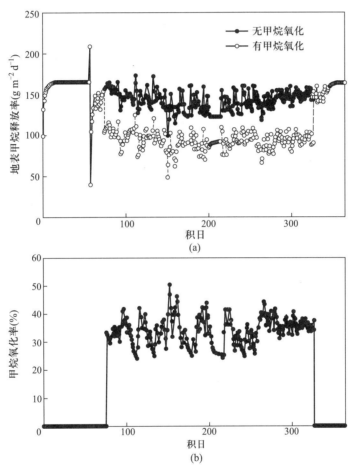

图11.4　采用Spokas等(2009)的模型对有/无甲烷氧化的垃圾填埋场甲烷释放的模拟:(a)一个假想的美国中西部垃圾填埋场(芝加哥,IL)甲烷释放的季节性变化;(b)覆盖材料中甲烷氧化的百分数

注:覆盖层假定为具有活性气体回收系统的黏性土壤。覆盖层基部的甲烷浓度假定为45%。57天出现的尖峰是因为土壤解冻。

来源:作者未发表的数据。

11.4 结论、趋势和更广泛的认识

垃圾填埋产生的甲烷对全球人为温室气体排放的贡献是很小的。低成本而高效的垃圾填埋气体回收利用系统的广泛使用更能减少垃圾填埋中的甲烷排放。另外,垃圾填埋气体的利用可以为当地提供可再生能源,从而抵消化石燃料的使用。覆盖土壤中发生的甲烷氧化菌对甲烷的氧化与覆盖材料导致的传输限制有关,提供了排放的次级生物控制。当然,在野外条件下要能持续维持甲烷氧化菌群体的发育,受到土壤状况的限制。覆盖土壤中的甲烷氧化("生物覆盖"),能够通过针对站点的特异化设计得到加强。其他限制排放的重要考虑因素包括垃圾填埋场的设计、运行和维护实践,诸如在可能情况下采用更合算的水平气体收集和填充系统。自 1990 年以来,欧洲和美国因垃圾填埋产生的甲烷排放量逐年减少(Deuber et al, 2005; US EPA, 2008)。这是因为随着有关减少可生物降解废弃物埋场政策的实施,垃圾填埋场的甲烷回收率和利用率也在增加(如欧盟垃圾填埋法令 1999/31/EC)。然而对于发展中国家,垃圾填埋中甲烷排放率的增加也会伴随着越来越多的垃圾填埋增加。这种趋势能够通过激励方式增加甲烷回收率来降低,例如,当前的 CDM 和预期的后京都议定书政策及方式,未来两到三年内可能就会实施。

除了通过工程化的气体回收系统直接减少垃圾填埋场的甲烷排放,通过工程覆盖系统的延迟排放,甲烷氧化菌对甲烷原位氧化速率的优化,我们还必须注意到相关废物管理措施的补充也可减少排放。这些措施包括:① 替代废物管理的措施,如通过堆肥、焚烧减少垃圾填埋导致的甲烷生成;以及② 回收、再利用和减少废弃物的产生。在废弃物综合管理中,重要的是要让当地有关部门对废弃物管理做出一些知情决策。这些决策能够从考虑多种技术或非技术性问题中受益,包括废弃物的数量和特点、当地成本和融资问题、政策限制,以及基础设施(包括现有土地面积、收集和运输)要求等。大多数废弃物部门的技术是成熟、有效的,可确保公众健康和环境保护的共同利益(Bogner et al, 2009)。

除了甲烷转运和氧化,垃圾填埋场覆盖土中还有很多其他的碳、氮循环过程可以影响到所观测土壤的气体廓线和通量测量。这包括有氧呼吸(导致二氧化碳的产生和通量)、植物光合作用(二氧化碳吸收),特别是在氮丰富的地区,硝化和反硝化过程能产生土壤氮素循环的气态媒介(N_2O、NO、N_2)。虽然在垃圾填埋场环境中对这些过程的研究很少,但无疑它们使填埋环境中的实地测量以及对气体通量和甲烷氧化的理解变得更为复杂。在有工程气体回收系统和低甲烷通量的植被生长区,所观测的二氧化碳通量可能主要是因根系呼吸而不是甲烷氧化或垃圾填埋气体的直接输送所造成的(Bogner et al, 1997a, 1999)。对实地研究来说,量化二氧化碳通量是非常重要的,我们可以从中选择合适的技术(例如,参见 Panikov and Gorbenko, 1992)。

迄今为止,在有限的潮湿地带、温带、半干旱地区和亚热带地区已经对垃圾填埋场的甲烷排放进行了实地研究,但对热带环境还缺乏广泛的排放测量。此外,只有相对较少的综合实地研究在整个年循环中展开,其中并未使用多种方式来测量排放量。现有的数据表明,排放量和氧化速率在不同空间和时间的变化幅度可达几个数量级。因此,获取更多的实地测量数据和改进的建模工具,包括目前正在开发的那些合并了季节性气象变量和土壤微气候变量的模型(Spokas et al, 2009),对于更好地了解和预测各种空间尺度的排放是很有必要的。

参 考 文 献

Abichou, T., Chanton, J., Powelson, D., Fleiger, J., Escoriaza, S., Lei, Y. and Stern, J. (2006a) 'Methane flux and oxidation at two types of intermediate landfill covers', *Waste Management*, vol 26, no 11, pp1305–1312

Abichou, T., Mahieu, K., Yuan, L., Chanton, J. and Hater, G. (2006b) 'Effects of compost biocovers on gas flow and methane oxidation in a landfill cover', *Waste Management*, vol 29, pp1595–1601

Babillotte, A., Lagier, T., Taramni, V. and Fianni, E. (2008) 'Landfill methane fugitive emissions metrology field comparison of methods', in *Proceedings from the 5th Intercontinental Landfill Research Symposium*, www.ce.ncsu.edu/iclrs/Presentations.html.

Babillotte, A., Green, R., Hater, G. and Watermolen, T. (2009) 'Field intercomparison of methods to measure fugitive methane emissions on landfills', in *Proceedings from the First International Greenhouse Gas Measurement Symposium*, 22–25 March 2009, San Francisco, CA, Air & Waste Management Association, Pittsburgh, PA

Barlaz, M. (1998) 'Carbon storage during biodegradation of municipal solid waste components in laboratory-scale landfills', *Global Biogeochemical Cycles*, vol 12, pp373–380

Barlaz, M. A., Schaefer, D. M. and Ham, R. K. (1989a) 'Inhibition of methane formation from municipal refuse in laboratory scale lysimeters', *Applied Biochemistry and Biotechnology*, vol 20/21, pp181–205

Barlaz, M. A., Schaefer, D. M. and Ham, R. K. (1989b) 'Bacterial population development and chemical characteristics of refuse decomposition in a simulated sanitary landfill', *Applied Environmental Microbiology*, vol 55, pp55–65

Barlaz, M. A., Ham, R. K. and Schaefer, D.M. (1990) 'Methane production from municipal refuse: A review of enhancement techniques and microbial dynamics', *CRC Critical Reviews in Environmental Control*, vol 19, no 6, pp557–584

Barlaz, M. A., Green, R. B., Chanton, J. P., Goldsmith, C. D. and Hater, G. R. (2004) 'Evaluation of a biologically active cover for mitigation of landfill gas emissions', *Environmental Science and Technology*, vol 38, pp4891–4899

Bingemer, H. G. and Crutzen, P. J. (1987) 'The production of CH_4 from solid wastes', *Journal of Geophysical Research*, vol 92, no D2, pp2182–2187

Bogner, J. (1992) 'Anaerobic burial of refuse in landfills: Increased atmospheric methane and implications for increased carbon storage', *Ecological Bulletin*, vol 42, pp98–108

Bogner, J. and Lagerkvist, A. (1997) 'Organic carbon cycling in landfills: Models for a continuum approach', in *Proceedings of Sardinia '97 International Landfill Symposium*, published by CISA, University of Cagliari, Sardinia

Bogner, J. and Spokas, K. (1993) 'Landfill CH$_4$: Rates, fates, and role in global carbon cycle', *Chemosphere*, vol 26, pp366-386

Bogner, J., Vogt, M., Moore, C. and Gartman, D. (1987) 'Gas pressure and concentration gradients at the top of a landfill', in *Proceedings of GRCDA 10th International Landfill Gas Symposium*(West Palm Beach, Florida), Governmental Refuse Collection and Disposal Association, Silver Spring, MD

Bogner, J., Sweeney, R., Coleman, D., Huitric, R. and Ririe, G. T. (1996) 'Using isotopic and molecular data to model landfill gas processes', *Waste Management and Research*, vol 14, pp367-376

Bogner, J., Spokas, K. and Burton, E. (1997a) 'Kinetics of methane oxidation in landfill cover materials: Major controls, a whole-landfill oxidation experiment, and modeling of net methane emissions', *Environmental Science and Technology*, vol 31, pp2504-2614

Bogner, J., Meadows, M. and Czepiel, P. (1997b) 'Fluxes of methane between landfills and the atmosphere: Natural and engineered controls', *Soil Use and Management*, vol 13, pp268-277

Bogner, J., Spokas, K. and Burton, E. (1999) 'Temporal variations in greenhouse gas emissions at a midlatitude landfill', *Journal of Environmental Quality*, vol 28, pp278-288

Bogner, J., Abdelrafie-Ahmed, M., Diaz, C., Faaij, A., Gao, Q. Hashimoto, S., Mareckova, K., Pipatti, R. and Zhang, T. (2007) 'Waste Management', in B. Metz, O. R. Davidson, P. R. Bosch, R. Dave and L. A. Meyer (eds) *Climate Change 2007: Mitigation. Contribution of Working Group III to the Fourth Assessment Report of the Intergovernmental Panel on Climate Change*, Cambridge University Press, Cambridge, UK and New York, NY

Bogner, J., Spokas, K., Chanton, J., Franco, G. and Young, S. (2009) 'A new field-validated inventory methodology for landfill methane emissions' in *Proceedings of SWANA Landfill Gas Symposium*(Atlanta, Georgia), Solid Waste Association of North America, Silver Spring, MD

Bogner, J., Chanton, J., Blake, D., Abichou, T. and Powelson, D. (2010) 'Effectiveness of a Florida landfill biocover for reduction of CH$_4$ and NMHC Emissions', *Environmental Science and Technology*, vol 15, pp1197-1203

Börjesson, G. (1997) 'Methane oxidation in landfill cover soils', PhD thesis, Swedish University of Agricultural Sciences, Uppsala, Sweden

Börjesson, G. and Svensson, B. (1997) 'Nitrous oxide release from covering soil layers of landfills in Sweden',*Tellus B*, vol 49, pp357-363

Chanton, J. P. (2005) 'The effect of gas transport on the isotope signature of methane in wetlands', *Organic Chemistry*, vol 36, pp753-768

Chanton, J. P. and Liptay, K. (2000) 'Seasonal variation in methane oxidation in landfill cover soils as determined by an in situ stable isotope technique', *Global Biogeochemical Cycles*, vol 14, pp51-60

Chanton, J. P., Rutkowski, C. M. and Mosher, B. M. (1999) 'Quantifying methane oxidation from landfills using stable isotope analysis of downwind plumes', *Environmental Science and Technology*, vol 33, pp3755-3760

Chanton, J. P., Powelson, D. K., Abichou, T. and Hater, G. (2008) 'Improved field methods to quantify methane oxidation in landfill cover materials using stable carbon isotopes', *Environmental Science and Technology*, vol 42, pp665-670

Chanton, J. P., Powelson, D. K. and Green, R. B. (2009) 'Methane oxidation in landfill cover soils, is a 10 per cent default value reasonable?', *Journal of Environmental Quality*, vol 38, pp654-663

Christensen, T. H., Kjeldsen, P. and Lindhardt, B. (1996) 'Gas-generating processes in landfills', in T. H. Christensen, R. Cossu, and R. Stegmann (eds) *Landfilling of Waste: Biogas*, E & FN Spoon, London, pp27-50

Christophersen, M. and Kjeldsen, P. (2001) 'Lateral gas transport in soil adjacent to an old landfill: Factors governing gas migration', *Waste Management and Research*, vol 19, no 2, pp144-159

Christophersen, M., Holst, H., Chanton, J. and Kjeldsen, P. (2001) 'Lateral gas transport in soil adjacent to an old landfill: Factors governing emission and methane oxidation', *Waste Management and Research*, vol 19, pp595-612

Czepiel, P. M., Mosher, B., Harriss, R., Shorter, J. H., McManus, J. B., Kolb, C. E., Allwine, E. and Lamb, B. (1996a) 'Landfill CH_4 emissions measured by enclosure and atmospheric tracer methods', *Journal of Geophysical Research*, vol 101, pp16711-16719

Czepiel, P. M., Mosher, B., Crill, P. M. and Harriss, R. C. (1996b) 'Quantifying the effect of oxidation on landfill methane emissions', *Journal of Geophysical Research*, vol 101, pp16721-16729

Czepiel, P. M., Shorter, J. H., Mosher, B., Allwine, E., McManus, J. B., Harriss, R. C., Kolb, C. E. and Lamb, B. K. (2003) 'The influence of atmospheric pressure on landfill methane emissions', *Waste Management*, vol 23, pp593-598

D'Addario, E., Pappa, R., Pietrangel, B. and Valdiserri, M. (1993) 'The acidogenic digestion of the organic fraction of municipal solid waste for the production of liquid fuels', *Water Science and Technology*, vol 27, no 2, pp92-183

Deuber, O., Cames, M., Poetzsch, S. and Repenning, J. (2005) 'Analysis of greenhouse gas emissions of European countries with regard to the impact of policies and measures', report by Öko-Institut to the German Umweltbundesamt, Berlin

De Visscher, A. and Van Cleemput, O. (2003) 'Simulation model for gas diffusion and methane oxidation in landfill cover soils', *Waste Management*, vol 23, pp581-591

De Visscher, A., De Pourcq, I. and Chanton, J. (2004) 'Isotope fractionation effects by diffusion and methane oxidation in landfill cover soils', *Journal of Geophysical Research-Atmospheres*, vol 109, doi:10.1029/2004JD004857

EMCON Associates (1980) *Methane Generation and Recovery from Landfills*, Ann Arbor Science Publishers, Ann Arbor, Michigan, US

Fairweather, R. and Barlaz, M. (1998) 'Hydrogen sulfide production during decomposition of landfill inputs', *Journal of Environmental Engineering*, vol 124, pp353-361

Forster, P., Ramaswamy, V., Artaxo, P., Berntsen, T., Betts, R., Fahey, D. W., Haywood, J., Lean, J., Lowe, D. C., Myhre, G., Nganga, J., Prinn, R., Raga, G. M. S. and Van Dorland, R. (2007) 'Changes in atmospheric constituents and in radioactive forcing', in S. Solomon, D. Qin, M. Manning, Z. Chen, M. Marquis, K. B. Averyt, M. Tignor and H. L. Miller (eds) *Climate Change 2007: The Physical Science Basis. Contribution of Working Group I to the Fourth Assessment Report of the Intergovernmental Panel on Climate Change*, Cambridge University Press, Cambridge, UK and New York, NY

Galle, B., Samuelsson, J., Svensson, B. and Börjesson, G. (2001) 'Measurements of CH_4 emissions from landfills using a time correlation tracer method based on FTIR absorption spectroscopy', *Environmental Science and Technology*, vol 35, no 1, pp21–25

Gebert, J. and Gröngröft, A. (2006) 'Passive landfill gas emission-influence of atmospheric pressure and implications for the operation of methane-oxidising biofilters', *Waste Management*, vol 26, pp245–251

Graff, C., Spokas, K. and Mercet, M. (2002) 'The use of geostatistical models in the determination of whole landfill emission rates', in *Proceedings of the 2 nd Intercontinental Landfill Symposium*, Asheville, NC, 13–16 October 2002

Halvadakis, C. P., Robertson, A. P. and Leckie, J. O. (1983) 'Landfill methanogenesis: Literature review and critique', Technical Report No. 271, Dept. of Civil Engineering, Stanford University, Stanford, California

Harris, S., Smith, R. and Suflita, J. (2007) 'In situ hydrogen consumption kinetics as an indicator of subsurface microbial activity', *FEMS Microbiology Ecology*, vol 60, pp220–228

Hilger, H. A., Liehr, S. K. and Barlaz, M. A. (1999) 'Exopolysaccharide control of methane oxidation in landfill cover soil', *Journal of Environmental Engineering*, vol 125, pp1113–1123

Hovde, D. C., Stanton, A. C., Meyers, T. P. and Matt, D. R. (1995) 'CH_4 emissions from a landfill measured by eddy correlation using a fast-response diode laser sensor', *Journal of Atmospheric Chemistry*, vol 20, pp141–162

Huber-Humer, M. (2004) 'Abatement of landfill methane emissions by microbial oxidation in biocovers made of compost', PhD thesis, University of Natural Resources and Applied Life Sciences Vienna, Austria

IPCC (Intergovernmental Panel on Climate Change) (1996) *1996 IPCC Guidelines for National Greenhouse Gas Inventories*, IPCC/IGES, Hayama, Japan

IPCC (2006) *2006 IPCC Guidelines for National Greenhouse Gas Inventories*, IPCC/IGES, Hayama, Japan

Ishigaki, T., Yamada, M., Nagamori, M., Ono, Y. and Inoue, Y. (2005) 'Estimation of methane emission from whole waste landfill site using correlation between flux and ground temperature', *Environmental Geology*, vol 48, pp845–853

Kjeldsen, P. and Fischer, E. V. (1995) 'Landfill gas migration-Field investigations at Skellingsted landfill, Denmark', *Waste Management and Research*, vol 13, pp467–484

Koizumi, H., Nakadai, T., Usami, Y., Satoh, M., Shiyomi, M. and Oikawa, T. (1991) 'Effect of carbon dioxide concentration on microbial respiration in soil', *Ecology Research*, vol 6, pp227–232

Kuzyakov, Y. (2006) 'Sources of CO_2 efflux from soil and review of partitioning methods', *Soil Biology and Biochemistry*, vol 38, no 3, pp 425–448

Latham, B. and Young, A. (1993) 'Modellisation of the effects of barometric pressure on landfill gas migration', in T. H. Christensen, R. Cossu and R. Stegmann (eds) *Proceedings of Sardinia '93: Fourth International Landfill Symposium*, CISA, Environmental Sanitary Engineering Centre, Cagliari, Italy

Lee, S., Xu, Q., Booth, M., Townsend, T., Chadik, P. and Bitton, G. (2006) 'Reduced sulfur compounds in gas from construction and demolition debris landfills', *Waste Management*, vol 26, pp526–533

Lewis, A. W., Yuen, S. T. S. and Smith, A. J. R. (2003) 'Detection of gas leakage from landfills using infrared thermography – applicability and limitations', *Waste Management and Research*, vol 21, pp436–447

Liptay, K., Chanton, J., Czepiel, P. and Mosher, B. (1998) 'Use of stable isotopes to determine methane oxidation in landfill cover soils', *Journal of Geophysical Research*, vol 103, pp8243–8250

Lowry, D., Holmes, C. W., Rata, N. D., O'Brien, P. and Nisbet, E. G. (2001) 'London methane emissions: Use of diurnal changes in concentration and $\delta^{13}C$ to identify urban sources and verify inventories', *Journal of Geophysical Research*, vol 106, no D7, pp7427–7248

Mahieu, K., De Visscher, A., Vanrolleghem, P. A. and Van Cleemput, O. (2005) 'Improved quantification of methane oxidation in landfill cover soils by numerical modelling of stable isotope fractionation', in T. H. Christensen, R. Cossu and R. Stegmann (eds) *Proceedings of Sardinia '05: Tenth International Waste Management and Landfill Symposium (3-7 October 2005)*, CISA, Environmental Sanitary Engineering Centre, Cagliari, Italy

Mahieu, K., De Visscher, A., Vanrolleghem, P. A. and Van Cleemput, O. (2006) 'Carbon and hydrogen isotope fractionation by microbial methane oxidation: Improved determination', *Waste Management*, vol 26, pp389–398

McBain, M. C., McBride, R. A. and Wagner-Riddle, C. (2005) 'Micrometeorological measurements of N_2O and CH_4 emissions from a municipal solid waste landfill', *Waste Management and Research*, vol 23, pp409–419

Monni, S., Pipatti R., Lehtilä A., Savolainen, I. and Syri S. (2006) *Global Climate Change Mitigation Scenarios for Solid Waste Management*, VTT Publications, Technical Research Centre of Finland, Espoo

Moore, T. R. and Dalva, M. (1997) 'Methane and carbon dioxide exchange potentials of peat soils in aerobic and anaerobic laboratory incubations', *Soil Biology and Biochemistry*, vol 29m, no 8, pp1157–1164

Morris, J. (2001) 'Effects of waste composition on landfill processes under semi-arid conditions', PhD thesis, University of the Witwatersrand at Johannesburg, South Africa

Mosher, B. W., Czepiel, P., Harriss, R., Shorter, J., Kolb, C., McManus, J. B., Allwine, E. and Lamb, B. (1999) 'CH$_4$ emissions at nine landfill sites in the northeastern United States', *Environmental Science and Technology*, vol 33, no 12, pp2088–2094

Nastev, M., Therrien, R., Lefebvre, R. and Gélinas, P. (2001) 'Gas production and migration in landfills and geological materials', *Journal of Contaminant Hydrology*, vol 52, pp187–211

Nozhevnikova, A. N., Lifshitz, A. B., Lebedev, V. S. and Zavarin, G. A. (1993) 'Emissions of CH$_4$ into the atmosphere from landfills in the former USSR', *Chemosphere*, vol 26, pp401–417

Panikov, N. S. and Gorbenko, A. J. (1992) 'The dynamics of gas exchange between soil and atmosphere in relation to plant-microbe interactions: Fluxes measuring and modelling', *Ecological Bulletin*, vol 42, pp53–61

Park, S. Y., Brown, K. W. and Thomas, J. C. (2004) 'The use of biofilters to reduce atmospheric methane emissions from landfills: Part I. Biofilter design', *Water, Air, and Soil Pollution*, vol 155, pp63–85

Peer, R. L., Thorneloe, S. A. and Epperson, D. L. (1993) 'A comparison of methods for estimating global methane emissions from landfills', *Chemosphere*, vol 26, pp387–400

Pohland, F. G. and Al-Yousfi, B. (1994) 'Design and operation of landfills for optimum stabilization and biogas production', *Water Science Technology*, vol 30, pp117–124

Poulsen, T. G. (2005) 'Impact of wind turbulence on landfill gas emissions' in T. H. Christensen, R. Cossu and R. Stegmann (eds) *Proceedings of Sardinia '05: Tenth International Waste Management and Landfill Symposium*, 3–7 October 2005, CISA, Environmental Sanitary Engineering Centre, Cagliari, Italy

Rannaud, D., Cabral, A. R., Allaire, S., Lefebvre, R. and Nastev, M. (2007) 'Migration d'oxygène et oxidation du methane dans les barriers d'oxydation passive installées dans les sites d'enfouissement', in *Comptes rendus de la 60e Conférence géotechnique canadienne*, 21–24 October 2007, Ottawa, Canada

Rinne, J., Pihlatie, M., Lohila, A., Thum, T., Aurela, M., Tuovinen, J-P., Laurila, T. and Vesala, R. (2005) 'N$_2$O emissions from a municipal landfill', *Environmental Science and Technology*, vol 39, pp7790–7793

Rogner, H-H., Zhou, D., Bradley, R., Crabbé, P., Edenhofer, O., Hare, B., Kuijpers, L. and Yamaguchi, M. (2007) 'Introduction', in B. Metz, O. R. Davidson, P. R. Bosch, R. Dave and L. A. Meyer (eds) *Climate Change 2007: Mitigation. Contribution of Working Group III to the Fourth Assessment Report of the Intergovernmental Panel on Climate Change*, Cambridge University Press, Cambridge, UK and New York, NY, pp95–116

Scheutz, C., Bogner, J., Chanton, J., Blake, D., Morcet, M. and Kjeldsen, P. (2003) 'Comparative oxidation and net emissions of methane and selected non-methane organic compounds in landfill cover soils', *Environmental Science and Technology*, vol 37, pp5150–5158

Scheutz, C., Bogner, J., Chanton, J. P., Blake, D., Morcet. M., Aran, C. and Kjeldsen, P. (2008) 'Atmospheric emissions and attenuations of non-methane organic compounds in cover soils at a French landfill', *Waste Management*, vol 28, pp1892–1908

Scheutz, C., Kjeldsen, P., Bogner, J., De Visscher, A., Gebert, J., Hilger, H., HuberHumer, M. and Spokas, K. (2009) 'Microbial methane oxidation processes and technologies for mitigation of landfill gas emissions', *Waste Management and Research*, vol 27, pp409–455

Segers, R. (1998) 'Methane production and methane consumption: A review of processes underlying wetland methane fluxes', *Biogeochemistry*, vol 41, pp23–51

Spokas, K. and Bogner, J. (2011) 'Limits and dynamics of methane oxidation in landfill cover soils', Waste Management, 2011 vol 31, pp823–832

Spokas, K., Graff, C., Morcet, M. and Aran, C. (2003) 'Implications of the spatial variability of landfill emission rates on geospatial analyses', *Waste Management*, vol 23, pp599–607

Spokas, K., Bogner, J., Chanton, J., Morcet, M., Aran, C., Graff, C., Moreau-le-Golvan, Y., Bureau, N. and Hebe, I. (2006) 'Methane mass balance at three landfill sites: What is the efficiency of capture by gas collection systems?', *Waste Management*, vol 26, pp516–525

Spokas, K., Bogner, J., Chanton, J. and France, G. (2009) 'Developing a new field-validated methodology for landfill methane emissions in California', in T. H. Christensen, R. Cossu and R. Stegmann (eds) *Proceedings of Sardinia '09: Twelfth International Waste Management and Landfill Symposium*, 5 – 9 October 2009, CISA, Environmental Sanitary Engineering Centre, Cagliari, Italy

Stein, V. B., Hettiaratchi, J. P. A. and Achari, G. (2001) 'Numerical model for biological oxidation and migration of methane in soils', *Practice Periodical of Hazardous Toxic and Radioactive Waste Management*, vol 5, pp225–234

Stern, J., Chanton, J., Abichou, T., Powelson, D., Yuan, L., Escoriza, S. and Bogner, J. (2007) 'Useof a biologically active cover to reduce landfill methane emissions and enhance methane oxidation', *Waste Management*, vol 27, pp1248–1258

Stumm, W. and Morgan, J. J. (1987) *Aquatic Chemistry*, John Wiley & Sons, New York, NY

Trégourès, A., Beneito, A., Berne, P., Gonze, M. A., Sabroux, J. C., Pokryszka, Z., Savanne, D., Tauziede, C., Cellier, P., Laville, P., Milward, R., Arnaud, A., Levy, F. and Burkhalter, R. (1999) 'Comparison of seven methods for measuring methane flux at a municipal solid waste landfill site', *Waste Management and Research*, vol 17, pp453–458

Themelis, N. J. and Ulloa, P. A. (2007) 'Methane generation in landfills', *Renewable Energy*, vol 32, no 7, pp1243–1257

Tsujimoto, Y., Masuda, J., Fukuyama, J. and Ito, H. (1994) 'N_2O emissions at solid waste disposal sites in Osaka City', *Air Waste*, vol 44, pp1313–1314

US EPA (Environmental Protection Agency) (2006) *Global Anthropogenic Non-CO_2 Greenhouse Gas Emissions: 1990–2020*, Office of Atmospheric Programs, Climate Change Division, Washington, DC, www.epa.gov/non CO_2/econ-inv/pdfs/global_emissions.pdf

US EPA (2008) *Inventory of US Greenhouse Gas Emissions and Sinks 1990–2006*, (USEPA #430-R-08-005) Office of Atmospheric Programs, Climate Change Division, Washington, DC, www.epa.gov/climatechange/emissions/usinventoryreport.html

Van Zanten, B. and Scheepers, M. (1994) *Modelling of Landfill Gas Potentials*, Report prepared for International Energy Agency (IEA) Expert Working Group on Landfill Gas, published by Technical University of Lulea, Lulea, Sweden

Vieitez, E. R. and Ghosh, S. (1999) 'Biogasification of solid wastes by two-phase anaerobic fermentation', *Biomass and Bioenergy*, vol 16, no 5, pp299-309

Webster, R. and Oliver, M. A. (1992) 'Sample adequately to estimate variograms of soil properties', *Journal of Soil Science*, vol 43, pp177-192

Wilshusen, J. H., Hettiaratchi, J. P. A., De Visscher, A. and Saint-Fort, R. (2004) 'Methane oxidation and formation of EPS in compost: Effect of oxygen concentration', *Environmental Pollution*, vol 129, pp305-314

Zabowski, D. and Sletten, R. S. (1991) 'Carbon dioxide degassing effects on the pH of spodosol soil solutions', *Soil Science Society of America Journal*, vol 55, pp1456-1461

Zhao, C., Andrews, A. E., Bianco, L., Eluszkiewicz, J., Hirsch, A., MacDonald, C., Nehrkorn, T. and Fischer, M. L. (2009) 'Atmospheric inverse estimates of methane emissions from Central California', *Journal of Geophysical Research*, vol 114, no D16302, pp1-13

Zilioli, E., Gomarasca, M. A. and Tomasoni, R. (1992) 'Application of terrestrial thermography to the detection of waste disposal sites', *Remote Sensing of the Environment*, vol 40, pp153-160

第12章

化石能源与乏风瓦斯

Richard Mattus and Åke Källstrand

12.1 前　　言

根据最近的估计,全球与能源相关的甲烷释放源每年达 74~77 Tg,其中 30~46 Tg 来自煤矿开采(Denman et al,2007),这与垃圾填埋场(第 11 章)释放的甲烷量相当,且还不包括生物量燃烧(第 7 章)这些与能源相关的甲烷释放。2007 年,美国与能源相关的甲烷排放占到全国甲烷排放的 35%(US EPA,2009)。大部分甲烷排放发生在化石燃料的开采、运输、管理及使用阶段。其中与开采相关的排放又以煤矿开采为主。

这一章简要回顾了来自天然气和石油相关来源的甲烷排放(相关的减排策略及成本效率将在第 13 章中进行更详细的讨论)。随后,重点关注煤矿与一项迅速发展的新技术,该技术能够拦截乏风瓦斯(ventilation air methane, VAM),并可大幅度降低这种来源的甲烷排放。

12.1.1 天然气损失

天然气组成中的甲烷含量大于 90%,因此在开采、加工及供应过程中损失到大气中的甲烷量,成为地区和国家甲烷排放收支中值得注意的部分。在全球范围内,与天然气相关的甲烷排放估计为 25~50 Tg/年(Wuebbles and Hayhoe, 2002),这个数值即使不超过煤矿开采所产生的排放,也与其不相上下。2007 年,美国天然气产生的甲烷排放总计为 104 Tg CO_2 当量,这种因人类活动引起的甲烷排放成为继发酵作用和垃圾填埋之后的第三大甲烷来源(US EPA, 2009)。在 2005 年至 2020 年间,全球甲烷排放预计将增长 54%,其中最高的增长发生在巴西(>700%)和中国(>600%)。

正如开采过程中的偶然排放,地表转运过程也会有一定的甲烷损失,主要通过排气过程及压缩机泵站中的管道泄漏。这类损失在年代久远或疏于维护的开采、存储及供给设施中尤为普遍。据估计,在 20 世纪 90 年代,穿越俄罗斯的天然气管道因泄漏导致的损失约为 6%,而报道的局部泄漏率为 1%~15%,这主要取决于开采、处理及配送系统的质量。发达国家中这种损失一般要低得多,为总产量的 1%~2% (Wuebbles and Hayhoe,2002)。压缩机泵站中因高压环境导致的甲烷损失是非常可观的,主要是在阀门处和常规的仪器通风过程中产生的泄漏,还有在压缩机引擎中甲烷的不完全燃烧。在甲烷从压缩机泵站释放出来之前,这些无规律性的排放是难以检测和拦截的,但在风量能得到良好控制的区域,甲烷能被有效捕获。

开采技术效率的提高,基础设施的改善以及鼓动发起对设备进行直接的检查和维护,都可以减少与天然气开采相关的甲烷排放(后几种策略可限制高达 80% 的甲烷逸出排放)(US EPA,2006)。在气体配送系统中,气动控制装置用压缩空气替代天然气,也可以减少大量的甲烷排放。同样,在开采和处理点所采用的燃排工艺也可以将多余的甲烷(相对低浓度或超过处理容量)转化为二氧化碳和水蒸气,但在许多领域中,处理容量的扩充以及基础设施的改进可让原本空燃的甲烷得到利用。

12.1.2 石油相关的甲烷排放

地质构造形成的石油可导致大量甲烷储存(如天然气),后者与石油储量是密切相关的。在钻孔及随后的开采过程中,这些被封闭的甲烷气体大量释放到大气中。而石油本身只含有微量的甲烷,因此大部分(97%)与石油相关的甲烷排放发生在油田,而非石油提纯过程(3%)和运输过程(1%)中(US EPA,2006)。2000 年,源于石油及其派生物甲烷排放的全球估计值为 6~60 Tg/年,美国环境保护署估计 2000 年石油开采贡献了 5 700 万吨 CO_2 当量,使之成为第 11 大全球人为甲烷排放源(US EPA,2006)。2007 年,美国油气系统排放的甲烷相当于 28.8 Tg 的 CO_2 当量,再加上移动源燃烧和石化生产所排放的甲烷分别为 2.3 Tg 和 1 Tg CO_2 当量(US EPA,2009)。从全球来看,在 2005 年至 2020 年之间这种来源的甲烷排放预计会有一倍的增长。

在石油开采活动中对相关的甲烷进行有目的性的收集,能极大地减少这种来源的排放量。减缓与石油产品有关甲烷排放的工艺通常集中于:将捕获的甲烷注回油田中(这能够提高石油的再生率),或将甲烷燃烧成二氧化碳和水蒸气(但此技术受限于其成本,特别是在近海地区),或在甲烷浓度足够高且具备一定基础设施的条件下,利用捕获的甲烷作为一种额外的燃料(US EPA,2006)。

12.2 煤层甲烷

在煤系地层的地质作用,也称作煤化作用(coalification)中,甲烷即已形成且大部分会被阻陷在煤层及其周围地层里面,直到煤矿开采时才释放出来。一吨煤的形成伴随着数千立方英尺[①]的甲烷产生(Thakur,1996)。通常情况下,煤层越深,碳含量越高,产生和阻陷的甲烷量越大,煤炭行业从地下开采中造成超过 90% 的甲烷逸出来(US EPA,2006)。2000 年,美国 56 个所谓"瓦斯"矿(含高浓度甲烷气体)的排放因子为每个矿每年 57~6 000 立方英尺。随着技术的进

---

① 1 立方英尺 = 0.028 32 m^3。——译者注

步,更深、含更高浓度甲烷的煤藏也得以开采,但如果不改进减缓措施,与煤矿开采相关的甲烷排放有持续增加的风险(US EPA,2006)。

地下开采的甲烷排放量为 10~25 m³/t 煤,而露天开采的排放量为 0.3~2.0 m³/t 煤。全球范围内,这个排放源据估计甲烷排放为 30~46 Tg/年(Denman et al,2007)。2007 年,美国煤矿开采造成的甲烷排放保持在 57.6 Tg CO_2 当量,还有废弃煤矿中 5.7 Tg CO_2 当量的甲烷排放(US EPA,2009)。

还有一定比例的采煤相关甲烷存在于煤本身的气孔中,当煤通过加工粉碎时释放出来而扩散,或者提取出来后被燃烧。在美国源于静止燃烧的甲烷排放中,煤炭燃烧是主要来源,2007 年排放量达 6.6 Tg CO_2 当量[①](US EPA,2009)。在浅层矿和露天开采中,被阻陷的甲烷通常在开采过程中直接释放到大气中。而在较深的矿井中,甲烷浓度相对较低(约为 1% v/v),通常由通风井释放,这可有效防止甲烷浓度增加而引起的潜在危险,而本章所关注的也正是以通风井为主要排放途径的甲烷潜在减排能力。

12.3 在减缓气候变化中的潜在作用

正如前面的章节所述,在大气层中甲烷的生存期相对较短,这为其在短期内快速缓解气候变化创造了条件。在今后的 10 年或 20 年内开发替代能源及减少二氧化碳排放的低成本高效益技术是至关重要的。

全球范围内,来源于牲畜和肥料的甲烷排放占据了人类活动所引起排放量的 1/3(第 9 章和第 10 章)。但此乃分布数量非常巨大的个体排放源,可能是很难得到有效缓解的。每头奶牛每年释放 50~100 kg 甲烷,而一座煤矿竖井每年则能释放 5 万吨甲烷。因此,采煤是一个非常强的甲烷释放点源,对此采用一些缓解措施也许是种有效的方向。

12.3.1 乏风瓦斯

空气中甲烷浓度达到 5%~15% 会发生爆炸。为确保安全,通常将其浓度均衡在充分低于或超过此区间的范围。为了处理煤矿甲烷的安全问题,需要大量的空气通入矿井中用以稀释甲烷至安全水平,即低于爆炸下限(LEL)。这导致乏风瓦斯中的甲烷浓度为 1% 或者更低。然而,大量通风气流的排放仍然会导致非常高的甲烷释放(总量绝对值)到大气中。

为了降低释放到乏风中的初始甲烷量,开发出了高效钻探及甲烷提前开采的先进技术。目前,这两项关键性的减排策略已得到应用。首先,脱瓦斯作用(degasification)或瓦斯抽排,包括开采前(可提早至开采前十年)和/或开采后的竖井钻孔网络,以及提取优质甲烷(通常浓度达到 30%~90%)作为能源。使用这些措施可明显节省成本,因此捕获的气体中估计有 57% 适合注入天然气管网中(US EPA,2006)。

其次,"强化脱瓦斯作用"与基础脱瓦斯作用的措施相似,但采用了更先进的钻井和开采技

---

① 原文为 6.6 个 CO_2 当量,经核查原文献,确定是漏掉单位 Tg。——译者注

术,如采用脱水和脱氮系统。相对于基础系统,这种强化了的系统可提高20%的回收率,因此捕获的甲烷中估计有77%适合注入天然气管网中(US EPA,2006)。

提前开采的甲烷量由多种因素决定,包括煤层与其周围地层的渗透性。开采过程降低了局部压力,导致周围岩石中的甲烷迁移,并进入乏风中。通过提前开采大量的甲烷后,某些矿井释放到乏风中的甲烷总量可能减少约50%。然而,在许多情况下,煤矿中的甲烷浓度太低以至于脱瓦斯措施无利可图(即甲烷含量太低以至于无法将其注入天然气管网),而以VAM的形式排至大气中的甲烷释放则成为减排的主要目标。

事实上,甲烷分子会被氧化作用破坏(VAM减排中采用的主要处理),同时产生巨大能量,这使得将煤矿甲烷排放作为能源进行利用有一定的商业利润,也可用于区域供暖或发电。在垃圾填埋场(第11章)和煤矿脱瓦斯的一些位点(见下文)已经这样做了。到目前为止,解决VAM方面的关键问题是:为了充分氧化甲烷,必须处理大量的空气。

12.3.2 减缓 VAM 排放

为了找到减少大量VAM排放的方法,人们已开发出许多不同的技术(Methane to Markets,2009)。其中一种成功的方法是燃烧一些乏风中的甲烷来产生能量,避免了VAM损失到大气中,此外还获得了明显的能量补贴。虽然大型发电厂很少会建在通风井附近,但这可能会成为一种最佳选择,通风管道的尺寸需要每小时输送约100万 m^3 的空气进入系统,而远离煤矿通风井的任何位置都不具备这样的条件。其他的VAM技术包括利用乏风作为内燃机的助燃空气,其中的主要燃料是煤矿排出的气体,用于再生式和贫燃气催化式的燃气涡轮中,并利用热力学及催化氧化处理来消除甲烷(Somers and Schultz,2008)。

12.3.3 VAM 处理的成功典范

迄今为止,唯一能证明具备大规模商业可行性的VAM技术是用于澳大利亚必和必拓公司(BHP Billiton)西崖煤矿(the West Cliff Colliery)的系统(Somers and Schultz,2008)。该装置称为WestVAMP(西崖煤矿乏风甲烷发电站),是基于VOCSIDIZER技术发展起来的,MEGTEC系统拥有专利并提供支持。

利用浓度为0.9%的VAM所产生的高级别蒸气可用于驱动常规发电厂的蒸汽涡轮机。因此,发电厂利用的燃料由空气含量大于99%的乏风组成。处理来自矿井乏风之中的20%,就能同时驱动常规6 MW(e)的蒸汽轮机,且每年估计可减少25万吨CO_2当量的排放量。

1994年,MEGTEC在英国Thoresby煤矿运转数月,首次证明了VOCSIDIZER技术能够有效地减少VAM排放。总体上,VOCSIDIZER是隔热良好的钢铸箱,其内部由能够有效进行热交换的陶瓷床构成。一开始,中部加热至1 000 ℃。接着,含有稀释甲烷的乏风通过陶瓷床。在甲烷的自然氧化温度下被氧化,通过有效的热交换释放能量,此能量被保存起来用于加热后面进来的乏风以便达到VAM氧化温度。为了保持装置中部的热氧化区,气流的流向是交替的。其剖面图见图12.1。

2001—2002年,澳大利亚必和必拓公司的艾平煤矿(Appin)再次证明了VAM技术的商业可

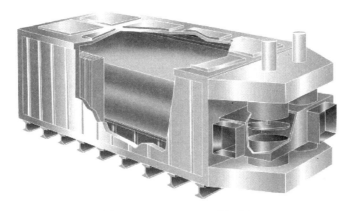

图 12.1　VOCSIDIZER 剖面图

来源：MEGTEC。

行性(澳大利亚煤炭协会研究项目提供部分资金)。此次试验证明了两方面的重要内容,即:①运行的稳定性——操作过程能够控制煤矿通风井中自然变动的 VAM 浓度(为了证明这一点,该装置成功运转了 12 个月);② 能量再利用——VOCSIDIZER 氧化过程释放的能量能成功用于产生蒸汽。

VOCSIDIZER 技术的最终演示在澳大利亚必和必拓公司西崖矿井的 WestVAMP 项目中完成。成功运行数月后,VAM 发电厂于 2007 年 9 月 14 日正式落成。项目由澳大利亚温室办公室提供部分资助资金,另外两项收入来源——新南威尔士州交易计划中的发电产值和"碳信用额"。截至 2009 年,WestVAMP 装置发电达 80 GWh,并由当地的新南威尔士州交易计划获得了 50 万碳信用额(吨 CO_2 当量)。在首个财政年度的运作期间,据报道必和必拓公司设备利用率达 96%,包括两个计划维护的停运期(见 Booth, 2008)。该发电厂也可被描述为使用了 VOCSIDIZER 这一非传统锅炉的传统蒸汽发电厂,可在燃料极其贫乏时保持运行。基于 VOCSIDIZER 技术的 VAM 发电厂过程原理见图 12.2。

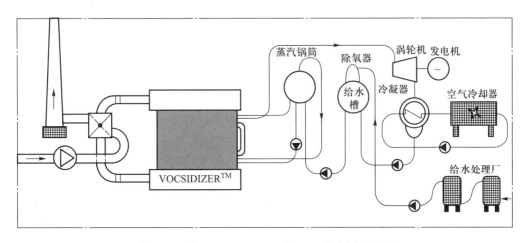

图 12.2　基于 VOCSIDIZER 的 VAM 发电厂原理图

来源：MEGTEC。

用于 VAM 处理的 VOCSIDIZER 技术同样经由美国西弗吉尼亚州的康寿能源公司(CONSOL Energy)所证实,该项目受到美国环境保护署及美国能源部的支持,同时还在中国河南郑州矿业集团得以应用。中国的这套设施是世界上首套 VAM 加工处理装置,碳信用额的产生得到 UNFCCC 正式批准。

从技术上讲,VOCSIDIZER 工艺必须基于经处理空气与系统内部构造之间的高效热交换。系统效率是指仅需 0.2% 的 VAM 浓度用于维持氧化过程。该系统内没有燃烧室,氧化过程是发生在特殊的陶瓷床内部。同样,没有"热点"或明火燃烧过程,这意味着可以避免大量氮氧化物(NO_x)的产生。

12.3.4　VAM 处理的潜力

用于减少 VAM 排放所需的空气体积非常大,处理系统的模块化显得非常重要。VOCSIDIZER 是由 4 个单元上下两层所组成的"VAM 立方体",每个立方体能处理 25 万 $m^3 h^{-1}$ 的乏风。多个 VAM 立方体组成大型装置,占地面积约为 500 m^2(图 12.3)。

图 12.3　处理 500 万 $m^3 h^{-1}$ 煤矿乏风的双 VOCSIDIZER"VAM 立方体"示意图
来源:MEGTEC。

作为空气处理装置,该系统对甲烷的减排能力与 VAM 浓度直接相关,每个"VAM 立方体"对含甲烷 0.3% 的空气所"产生"的减排相当于每年 8 万吨左右的 CO_2 当量,对 0.6% 甲烷浓度的减排相当于 16 万吨左右的 CO_2 当量,对 0.9% 甲烷浓度的减排相当于 24 万吨 CO_2 当量。因此,每小时处理 10^6 m^3 煤矿乏风的装置(等价于 4 个 VAM 立方体)每年能够减少约 10^6 吨 CO_2 当量的排放。

尽管矿井乏风中甲烷浓度非常低,但所含的能量可以非常高。按 VAM 立方体每小时处理约 25 万 m^3 的乏风,则甲烷含量 0.6% 的 VAM 可回收约 10 MW 的热能。增加或减少 0.3% VAM 浓度,意味着增加或减少约 7 MW 的可回收能量。

如上所述,VAM 的 VOCSIDIZER 技术中限制能量产生的主要因素并非"燃料"浓度极其稀薄,而是这个系统需要安置于靠近矿区通风井的位置。

从 VAM 产生热能的载体可以是热水、热油或蒸汽,这主要取决于再生能量的预期用途。主要用途有空间供热、冷却(通过启动吸收式冷水机组)或发电。一般煤矿通风井附近的热能需求(如建筑物中的供暖)很有限,因此大多数情况下在排气管道处利用二次热交换就足以就地提供相对小的热能需求(如煤矿工人淋浴的热水以及建筑供暖)。单个的 VAM 立方体处理平均 VAM 浓度为 0.6% 的乏风能够产生 8 MW 电量将水加热到 70 ℃。

12.4 减缓气候变化的 VAM 技术机遇

据估计,如果 VAM 氧化剂技术运用到 VAM 浓度大于 0.15% 的所有位点,那么就能够避免约 97% 的煤矿乏风甲烷排放(US EPA, 2006)。2003 年,全球 VAM 市场估计有 1.6 亿吨 CO_2 当量,净现值成本为每吨 CO_2 当量 3 美元(US EPA, 2003),推测至 2020 年,仅在美国 VAM 催化氧化每年就有减少 94 万吨 CO_2 当量的潜力(与基线排放量相比减少 24%)(US EPA, 2006)。其余与煤矿甲烷排放相关的减缓措施,如脱瓦斯和强化脱瓦斯,在未来 10 年或 20 年中欲以其实现大量减排则似乎存在更多的潜在限制(US EPA, 2006),但在全球甲烷减排中这些已有的方法仍具有发挥重大作用的潜力。

12.5 结　　论

在百年尺度上,甲烷的 GWP 为 21~25,但由于其在大气中的生存期相对较短(约 10 年),当时间尺度缩短时其 GWP 会大幅增加(见第 1 章,表 1.1)。因此,当在中长期时间范围内集中研究全球能源结构的脱碳作用时,大量减少诸如煤矿点源甲烷的排放,为短中期(10~20 年)时间范围内减缓气候变化提供了潜在的有效方式。煤矿 VAM 排放正好为此响应提供了极佳的机会,可利用对少数几处强大点源的治理实现显著的减排效果。

参 考 文 献

Booth, P. (2008) *West VAMP BHP Illawara Coal*, US Coal Mine Methane Conference, Pittsburgh, www.epa.gov/cmop/docs/cmm_conference_oct08/08_booth.pdf

Denman, K. L., Chidthaisong, A., Ciais, P., Cox, P. M., Dickinson, R. E., Hauglustaine, D., Heinze, C., Holland, E., Jacob, D., Lohmann, U., Ramachandran, S., da Silvas Dias, P. L., Wofsy, S. C. and Zhang, X. (2007) 'Couplings between changes in the climate system and biochemistry', in S. Solomon, D. Qin, M. Manning, Z. Chen, M. Marquis, K. B. Averyt, M.

Tignor and H. L. Miller (eds) *Climate Change 2007: The Physical Science Basis*, Cambridge University Press, Cambridge, pp499-587

Methane to Markets (2009) *Methane Technologies for Mitigation and Utilization*, Methane to Markets Programme, www.methanetomarkets.org/m2m2009/documents/events_coal_20060522_technology_table.pdf

Somers, J. M. and Schultz, H. L. (2008) 'Thermal oxidation of coal mine ventilation air methane', in K. G. Wallace Jr. (ed) *12th US/North American Mine Ventilation Symposium 2008*, Reno, Nevada, USA, pp301-306, available at www.epa.gov/cmop/docs/2008_mine_vent_symp.pdf

Thakur, P. C. (1996) 'Global coal bed methane recovery and use', *Fuel and Energy Abstracts*, vol 37, p180

US EPA (United States Environmental Protection Agency) (2003) *Assessment of the Worldwide Market Potential for Oxidizing Coal Mine Ventilation Air Methane*, EPA 430-R-03-002, United States Environmental Protection Agency, Air and Radiation, Washington, DC

US EPA (2006) *Global Mitigation of Non-CO_2 Greenhouse Gases*, EPA 430-R-06-005, United States Environmental Protection Agency, Office of Atmospheric Programs, Washington, DC

US EPA (2009) *Inventory of Greenhouse Gas Emissions and Sinks: 1990 - 2007*, United States Environmental Protection Agency, Washington, DC, www.epa.gov/methane/sources.html

Wuebbles, D. J. and Hayhoe, K. (2002) 'Atmospheric methane and global change', *Earth-Science Reviews*, vol 57, pp177-210

第13章

甲烷控制的途径

André van Amstel

13.1 前　言

除二氧化碳外,其他温室气体的排放也产生了约50%的辐射强迫,这是全球变暖的决定性因素(IPCC,2007)。这就意味着,诸如甲烷和氧化亚氮这类气体的减排是十分重要的,在制定有关减少气候变化带来风险一类政策时应加以考虑。

相对于二氧化碳来说,减排甲烷对于减少气候强迫是十分有效的,因为在百年时间尺度上,单位甲烷的温室气体效力是单位二氧化碳的21~25倍。由于甲烷常常被回收作能源,许多减排途径因能源销售的获利而变得十分经济。在本章中将会给出技术减排方法的成本预估,并将其用于估算不同甲烷减排策略总成本的整体评估中。

13.2　哪些是甲烷减排的可行之道,其成本又如何?

许多学者已经估算了减排每吨甲烷的成本。借助一些技术手段,甲烷排放能够得到显著减少,而且在实际的甲烷减排项目中也积累了许多经验。目前有关甲烷减排措施的文献很多(如AEAT,1998;IEA,1999;Hendriks and de Jager,2000;De la Chesnaye and Kruger,2002;Graus et al,2003;Gallaher et al,2005;Harmelink et al,2005)。减排成本若低于20美元/吨则被认为是廉价的。有些措施甚至可以产生利润,减排甲烷的成本为-200~0美元/t不等[①]。这些被称为"无悔"措施。但是,许多措施是非常昂贵的,减排花费为20~500美元/t。减排成本在500美元/t或以上的是非常昂贵的措施。Van Amstel(2005)做了首个全球减排成本估计。

IPCC(2007)表示,气候已在变化中,而且这种变化很可能在未来50年因人类活动而加速。

---

① 原文用负数成本来代表收益,因此这句话的实际含义是"减排甲烷产生0~200美元/t不等的收益",后同。——译者注

为了控制这种变化,应当让全球范围的温室气体排放量得到迅速降低。《联合国气候变化框架公约》(UNFCCC)已经给出了明确的目标,将大气中温室气体稳定在避免危险气候变化发生的水平。科学、技术和专业知识让我们具备完成该目标的可能。限制大气中二氧化碳浓度以防止气候变化带来更多危害的提案一般将稳定目标定在 550 ppm,这几乎是工业化前平均浓度 280 ppm 的两倍。目前的二氧化碳浓度为 386 ppm[①],并以约 2 ppm/年的速度递增。

温室气体排放会报告给气候公约及其《京都议定书》。IPCC(2006)编制了各国温室气体排放清单的指导意见。总的来说,化石燃料带来的温室气体能通过经济上的提高能效、节省能源和脱碳作用来进行控制,这包括将燃料转变为使用可再生能源。短期的措施包括碳捕获与储存(carbon capture and storage),燃料由煤转换至天然气(即从高碳密度的燃料转换到较低的),或者从化石燃料转换到生物质燃料(生物质燃料也是一种高碳密度的燃料,但其排放的碳将在一个闭合的短期循环中被植被所吸收)(Leemans et al,1998;Pacala and Socolow,2004)。有人甚至主张在全世界范围内大量增加核能发电,但在许多地方核废料储存和安全问题仍然有待解决。

Pacala 和 Socolow(2004)认为"一如既往"(business as usual,BAU)情景和稳定化情景之间的政策缺口能够通过采用现有技术而获得稳定楔子[②](stabilization wedges)来逐步实现。在 BAU 情形中,碳排放以每年 1.5%~2%的速度递增。在他们看来,每种楔子都包括一系列实质性的减排措施。所有楔子可以通过以下几种途径实现,即提高能效、通过燃料转换将供电和燃料低碳化、碳捕获与储存、核能以及可再生能源。随着能源节约和能效提高,大量的二氧化碳减排已经在一些领域和地区获得成功。在工业化国家,过去 40 年中整体经济的自主能效提高(the autonomous energy efficiency improvement,AEEI)速度达到每年 2%,这种增长在近 20 年趋于稳定(Schipper,1998)。

Van Amstel(2009)设想了 2100 年的情形,并对甲烷减排措施后的气候变化做了预测。每种可能减少甲烷在内的其他温室气体排放的措施,都应加入到温室气体技术组合中。大气甲烷的温室效应比二氧化碳高 21~25 倍。正如我们前几章所看到的,甲烷能被捕获并用作能源。就甲烷来说,这意味着在化石燃料工业中的探矿、开采以及运输过程中要找出并且排除所有的泄漏。也意味着要废弃那些在石油天然气工业中将天然气和煤矿乏风甲烷排出并烧掉的浪费做法。

在"含瓦斯"煤矿中,采煤前的脱瓦斯步骤必须加以改进,以提高安全性并捕获其中的甲烷作为能源加以利用。在全球许多产煤国家中,利用矿井乏风甲烷并将其氧化的市场正在形成,其配套设备市场份额超过 84 亿美元(EPA,2003;Gunning,2005;Mattus,2005)。从垃圾填埋场、粪便发酵过程和废水处理工厂中所收集的生源甲烷也应在可能的地方加以推广(IEA,2003;Maione et al,2005;Ugalde et al,2005)。

下面,我要讨论已经在工业层面上利用并能进一步扩大规模的不同措施。在氢能经济(hydrogen economy)中,甲烷也可看作是氢的一种完美载体(它比金属水合物要廉价得多)。本章之后将用一个概念性小节来确定减排成本,并以另一个技术性小节来描述减排方式。

---

① 这是 2008 年的数据,2014 年 4 月的月均浓度首次超过 400 ppm 关口。——译者注
② 关于这个名词的含义,可参考译者另外一本译著《气候变化生物学》第 16 章的内容。——译者注

13.3 确定减排措施特征和成本

在本节中将考虑对评估温室气体减排手段较重要的一些问题。我将从一些定义开始,然后讨论估算减排技术成本的可能性。这些措施可采用供给曲线进行评估。

减少(相对于一个给定的基准开发 baseline development)温室气体的排放有两种不同的方法:效率提高和排放量减少(volume measures)。效率提高可被定义为减少单位排放(specific emissions)。而排放量减少则是人类活动本身的减少。

单位排放被定义为单位人类活动的排放量,如单位煤开采产生的排放,或生产单位肉或奶带来的排放。排放可用一个通式来计算,即:人类活动的量×单位活动的排放×单位排放折扣。目标年度的总成本是根据排放的减少与没有减排措施的基准开发进行比较计算出来的。一般来说,人类活动指标是与人类活动的经济价值有关的物理度量。例如,所生产的化石燃料总量,牲畜的存栏数量或肉奶的产量,或者所产生的城市垃圾总量。人类活动指标的度量并非那么清晰明了:有时候因缺少统计数字而不得不选择一个简单的指标。这里仅描述效率改善。一些情况常被描述为技术选择,但并不意味着这些技术已得到应用。良好的总务打理(housekeeping)也可被认为是效率改善(Harmelink et al,2005)。

几种不同类型的减排潜力可进行区别:
- 技术潜力指通过应用技术或已获论证的实践,有可能减少温室气体排放或改善能效的量。减排是根据基准情景开发来计算的;
- 经济潜力是为减少温室气体排放或改善能源效率的技术潜力的一部分,可以通过创造市场实现较高的成本效益,减少市场失灵,增加金融和技术转让。经济潜力的实现需要额外的政策和措施来打破市场壁垒。当从这些措施所获得的收益大于成本(包括利息和折旧)时,就是成本效益高的措施;
- 市场潜力是为减少温室气体排放或改善能源效率的经济潜力的一部分,如果没有新的政策和措施,可以实现预测市场条件下的目标。

在一个特定部门评价减排技术一般包括如下几个步骤:
- 将部门排放量分为几个类别和过程;
- 每个类别和过程可能的减排方案;
- 对各种减排方案特性的确定;
- 评价整套减排方案(例如,通过建立一条供给曲线,或借助集成模型根据基线情形进行评价)。

平衡的成本估计是基于 CH_4 排放已通过技术手段得到降低的真实项目。这些估计考虑到所有的项目成本,包括投资、运营和维护,劳动力和资本贬值。重要的是国家和地区之间的成本估计是可比较的,因此,研究团体之间的方法也应该是可比较的。估算减排措施的成本有一些不同的方法。在 Gallaher 等(2005)估算的边际减排成本曲线中,考虑了成本随时间的减少。这里所选择的静态方法,由 Blok 和 de Jager(1994)首次采用,Harmelink 等(2005)在荷兰进行了应用。"21世纪能源建模论坛"(EMF21)也提供了适用于全球减排中非 CO_2 温室气体的静态边际减排曲线(Delhotal et al,2005)。用于 EMF21 研究的数据,是根据国家或地区的劳动力价格、能源系统的基础设施和最新的排放数据来做出的特定国家或地区边际减排成本曲线。静态分析是有局限性的。首先,减排成本评估的静态方法没有考虑技术随时间的变化,而这些变化可能会降低减排成本并提高减排方案的效率。其次,静态 EMF21 方法只采用了有限的区域数据。在用于多用途项目时,成本估计会出现困难。那么就难以确定减少 CH_4 的投资成本,因为这些投资也是用作其他用途的。例如,废水和污水处理厂的建立,是用于改善人们健康和生活条件的。厌氧分解池产生的甲烷可以燃排,也可以用于废热发电,减少甲烷从生物质或高有机质含量液体排放物中的释放。出于安全原因,大多数集中系统(centralized system)将甲烷自动进行燃排,或捕获加以利用,对现有污水处理厂的附加减排技术并不存在。结果,减排潜力取决于废水管理中的大尺度结构变化。因此,在污水处理中甲烷的减排成本是很难估计的。在世界各地,最重要的经济和社会因素影响着废水处理的实践。在发展中国家安装污水处理系统是为了减少疾病,大大超过了与 CH_4 减排相关的潜在收益。因此暗示"碳排放税将是影响废水 CH_4 释放投资决策的背后驱动力"的说明乃一种误导。所以成本估计必须谨慎对待。

这里将 Blok 和 de Jager(1994)所描述的方法用于具体成本中。在该方法中,每个亚部门减少每吨 CH_4(或其他温室气体)的成本可用下式计算:

$$C_{spec} = (a.I + OM - B)/ER \qquad (16)$$

其中,C_{spec} 为单位减排成本(以 1990 年的美元价格为单位计算避免每吨甲烷释放所需的成本);a 为基于利率(或折扣率)r 和折旧期 n 的年金因子,$a = r/(1 - (1 + r)^{-n})$;I 为实行该措施的(额外)初始投资(以美元计算,后同);$a.I$ 为年度投资;OM 为与措施相关的(额外)年度运营与维护成本;B 为措施相关的年收益(例如,对能源成本的减少);ER 为与措施有关的减排量,即每年所避免排放的甲烷吨数。同时:

$$回报时间 = I/(B - OM) \qquad (17)$$

措施的成本是以 1990 年减少每吨甲烷释放所需的美元价格为常数计算的。如果与测量有关的收益足够大,具体费用也可以是负值。因此资金可通过实施有力的措施来获得。用这种方式所计算的成本,对生命周期成本来说是有意义的,即考虑措施所需设备技术寿命的总成本。因此,折旧年限取等于设备的技术寿命。价格是市场价格,即实际利率是进行了通货膨胀校正的市场利率,一般是 3%~6%。净成本为负的减排总量被称为经济潜力。具体成本可作为在特定情景下挑选一套措施的选择标准。为选择一套措施而计算的总成本,给出了措施的国民经济成本(the national economic costs)在国民生产总值(GNP,假设是完全自由竞争)中的第一个近似值。然而,选择何种折扣率 r 仍是一项需要讨论的问题,并可能会高于实际利率。在公共政策决策中社会折扣率有时选得过高(10%),因为它必须反映假设相同风险水平下可通过私人消费支出和投资来实现的收益率(Callan and Thomas,2000)。同样,将技术寿命作为折旧时间可能太长。如果回报期是 5 年或更短的时间,应采用实际的测度。不过,这里仍然采用的是 Blok 和 de Jager(1994)的方法,因为它已被广泛接受。

下面,可用的技术措施与其 CH_4 减排潜力和成本将在下一节对各种重要甲烷源的讨论中进行描述。

13.4 甲烷的技术减排潜力

来自天然气和石油基础设施的甲烷排放源

天然气和石油基础设施占全球人为甲烷排放量的20%。在天然气和石油工业所有部门都有甲烷气体的排放发生，包括钻井与生产，处理与传输，直到分配甚至最后作为燃料使用环节。天然气基础设施由五个主要部分组成：生产、加工、传输、储存和分配。石油工业的CH_4排放主要发生在生产操作现场，如油井中的乏风瓦斯，储油罐以及与生产相关的设备。表13.1总结了一些国家1990年和2000年来自石油与天然气的CH_4排放，以及一些最大生产国2010年的预期排放量。

表13.1 1990年与2000年各国报道的石油和天然气甲烷排放以及2010年的情形

国家	二氧化碳当量（Gg）		
	1990年	2000年	2010年
俄罗斯	335.3	252.9	273.5
英国	121.2	116.4	138.7
乌克兰	71.6	60.2	39.4
委内瑞拉	40.2	52.2	68.0
乌兹别克斯坦	27.2	33.7	42.9
印度	12.9	24.4	54.9
加拿大	17.1	23.3	23.8
墨西哥	11.1	15.4	22.1
阿根廷	8.0	13.7	30.5
泰国	2.9	8.6	15.9
中国	0.9	1.5	4.9

来源：Van Amstel，2009。

来自石油的甲烷减排

在石油的生产过程中，相关的天然气被泵到地表。在许多生产国，这种气体是燃排或直接排放。这是一种浪费资源的情况，如果能在生产现场捕获这些气体用于市场和能源生产会更加节省成本。这宝贵的资源在尼日利亚以及几个中东生产基地被大量燃排或直接排放，需要投资以将其生产为液化石油气（LPG），便可提供给当地或更远的市场。

来自天然气的甲烷减排

在不久的将来从化石燃料开发中产生的甲烷排放可能会增加。在寻找非常规化石燃料资源时，甲烷水合物近年来已吸引了越来越多的关注。由于每立方米甲烷水合物包含了170 m^3的CH_4气体，因此在某些地区甲烷水合物的资源潜力是巨大的。目前，区域资源潜力的特征正在出现（Hunter, 2004）。然而，将该资源带到地表的技术仍旧匮乏。因此，开发绝对"无泄漏"的方法来阻止在开发沉积的甲烷水合物过程中大幅增加全球甲烷排放，这是非常重要的。

在天然气生产过程中主要的甲烷排放源包括：
- 天然气处理操作，如用乙二醇来干燥气体以及用醇胺溶液去除 H_2S 或 CO_2；
- 天然气凝析物的分离及体积的测量；
- 为防止空气渗入系统中，具有 CH_4 吹扫流的安全系统。

天然气主要是用乙二醇脱水得到的。在乙二醇处理后降压的过程中，释放出来的甲烷气体通过乏风排放或者被燃排（海上钻井平台尤其如此）。在日常维护工作中，或通过安全阀时，甲烷气体也会被放出，然后排放或者燃排。燃排是最近才引入的，出于安全方面的原因，"燃烧嘴"被安置在离钻井平台较远的位置。据预测，在新建的钻井平台上将要采取措施使甲烷燃排和乏风排放降到最小。而在已经投入使用的平台上，要采取低成本的措施提高这些"废"气在平台现场的利用。正如挪威的一些海上开采平台所证实，将甲烷排放限制在 10 g GJ^{-1} 以下是可行的（OLF, 1994）。要减少此类油气系统中的甲烷泄漏，以下几种措施是可行的（参见表13.4）。

措施1：提高检查和维护力度

在维护和修理之前，系统的部件降压时就会发生甲烷排放。这些气体可以重新压缩而导入系统中。这可以用一台可移动的压缩机来完成。当被压缩的气体量超过 65 000 m^3 时，重压缩就会变得非常经济。海岸平台的重压缩操作一般在经济上是切实可行的，每年避免甲烷排放的具体成本为每吨 200 美元（1990年价格）。而对于海上平台要达到这个目标较困难，因为所有的设备都必须用直升机运输（De Jager et al, 1996）。

措施2：在油气开采现场提高原本被排放掉甲烷的现场利用率

通过提高现场使用率或者让"废"气进入市场，就能做到甲烷减排。提高现场使用率是一种相对廉价的方式，每吨甲烷减排的净成本只有 10 美元。而将甲烷液化并运输至较远的市场则更为廉价，每吨甲烷的减排成本低至-100 美元。理论上，通过这种策略，从 1990 年至 2025 年减排约 50% 是可能达到的，其中 60% 来自前苏联和中东地区（De Jager et al, 1996）。

措施3：增加燃排替代乏风排放

在油气生产过程中，开采现场的安全系统中会进行乏风排放和燃排。在"燃排"中，甲烷被燃烧产生二氧化碳，而"乏风排放"则排放未经燃烧的甲烷。由于甲烷释放导致全球变暖的潜力是同当量二氧化碳的 21~25 倍，所以乏风排放比燃排导致更多的气候强迫。而更多地使用燃烧手段而不是排放则能够减少这个问题。若在项目开发阶段或运行的开始阶段已经安装上燃排，成本将是低廉的。如果要求必须安装燃排设备，那么避免甲烷排放的成本大约是每吨 400 美元。增加燃排工艺来替代乏风排放，理论上能够在 1990 年到 2025 年间让经济合作与发展组织（OECD）的国家减少 10%~30% 的二氧化碳当量净排放，而在前苏联、中东和东欧的各油气生产国，这一数字则能达到 50%。

措施4：加速运输管线的现代化改造

在老旧的运输管线系统以及缺少维护的永冻土地带，甲烷泄漏量更高。如果管道在地下，要加快管线的现代化改造,其成本将是昂贵的。到 2025 年为止,前苏联和中东国家 90% 的泄漏能通过管线现代化改造而得到控制。在其他地区,到 2025 年能成功减少 20%~40% 的泄漏。如果管道在地下,预计甲烷减排成本是每吨 1 000 美元,如果置换为地上管道,这个成本为 500 美元(De Jager et al,1996)。

措施 5:改善泄漏控制和维修

在 OECD 国家的天然气运输干线上,每千米能找到三到五处泄漏点。在老旧的管线系统中该数字可能会高出许多。到 2025 年,改善泄漏控制和维修能迅速减少泄漏,在东欧、俄罗斯、中东、印度和中国能减少高达 90% 的泄漏,而在其他地区能减少 40%。这类措施的成本居中,每吨甲烷减排成本约为 200 美元(De Jager et al,1996)。

13.4.1 从煤炭开采方面减少甲烷排放

在地底深处的煤矿内,甲烷被封在煤矿矿床以及周围的岩层中。其上覆地层的高压防止了这些甲烷释放出来。一旦开始采挖,这些甲烷就会逸出并充满采掘空间。煤矿中的甲烷会危害煤矿安全,因此竖井需要通风(参见第 12 章)。通风排入大气的空气中甲烷的平均含量为 1%。开采完成后,有少量但仍不能忽视的甲烷还会因一些开采后活动诸如破坏、粉碎和干燥等而被释放出来。全球深层煤矿开采的甲烷排放因子如果不包括采后活动约为每吨煤 10~25 m^3。而全球地表煤矿开采的甲烷排放因子不包括采后活动约为每吨煤 0.3~2.0 m^3。采后活动导致的甲烷排放约为每吨煤 4~20 m^3(Kruger,1993)。不管是在煤炭开采前、开采中,还是开采后,某些排放都是可以缓解的。

开采前,可以从地表钻孔到煤层来捕获甲烷。这可以在开采前半年甚至数年完成。开采时,通风空气可作为助燃空气。开采后,可以对遗留碎煤和岩石区域回收甲烷来进行减排,如使用"采空区钻井"(gob-wells)技术。

进行地下煤矿开采有两种方式:房柱式开采(room and pillar)和长壁开采(longwall mining)。房柱式开采中,通过向煤矿空隙中开挖一系列的"房室"并留下柱状的煤来支撑矿井顶部的方式来开挖。而长壁开采就是从一个采掘面上切下连续片状的煤,一般长达 100~250 m。煤矿两面的矿壁上都会连接通向地面的道路,因此在采掘面后面的顶板岩层允许坍塌。通常采掘面会作为矿壁远端的终点,向着主要的道路干线回挖(AEAT,1998)

目前欧洲的矿床疏干操作是斜向钻一些洞,进入被采煤矿缝隙上的地层中。这些洞会在采掘面到达之前从矿壁的通道中钻好。当采掘面接近并经过这些洞下方时,甲烷就开始释放出来。如果要回挖,这些洞就会归入采掘面后的崩落区,人也就不可能再进去了。通过这种方式,大量的空气被吸入并与甲烷混合。这就意味着当这些空气到达地面时,含有约 50% 或更低的甲烷。从有意义的成本角度考虑,这个系统必须被设计成能处理更高的总流量。这也可能在利用阶段出现问题。

另一种方式主要在美国使用,即从地面向目标煤层缝隙钻入垂直的孔,并在开采前抽光甲烷气体。这是一种在任何开采活动中都能单独获得甲烷气体的方式。煤层甲烷(coal bed methane,CBM),顾名思义,就是从美国的黑武士(Black Warrior)及圣胡安(San Juan)两处盆地所大量开采的甲烷。由于稀释的可能极小,因此这些气体接近纯甲烷,只需极少量的处理。这种系统只有在"多气"(gassy)并具高渗透性的煤矿才能施行。从欧洲煤矿中除去甲烷气体的潜力有限,因为欧洲煤矿质量较高,可渗透性很低。德国开发的另一种方式是钻入一条"极度接近的平巷"(super adjacent heading)。这是一条特殊的通道,离采掘面有一定的距离并与之平行,然后将其作为一个收集点。整体上,可总结出如下几种减排的策略。

措施 6:开采前的除气处理

如果出于安全原因可以采用这个措施。它将在煤矿被开采前将甲烷回收。如果甲烷之后被用作能源,那么这还是一种减排手段。在开采前就可以将矿井钻孔,无论是从矿井内还是从地面开始都可以。在典型的煤矿生产区域,例如,中国、东欧和俄罗斯,到 2025 年将能达到从排气流失中减少约 90% 的甲烷,而在美国减排 70% 是可能的,成本预计为减排每吨甲烷 40 美元。在其他一些地区,使用该策略将能在 2025 年前达到 30%~50% 的减排(IEA,1999)。

措施 7:加强采空区钻井的回收

施行该措施可从煤矿的"采空区"减少甲烷的排放。这个位置处于采矿后矿顶坍塌并可能需要额外钻探的地方。甲烷可被再次用作能源。到 2025 年,采用这种方式可从废弃矿井中回收约 50% 的甲烷排放,每吨甲烷减排成本约为 10 美元(IEA,1999)。

措施 8:通风产生的空气的利用(参见第 12 章)

为了保证安全,地下煤矿通风是非常必要的,用巨大的风扇让空气通过矿井。空气中的甲烷含量必须低于 5%,并且为了符合相关规定,这个数字经常小于 0.5%。乏风空气能作为涡轮或锅炉的助燃气体。德国、澳大利亚和英国已经显示出该措施在工艺和经济上的可行性。如果这些措施引入他国,那么在典型产煤地区甲烷减排量可高达 80%,在其他地区也能达到 10%~20%。预计甲烷减排成本为每吨 10 美元(IEA,1999)。所有的主要产煤国都对煤矿甲烷有一些回收和利用。对德国来说,1995 年总利用率为 36%。而英国的回收率估计为 11%。西班牙的回收率则低于 5%(AEAT,1998)。

13.4.2　从牲畜的肠道发酵方面减少甲烷排放

牛、绵羊、山羊(反刍动物)和马以及猪(半反刍动物)都产生甲烷,这是它们正常消化过程的一部分。拿牛来说,估计总能量摄入中有 4%~7% 以甲烷的形式损失掉了(Van Amstel et al, 1993)。在集约型的现代化家畜饲养场中,具有高蛋白食物供给的动物排放了总能量摄入中的 4%,而开放农场(range systems)中没有此类供给的动物排放总能量摄入的 7%。自 1950 年以来,世界范围内的家畜数量猛增,是甲烷排放增加的主要原因。单位肉奶产量的甲烷排放,有望随着生产力的不断改善而减少,尤其在发展中国家更是如此。未来的绝对减排量则预计不会太大。下面讨论一些减排措施。

措施9：改善生产效益

甲烷的产生是反刍动物正常消化过程的一部分。如果喂养程序使得动物的产奶量、产肉量提高，并能够进行较好的繁殖，那么单位牛奶或牛肉产量的甲烷排放就会减少。美国、加拿大、欧洲的OECD国家以及日本已经有非常高的生产效益，预计不太可能再继续减排。在其他地区生产效益是可以得到改善的。在那些地区不需要额外的成本就有望能减少20%的甲烷排放（Blok and de Jager，1994）。

措施10：改善喂养方式

在许多地区，家畜的喂养方式是可以改进的。增加富含蛋白质的饲料并提高粗粮的消化率能够减少单位产品的甲烷排放。同样在OECD国家已经无望实现减排。而在其他地区则可以达到约10%的减排。这些地区甲烷减排成本很低，约为每吨5美元，但是高品质饲料的供应是一个问题（EPA，1998）。

措施11：产量提升药剂

这些药剂在美国被证实能够提高产量，但在欧洲一般不能为大众所接受。典型例子就是荷尔蒙，比如牛生长激素（bST）以及合成代谢类固醇。在欧盟这些荷尔蒙是遭禁的。如果在其他地区使用，可能会产生约5%的减排效果。这种措施代价高昂，每吨甲烷减排预计需要400美元（AEAT，1998）。

措施12：减少动物数量

在世界上的某些地区牲畜密度很高，已经导致了环境问题的出现。典型例子就是堆积的粪便、氨气的排放和自然区域、森林和地表水中的酸沉降，还导致了地下水污染。减少动物数量就是一种解决方案。这不算是什么技术手段，而是一种数量上的办法，如果环境管制对农民来说成本太高的话可能会自动出现。自欧盟引入牛奶生产限额后，产奶动物的数量减少了。在OECD国家，由于经济环境和此类限额系统，可能达到20%~30%的甲烷减排。减少动物数量的成本被认为是零。

措施13：提高瘤胃的效率

瘤胃发酵由胃中的酸度和周转率控制。后两者又都受控于动物的饲料及其他营养特征，比如吸收率、喂养策略、草料长度和质量以及草料和浓缩饲料之间的比例。虽然近几年对多微生物增长因子组合效果的认识已经有了长足进步，但仍缺乏能确定并控制瘤胃中优化发酵的有用信息。

用大量易发酵的非结构性碳水化合物来喂养反刍动物的研究表明，可以通过减少原生动物种群数量并降低瘤胃酸性来降低甲烷的产生。但是这样又可能导致瘤胃中的发酵受到抑制，然后可能令饲料中的能量转换为动物产品的效率降低，并可能影响动物健康。因此采用不含太多草料的饲料，并不是一种可持续的反刍动物甲烷排放控制方式。有一些可行但较为昂贵的，用添加剂来控制瘤胃的方式：己糖分解、丙酸盐前体、氧化甲烷的即食微生物、基因工程以及免疫原手段。表 13.2 给出了欧盟技术减排潜力和瘤胃控制成本的概况(AEAT,1998)。这些手段成本较高,减排每吨甲烷的成本为 3 000~6 000 美元。

表 13.2 欧盟提高瘤胃效率后的减排效果与成本

措施	每头减排量（%）	2020 年欧盟减排量(kt)			成本(美元/t CH_4)		可运行的年份
		乳用动物	非乳用动物	总额	乳用动物	非乳用动物	
丙酸盐前体	25	69	270	339	2 729	5 686	2005
己糖分解	15	41	162	203	不可用	不可用	2010
甲烷氧化剂	8	22	86	108	不可用	不可用	2010
益生素	8	21	81	102	5 440	11 332	现在
优良基因	20	364	不可用	364	0	0	现在

来源:AEAT,1998。

13.4.3 动物粪便中的甲烷

如果动物粪便以液态或是浆状形式储存,那么在温度高于15℃且储存时间大于 100 天时,产甲烷细菌就会产生大量甲烷(Zeeman,1994)。而相同形态在温度达 10℃或更低,存储时间少于 100 天的情况下,甲烷不会大量产生(Zeeman,1994)。甲烷产生的量由粪便成分以及粪便管理系统决定。甲烷减排措施也会针对防止发酵产生的条件,或者刺激可控的发酵以便于回收甲烷用作能源这两个方面。在中国和印度小规模的甲烷发酵装置十分普遍。在丹麦可找到大型系统。下面讨论一些减排措施。

措施 14:干燥储存

甲烷是牲畜粪便中的有机物质在厌氧分解过程中产生的。液态或浆状粪便在厌氧条件下经过较长时间的储存,就会发酵而释放出甲烷。此反应的最佳温度是 15~35℃。当然粪便也可在干燥和阴凉的条件下储存以防止发酵。在世界各地区管理粪便方式不同,因此以这种方式减排只能在牲畜密集度高并以液态或浆状方式存储粪便的地区才能施行。在这些地区能做到约 10% 的减排,每吨甲烷的减排成本在 200 美元左右(AEAT,1998)。

措施 15:日常粪便摊晒

如果每天将粪便摊在地面上,就可避免土壤厌氧条件,因而将厌氧分解降低到最小。在该措施中,应当考虑氨和一氧化二氮的损失。粪便摊到地面后 12 小时内,会有高达 90% 的氨气逸入大气中,因此将粪便混入泥土以减少损失就非常重要。在欧洲,采用日常粪便摊晒措施能减少 10%~35% 的甲烷排放。但是,这种方式属于劳动密集型,因此成本较高,减排每吨甲烷的成本约为 2 000 美元(AEAT,1998)。

措施 16:大规模分解和沼气回收

在牲畜密度高的欧洲国家(例如丹麦和德国),采用了先进的农场规模和村级规模的分解池。动物粪便从农场运到农场或村级规模的消化池中。这个技术已经得到证实,且经济业绩也可接受。如果能引入到所有 OECD 国家和中国,那么在这些地区预期能减排 10% 的甲烷。对大规模消化池来说,减排每吨甲烷的成本约为 1 000 美元(AEAT,1998)。

措施 17:小规模分解和沼气回收

在温带及热带地区有许多小规模消化池,可用于加强粪便的厌氧分解以最大限度地回收甲烷。这种措施在 OECD 国家一般并不使用。经过发酵的粪便是高质量的肥料,在资源受限的地区非常重要。如果能广泛引入印度、中国、东亚以及拉美等地,那么将能减少粪便产生甲烷排放的 10%。对小规模消化池来说,减排每吨甲烷的成本约为 500 美元。带来的效益是减少了废弃物,而且所产生的小规模能源可供家庭和农场使用。该措施的详细成本估算见表 13.3。

表 13.3 欧洲从动物粪便中减排甲烷措施的成本(单位:美元/t CH_4)

措施	凉爽气候			温和气候		
	猪	奶牛	肉牛	猪	奶牛	肉牛
粪便日常摊晒	2 264	4 124	5 505	645	1 183	1 579
英国大规模消解装置	450	828	1 106	75	138	184
丹麦大规模消解装置	2 287	828	1 106	500	921	1 723
德国小规模装置(热和电)	286	526	703	48	88	117
德国小规模装置(仅有热)	95	175	234	16	29	39
意大利(热电联供)	181	334	446	30	56	74

来源:AEAT,1998。

13.4.4 从废水和污水处理方面减排甲烷

废水处理系统的甲烷排放仍具有高度不确定性。OECD 国家已对从废水处理厂回收甲烷方面进行了投资。问题主要集中在没有此项技术的地区。目前在废水处理领域,据称发展中地区的工业废水是主要的甲烷源(Thorneloe,1993;Doorn and Liles,2000)。甲烷减排有两条可能的道路。选择有氧处理技术能够防止甲烷的产生。另外,采用厌氧处理技术可以回收甲烷作为能源(Lexmond and Zeeman,1995)。厌氧处理具有商业利用价值。从甲烷中产生燃料,价格约为 \$ 1/GJ((Lettinga and van Haandel,1993)。下面总结一下此类减排措施。

措施 18:提高沼气的现场使用

污水处理中,如果在厌氧条件下储存和处理,且不将产生的甲烷回收用作能源,就会产生甲烷排放。在 OECD 国家,甲烷一般都在封闭系统中被回收,通过提高现场使用仅能减排 10%。如果在其他地区引入此类封闭系统,那么能达到 80% 的减排。此类措施的成本是可变的,减排每吨甲烷的成本从 50 到 500 美元不等(Byfield et al,1997)。

13.4.5 垃圾填埋场中的甲烷

在垃圾填埋中,通过产甲烷微生物(甲烷菌)的作用产生甲烷。有机物含量越高,产生的甲烷也就越多。在有较多易分解物质(如水果和蔬菜类垃圾)的地方,甲烷可以在较短时间内生成。在废弃物进行填埋处,甲烷排放会出现时滞。可以用简单的一阶分解函数来适时估算甲烷排放。荷兰的一项研究比较了实测总量与估算值,发现该一阶分解函数的不确定性为22%。它还表明,如果使用更详细的估算函数,估算精度并不会提高。每千克有机碳可形成约 1.87 m^3 的填埋气(含 57% 的 CH_4)(Oonk et al,1994)。最重要的减排手段就是减少产生量、重新利用和垃圾回收。那些与总量相关的措施不在此处讨论。垃圾填埋中减排甲烷有三种技术选项。第一种就是产生尽可能多的甲烷并尽量回收用作能源。这是全球甲烷减排中最具前景和高回报的措施。垃圾产生的甲烷通过钻孔或者气体坑道回收。要回收尽可能多的甲烷,就需要有非渗透的泥土层覆盖。第二种是单独收集有机废物并在封闭系统中发酵,最后回收甲烷用作能源。第三种是有机废弃物和木料的可控气化处理。小规模的热电联供(CHP)系统可以用有机废弃物以及花园和乡村公园的木材做燃料。下面描述一下减排措施。

措施 19:回收垃圾填埋气并用于产热

在垃圾填埋场,废弃物中所含的有机物质厌氧分解可产生甲烷。通过垃圾填埋场钻孔来收集这些气体。它们可直接在现场使用,或是分销至场外的建筑和工厂。这种措施能够带来一些利润,预计减排每吨甲烷的成本为-50美元(Meadows et al,1996)。

措施 20:垃圾填埋气的回收与提纯

垃圾填埋气也能提纯至天然气纯度从而进入供气网。该手段利润丰厚,每吨甲烷减排的"成本"约为-200美元。如果可用的甲烷不多,那就可以进行燃排处理。这些措施在OECD国家已获得成功。在这些地区采用该策略可以减排50%的垃圾填埋气。每吨甲烷的发电成本约为23美元。而燃排减排甲烷的成本则是每吨约44美元。改进填埋场的顶层密封其成本为减排每吨甲烷600美元,虽然昂贵一些,但对垃圾填埋气回收的早期建设是非常重要的。

措施 21:废弃物的可控气化

废弃物气化处理是一种成熟的技术,且似乎是回报最高的措施,减排每吨甲烷能带来350美元的利润。如果引入OECD国家,预计能从垃圾填埋中减少80%的甲烷(De Jager et al,1996)。

措施 22:减少垃圾填埋中的可降解垃圾

用于填埋的废弃物可通过循环利用、露天堆肥、封闭堆肥或焚化的方式来减排。纸的循环利用是回报最高的,每吨甲烷减排的"成本"约为-2 200美元。

措施 23:通过堆肥和焚化来减少填埋垃圾中的可降解废物

露天堆肥成本较高,减排每吨甲烷约需1 000美元。以焚烧垃圾的方式减排甲烷每吨需要约 1 423 美元。而"封闭堆肥"减排甲烷的成本每吨需 1 800 美元。

措施 24：有机废弃物发酵

如果有机废弃物不填埋，可通过单独收集并在封闭系统中发酵。该措施在欧洲和美国还处于研究阶段。目前它比填埋废气回收昂贵。欧洲和北美的 OECD 国家如果采用这种措施，有望减排每吨甲烷的成本为 500 美元。AEAT(1998)估算，在欧洲采用该措施减排每吨甲烷的成本为 1 860 美元。

13.4.6　水稻种植中的甲烷

自 1950 年代以来，在栽培农业的不断发展中，来自水稻种植的甲烷排放一直在增加。需要找到一种不影响产量的减排策略。Denier van der Gon(2000)年提出了一些策略，这些措施尚需要更多的探索。水稻田间歇性排干是可行的，但这只能用于水资源丰富的国家。

措施 25：间歇性排干及其他种植实践

在稻田淹水土壤中，水稻在生长季节会产生甲烷。目前认为，各种种植实践都有可能大量减少甲烷的排放。这包括栽培品种的选择、水管理、营养利用和土壤管理。对于典型的水稻种植地区，可能用较低代价降低约 30% 的甲烷排放。在其他一些地区，到 2025 年可能达到 5% 的减排。如果水资源丰富，则减排每吨甲烷的成本可能降至约 5 美元(Byfield et al, 1997)。

13.4.7　生物质燃烧中的痕量气体

生物质燃烧是各种痕量气体，如一氧化碳、甲烷、氮氧化物以及挥发性有机化合物的来源(见第 7 章)。在生物质的焖烧(smoulder)中，可测得这些物质的浓度特别高(Delmas, 1994)。因此，一项减排措施就是提高生物质的燃烧效率。

措施 26：改善传统薪材的燃烧

传统生物质焚烧在一定的燃烧条件下(如潮湿生物质的缓慢焖烧)，排放类似甲烷、非甲烷的挥发性有机碳(non-methane volatile organic carbon, NMVOC)、一氧化碳及氮氧化物等痕量气体的浓度相对较高。现代生物质焚烧技术能够降低排放。其中一种非常有前景的技术，就是生物质集中气化炉/中冷注蒸汽燃气涡轮机(biomass integrated gasifier/intercooled steam-injected gas turbine, BIG/ISTIG)。如果采用，在所有地区传统薪材产生的痕量气体排放均能以极低的成本减少 90%。Byfield 等(1997)估计每吨减排能带来 100 美元的利润。

措施 27：减少森林砍伐

减少生物质焚烧一般也会降低森林砍伐。据估计，该措施每吨减排成本约为 200 美元(Byfield et al, 1997)。

措施 28：减少农业垃圾和热带稀树草原的焚烧

焚烧农业垃圾在大部分欧洲国家已经被废弃或被禁止，但在热带国家还存在，同时带来空气污染和甲烷排放的问题。其他农业垃圾处理手段，如储存和利用能够减少焚烧的比率。据 Byfield 等（1997）估算，该项成本约为减排每吨甲烷 150 美元。

大部分成本估算都是来自工业化国家的研究。其他地区应用减排措施的成本目前还是空白。下一节的综合分析将阐述两种情景。全世界所有地区都在采取措施减少甲烷排放。对每种情景都会阐述三套甲烷减排措施，并对六种甲烷减排策略的结果进行分析。这里的减排成本是非实时结果。

13.5 甲烷排放成本控制

由于估算减少气候变化的效益比较困难，这里选择了一个成本效率分析。这是一个部门水平的分析，结合了详细的成本效率估算方法。在该分析中需要一个无环境政策时的对照基准。顾名思义，该基准就是在没有气候变化干预手段时的温室气体排放量，其对于减缓气候变化的成本评估非常重要，因为它决定了未来温室气体减排的潜力以及执行这些减排政策的代价。该基准对于未来的宏观和部门水平经济政策还包括一系列隐含假设，包括部门结构、资源密度、价格和技术选择。在这个分析中，"P1"和"Q1"两个情景（下面将详细阐述），将考虑这项基准，并基于此分析成本。

13.5.1 情景

现有两种不同的情景和三套甲烷减排措施。每个情景都是针对长期（2000—2100 年）进行的。这两个情景描绘了不同的未来可能性，而各套减排措施则显示出甲烷减排措施的不同结合方式。一个现有的整合评估（integrated assessment）模型（IMAGE）用于分析六种应对未来气温上升减排策略的后果。此处一种减排策略可看成是一种情景加上一套甲烷减排措施。

情景 P 与 Q 与 IPCC《排放情景特别报告》中的 A1B-IMAGE 及 B1-IMAGE（表 13.4）基本相同（IPCC，2000）。对于各自的情景（P 和 Q）来说，这里的 P1 和 Q1 没有包含甲烷的减排（也就是说，它们是减排策略要与之进行比较的基准），P2 和 Q2 则包含中等的甲烷减排，而 P3 和 Q3 则包含最强的甲烷减排。P1 和 Q1 基准情景，以及甲烷减排策略 P2 和 Q2 加上 P3 和 Q3 的情节（storyline）将在下面描述。

情景 P 描述了一个繁荣的世界，经济增长率为每年 3%，人口增长速度相对较慢，在 2050 年有 87 亿人口而 2100 年有 71 亿人口。假设目前全球化和自由市场的趋势还将继续，同时具有通过创新产生的巨大技术变革。这将导致全球工业化地区和未工业化地区的高经济增长。根据人均地区生产总值，全球各地区的富裕程度都会提高，当然富裕程度的绝对差距也在增加。财富的增长导致出生率的快速下降。一直到 2100 年，全球经济以年均 3% 的速度增长，达到约 525 万亿美元。这大致与 1850 年开始的全球经济平均增长速度相同。到 2050 年，全球人均收入将达到约 21 000 美元,这给大多数人的健康和社会安全带来了极大的提升。高收入转化为较高的汽车保有量、城郊扩张以及密集的交通网络。持续增长的服务和信息定位带来了能源和原材料集中度的显著降低。该情景中,由于高速的技术进步,能源和矿物资源将会十分丰富。这减少了单位产出的能源消耗,同时也减少了经济上可回收的储备。来自化石燃料的甲烷排放在增长。最终能量密度(单位国民生产总值最终使用的能源量)以每年 1.3% 的速度递减。随着收入的快速增加,饮食习惯也会开始变成以肉类和乳制品为主,这就带来了牲畜数量的增长以及来自动物及其粪便所产甲烷的增长,但这随后也可能随着人们对老龄化社会健康的重视而逐渐减少。经济增长可能会对全球资源造成压力。自然地区的保护正转变为对自然资源的管理。

表 13.4 《排放情景特别报告》中对情景的基本假设

情景	A1 生物燃料(A1B)	B1	A2	B2
2020 年人口(亿)	75	76	82	76
2050 年人口(亿)	87	87	113	93
2100 年人口(亿)	71	71	151	104
2020 年世界 GDP(10^{12} US $\$_{1990}$)	56	53	41	51
2520 年世界 GDP(10^{12} US $\$_{1990}$)	181	136	82	110
2100 年世界 GDP(10^{12} US $\$_{1990}$)	525	330	243	235
能源基础	包括非传统燃料(石油、水合物等)	已发现的资源	包括非传统燃料(石油、水合物等)	已发现的资源

注:GDP=国民生产总值。US $\$_{1990}$ 指按照 1990 年美元计算的价格。
来源:IPCC(2000)。

情景 Q 则截然不同,由于较低的 GDP 增长速度(年增长率低于 3%),因此各部门的需求要低很多。情景 Q 描述了这样一种世界:从 2000 年到 2100 年间,OECD 国家的现代化延伸到其他地区。经济上出现了一种显著转变,由以前主要依赖重工业的经济体转向为经济主要依赖不断增长的非物质化生产、原料循环和能效提高的服务业为主的社会。在情景 P 中,世界人口从 2050 年后开始下降,由 87 亿降至 71 亿。结合人口在 2050 年达到峰值,然后回落到低于 2020 年的预期人口数,这就带来了二氧化碳和非二氧化碳温室气体排放的温和增长,致使其在情景 Q 中的大气密度增加。不断增长的财富带来了更好的生活条件、生育控制以及卫生保健。降低出生率让全球人口的增长在该世纪中叶稳定下来,并在 2050 到 2100 年间逐步下降。由于信息革命,让城市化停止,甚至回到分散居住的状况。世界各地按人均地区总值来度量的财富,以比 BAU IPCC92 情景更快的速度收敛。经济更侧重于服务和信息交换。结果,能源强度和产品的原材料强度都会加速降低。可再生能源越来越多地替代化石燃料。与情景 P 相比,化石来源的甲烷排放会降低。热带地区不断增长的能源需求和高度发达的能效技术使得电力成为最重要的能量载体。从 OECD 国家向欠发达地区的技术转移在情景 Q 中会非常成功,并且像印度和中国这样人口稠密地区的工业也会被转化成能顺应世界上最高等级的污染防控标准。燃料的去硫化会变成标准。中国及印度的电力生产、钢铁生产和化学工业的能效正以每年 1%~1.5% 的高速增长。在电力生产中,煤的能量转换效率在 2000 年至 2100 年间至少可从 10%上升到 48%,而石油能达到 53%,天然气能达到 58%。到 2100 年所有地区电力线路中的输电损失降至 8%。工业生产中更低的能源及原材料强度会导致工业对能源需求的减少。技术由工业化国家加速转移至欠工业化国家,以对抗污染。原料循环利用成为全球商业。废弃物循环利用的增长,减少了垃圾填埋场中的甲烷排放。为了解决交通拥堵,公共交通系统因大量投资而快速发展。例如,大城市中的地铁、自行车道以及清洁电力巴士。高速列车连接着大城市。空中运输更多地用于洲际交通。私人汽车仍然重要,但是饱和度比现在的美国要低。由于混合动力和纯电力汽车的燃油使用量低,数量不断增加。自行车数量也会增加。电信业和信息产业的快速发展,给欠发达地区带来了大量机会。手机和卫星系统成为非洲和拉美的主要交流方式。超大型城市的增长会逐步减缓。政府也认识到大都市区域需要对公共交通系统进行大笔投资以减少城市污染。需要改进垃圾收集系统的质量和垃圾填埋管理。垃圾填埋气的回收和利用得到了改善,不过仅在甲烷减排策略中。传统的生物质燃烧方式已被抛弃,生物质更多地被用于生产液态燃料,或用于 BIG/ISTIG 技术中。尤其在诸如非洲和拉美等土地资源丰富的地区,生物质衍生燃料的生产成本降至 2~3 美元/GJ。至少需 8 亿公顷土地用于生物质燃烧才能满足需求,这大约相当于巴西的面积大小。在世界各地生物质或生物燃料的种植都呈现强势增长。生物质衍生的液体燃料在区域间的贸易也会增长。这些种植是在农用剩余地上进行,不会导致额外的森林砍伐。在更早的具有较低能量供应系统情景分析中(Leemans et al,1998),假定种植森林会逐步蚕食原生热带森林,有降低生物多样性的风险。从全球来看,由于 1990—2030 年间对食物和草料需求的大量增长所带来的压力,将几乎能完全被生产力的增长所抵消。在农业上,例如,像非 OECD 国家的谷物平均产量将会增加 4 倍。而在 OECD 国家,这个增长则是 2 倍。到 2030 年前,森林面积会一直缩减,但 2030 年之后会开始扩张。更高效农业和改良生产将会缓解原始森林的压力。在农业上经过改良的生产将在 2030—2100 年间带来森林面积约 30%的增长。大量森林保护区会因生态旅游而被实施和开发。本世纪由于生产效率提高的速度会超过牛奶消费的增长速度,奶牛数量将会有所下降。动物生产力一直在增加,肉类消费也在增长,1995 年到 2060 年间因取肉而被宰杀的动物数量也将会一直增加。随着人们认识到高肉类消费的西方式饮食习惯所带来的土地利用和健康问题,消费趋势会偏离这种方式。这就会导致牲畜数量的减少,与之相关的甲烷排放也会减少。农民会转向更可持续的方式,因此化肥的使用开始减少,这就减少了高投入农业中氮氧化物的排放。自给农业和薪材使用会快速下降。自给自足的食物生产会增加,但是食品贸易在一个安全的世界中规模仍然巨大。伐木业也成为可持续的,大量木材来自种植园。在一些地区,商业化生物燃料的产量不断增加。大量原始森林转变为保护区,以保护生物多样性。对紧凑型城市和主要运输与交通道路的推进,控制着人们的居住方式。现有的基础设施会被改进而非扩建。

付诸努力的总成本需要在 P2、P3 以及 Q2、Q3 情景下限制增长经济中的甲烷释放,然后与 P1 和 Q1 两条基准进行比较计算。

13.5.2　有关减排措施成本的一些假设

通常,会画一条有关各减排措施的成本曲线,以阐明具有高回报且廉价的方法会被优先选择,而成本高昂的措施之后才会被考虑。总的来说做了一项假设,即:如果之后及时采取了措施,同一措施的成本会减少。我采用了不同的方法。减排措施会在不同部门被同时引入。我假设，各部门最廉价的措施(即减排每吨甲烷的成本小于50美元)将会在2025年前被采用。我还假设昂贵的措施只会在2025年之后的P3和Q3情景(最强的甲烷减排效果)中被引入。

生物质焚烧

减少生物质焚烧，可减排甲烷。Byfield(1997)估计，全年中所有减少了森林砍伐的地区，每吨甲烷的减排成本是200美元。

垃圾和热带稀树草原焚烧

对于农业垃圾和热带稀树草原的焚烧，Byfield(1997)基于所有地区的全年数据做出估计，减排每吨甲烷的成本为150美元。

垃圾填埋

对于垃圾填埋，需要假设最高回报措施只有在气化技术发展后才能被采用。因此，基于AEAT(1998)以及Blok和de Jager(1994)的信息，采用可产热的垃圾填埋气回收措施的"成本"在1990年和2000年假定为-50美元(这里带负号的成本意味着净收益)。而根据Meadows等(1996)和AEAT(1998)的数据，2025年与2050年用于垃圾填埋气回收和升级的成本假定为减排每吨甲烷需要-200美元。根据Blok和de Jager(1994)的数据，2075年和2100年间，可控垃圾气化的成本假定为减排每吨甲烷需-350美元。对于区域间的差别，由于缺乏信息而无法确定，因此假设各地区间的成本/利润是相同的。

污水处理

根据Byfield等(1997)对于日益增加的生物气(biogas)现场利用的信息，在所有地区污水处理中的甲烷减排成本假设从1990年的50美元稳定攀升到2100年的500美元。在污水处理厂已经建成的OECD国家，1990—2010年间的成本设定为50美元，而对于非OECD国家，假设2000年为100美元，2025年为200美元，2050年为300美元，2075年为400美元，2100年为500美元。这个成本之所以会上升，主要是因为污水处理厂的投资相当之高，而污水处理厂在非OECD国家必须从无到有大量建造。正如之前所提到的，建造废水和污水处理厂主要是为了改善人们的健康和生活条件。厌氧反应的产物可被燃排，或者利用废热发电，可减少来自生物质或含大量有机物的液态流出物的甲烷排放。由于大多集中化系统出于安全原因会将甲烷气体自动燃烧掉或者捕获后加以利用，现存污水处理厂的附加减排技术目前还不存在。因此，潜在的减排就要依靠废水管理的大规模结构性改变。由于这个原因，污水处理中的甲烷减排成本还很难估计。在全球，影响污水处理实践的经济和社会因素占据主导位置。在发展中国家，安装废水处理系统以减少疾病的利益远远超过由甲烷减排潜力所带来的好处。将甲烷减排措施的成本说成是影响废水甲烷减排投资决策背后的唯一驱动力，乃一种误导。

水田和湿地

要从稻田中减少甲烷的排放是相对容易实现的。根据Byfield等(1997)的信息，稻田通过采用间歇性排水和其他栽培方式达成甲烷减排的成本仅为每吨甲烷 5 美元。虽然开垦湿地是一种可行但昂贵的措施,不过在自然湿地中减排甲烷还未经过实践,只是用于增加农田面积。抽干自然湿地还会增加这些系统中二氧化碳排放的风险。因此,对于这种排名靠后的减排方式不能期望其产生显著的净减排效果。

动物肠道内发酵

反刍动物中的甲烷减排是一种联合效应,包括增加具有高效肉奶生产能力的遗传优势以及减少牲畜数量。遗传改良的成本是很低的,通过改进饲料以减排甲烷的成本估计为每吨 5 美元(EPA,1998)。提高产量的添加剂要贵得多(根据 AEAT,1998 的数据,约为 400 美元),也不被很多欧洲消费者所接受。提高瘤胃效率的产品目前还在试验阶段,它们的价格会更贵(根据 AEAT,1998 年的数据,为 3 000~6 000 美元),同样不被许多消费者所接受,还未被采用。

动物粪肥

对于动物粪便管理系统中厌氧消化的甲烷进行减排,采用生物气回收和利用的方式是非常昂贵的。不同的气候条件下,成本是不同的,在所有 OECD 国家,总体成本假设为 500 美元。非 OECD 地区成本会更高,达到 1 000 美元,因为这些地方对粪便消解的投资是相对非常高的。

化石燃料开发

对化石燃料开发方面的甲烷减排来说,假设回报最大的措施最先被采用。因此,所增加的维持成本在 1990 年估计为减排每吨甲烷 -200 美元,而增加排除气中甲烷的现场利用,其成本在 2000—2025 年间为 -100 美元。有关其他晚些时候采用的措施,2050 年的成本将会是 100 美元,2075 年达 200 美元,而 2100 年达 300 美元。对 1990 年的估算,是假设采用了改进的检查和维护措施。2000—2025 年间,为提高甲烷现场利用率而采取了额外措施。2050—2100 年间会采用更昂贵的措施。成本估算是基于 AEAT(1998)和 De Jager 等(1996)的数据。成本变化是基于自己的假设。

六套甲烷减排措施的内容,以及对采用这些措施的成本所做的假设,总结在表 13.5 中。假设 2025 年之后才采用更昂贵的手段,且成本超过每吨甲烷 500 美元的减排措施将因太贵而被忽略。表 13.6 给出了不同来源部门及其随时间(1990—2100 年)假设的变化之概况。

表 13.5 本研究中六个甲烷减排策略所采用的措施和成本概况

甲烷来源	措施描述	成本(按 1990 年美元价格计算的每年每吨甲烷减排的情况)	参考文献
油气生产	增加检查和维护措施	-200	De Jager et al (1996)
	增加离岸油气生产中所排放甲烷的现场利用	-100~10	De Jager et al (1996)
	增加燃排,取代排气方式	200~400	De Jager et al (1996)
油气运输	加速管线现代化	500~1 000	De Jager et al (1996)
天然气分销	改进泄漏控制和维修	200	De Jager et al (1996)

续表

甲烷来源	措施描述	成本（按1990年美元价格计算的每年每吨甲烷减排的情况）	参考文献
煤矿开采	开采前的除气操作	40	IEA（1999）
	加强采空区井甲烷的回收	10	IEA（1999）
	乏风空气的利用	10	IEA（1999）
牲畜的肠道发酵	提高生产效率	0	Blok and de Jager（1994）
	改进饲料	5	EPA（1998）
	增产药剂	400	AEAT（1998）
	减少动物数量	0	Blok and de Jager（1994）
	提高瘤胃效率	3 000~6 000	AEAT（1998）
粪肥	干燥储藏	200	AEAT（1998）
	日常摊晒	2 000	AEAT（1998）
	大规模消解装置和沼气回收	1 000	AEAT（1998）
	小规模消解装置和沼气回收	500	AEAT（1998）
污水处理	提高沼气的现场利用率	50~500	Byfield et al（1997）
垃圾填埋	通过纸张回收减少可生物降解垃圾的填埋量	-2 200	Meadows et al（1996）
	可控的垃圾气化	-350	De Jager et al（1996）
	填埋甲烷的回收和改造	-200	Meadows et al（1996）
	填埋甲烷的回收并用于产热	-50	Meadows et al（1996）
	通过堆肥或焚烧减少可生物降解垃圾的填埋量	1 000~1 800	Meadows et al（1996）
稻米	间歇性抽干及其他栽培手段	5	Byfield et al（1997）
生物质燃烧	改善传统木柴的燃烧	-100	Byfield et al（1997）
	减少森林砍伐	200	Byfield et al（1997）
	减少农业垃圾和热带稀树草原的焚烧	150	Byfield et al（1997）

表 13.6 在 1990—2100 年间的减排措施中，每年每吨的成本
（以 1990 年美元价格计算）输入 IMAGE 后的结果

来源	1990	2000	2025	2050	2075	2100
生物质燃烧	200	200	200	200	200	200
农业垃圾焚烧	150	150	150	150	150	150
热带稀树草原焚烧	150	150	150	150	150	150
垃圾填埋	-50	-50	-200	-200	-350	-350
污水处理	50	100	200	300	400	500
水田稻谷	5	5	5	5	5	5
动物	5	5	5	5	5	5
动物粪肥	500	500	500	500	500	500
化石燃料开采	-200	-100	-100	100	200	300

来源：基于 Van Amstel（2009），Blok and de Jager（1994），De Jager et al（1996），Meadows et al（1996），Byfield et al（1997），EPA（1998），IEA（1999）和 AEAT（1998）的假设。

13.6 结 果

在这个分析中,一共确定了 27 种①甲烷减排的措施。至少有九种零成本高回报的措施是明显可用的,主要是在煤、石油和天然气的生产方面。最昂贵的措施包括提高瘤胃效率和粪便管理。成本估计多变,但至少使用了一种通用的方法来得出广泛的可比结果。各情景中六种甲烷减排策略按每个部门的现有总体成本进行了估算。减排策略的成本是根据基准情景进行估算的。

13.6.1 六种减排策略的成本估算

成套的不同减排策略总成本估算与基准减排策略 P1 和 Q1 是相关的。根据 1990 年的美元价格进行成本估算,从 1990 年到 2100 年,时间上分为六个步骤。2025 年之后的数据必须谨慎解读,因为减排策略 P1 和 Q1 基于一系列有关未来宏观经济与部门层面经济政策的重要隐含假设条件,包括部门结构、资源密度、价格和技术选择等。P2/Q2 中适度减排情景的成本列在表 13.7 中,而 P3/Q3 中最强减排情景的成本列在表 13.8 中。

表 13.7 减排策略 P2 和 Q2 中全球甲烷的减排成本(千美元,以 1990 年美元价格计算)

P2	1990	2000	2025	2050	2075	2100
生物质燃烧	0	-2 000	44 200	-15 000	17 200	-10 200
农业垃圾	0	80 550	625 950	1 355 100	1 499 250	1 406 700
热带稀树草原焚烧	0	900	360 300	700 350	1 069 200	1 552 650
垃圾填埋	0	0	-3 558 400	-10 788 400	-26 329 800	-28 511 000
污水处理	0	0	0	0	0	0
水田稻米	0	-25	-5	-45	440	625
动物	0	-10	-250	165	50	-245
动物粪肥	0	-100	900	-2 200	-2 500	300
泄漏	0	0	0	0	0	0
总和	0	79 315	-257 305	-8 750 030	-23 746 160	-25 561 170
Q2	1990	2000	2025	2050	2075	2100
生物质燃烧	0	-12 800	-4 200	51 800	44 200	4 800
农业垃圾	0	79 500	493 650	1 329 450	1 423 200	1 242 750
热带稀树草原焚烧	0	0	300 450	822 450	1 260 750	1 897 200
垃圾填埋	0	0	-2 476 400	-10 365 800	-24 123 750	-27 186 600
污水处理	0	0	0	0	0	0
水田稻米	0	75	-40	770	-500	185
动物	0	70	-20	-410	-700	-220

① 原文如此,对照表 13.5,应是未将 13.4 节 28 项措施中的第 24 项有机废弃物发酵列入。——译者注

续表

P2	1990	2000	2025	2050	2075	2100
动物粪肥	0	200	-1 400	-2 100	-2 400	-800
泄漏	0	0	0	0	0	0
总和	0	67 045	-1 687 960	-8 163 840	-21 399 200	-24 042 685

注：负的成本即为利润。

表 13.8　减排策略 P3 和 Q3 中全球甲烷的减排成本（千美元，以 1990 年美元价格计算）

P3	1990	2000	2025	2050	2075	2100
生物质燃烧	0	-11 400	39 400	53 000	21 000	0
农业垃圾	0	0	300	-3 150	-7 500	47 550
热带稀树草原焚烧	0	150	455 400	877 050	1 496 550	2 331 450
垃圾填埋	0	0	-4 448 400	-13 486 200	-36 861 650	-42 767 550
污水处理	0	0	1 873 600	6 191 700	11 033 600	15 031 500
水田稻米	0	0	8 125	40 640	52 785	57 430
动物	0	35	60	690	2 230	-975
动物粪肥	0	-400	3 000	1 300	1 300	-600
泄漏	0	80 900	-3 816 400	7 902 700	21 690 400	30 019 500
总和	0	69 285	-5 884 915	1 577 730	-2 571 285	4 718 305
Q3	1990	2000	2025	2050	2075	2100
生物质燃烧	0	12 600	1 000	3 800	79 400	4 800
农业垃圾	0	79 800	493 350	1 329 450	1 423 050	1 242 900
热带稀树草原焚烧	0	-900	373 950	1 031 400	1 724 250	2 847 900
垃圾填埋	0	0	-3 095 800	-12 956 800	-33 170 900	-40 779 200
污水处理	0	0	1 444 400	6 191 700	10 616 800	15 031 500
水田稻米	0	75	45	46 140	57 300	66 625
动物	0	175	-620	-1 385	455	1 360
动物粪肥	0	600	-4 500	-5 100	1 900	1 200
泄漏	0	0	-5 924 800	9 210 200	14 190 600	11 583 300
总和	0	92 350	-6 712 975	4 849 405	-5 077 145	-9 999 615

注：负的成本即为利润。

为了能恰当地看待这些成本，规定全球 GDP 增长 1% 等于 2 500 亿美元。2100 年 P2 中的利润大约占 GDP 的 0.1%。根据这些表格，所有年份的成本都低于 GDP 的 0.1%。2000 年的总成本为 6 700～9 300 万美元。2025 年所有策略的总成本为负，因此可以通过甲烷减排创造 17 亿～67 亿美元的利润。2050 年之后，甲烷适度减排策略 P2 和 Q2 中，也可以创造利润。2050 年，在最强减排策略 P3 和 Q3 中，由于包括一些高价的措施，因此还需要承担一些成本。2050 年后，最强减排策略 P3 和 Q3 中的成本就是个变数，因为在垃圾填埋中甲烷减排的利润与污水部门和化石燃料工业的成本均是较高的。但是，在那些捕获甲烷并用作能源的地方，所有减排措施的成本均为负值（即产生净利润）。2050 年之后，污水处理部门的成本会变高，因为更多的地区会采用污水处理，同样需要解决化石燃料工业中的泄漏问题，因此会采用越来越昂贵的措施。

垃圾填埋和化石燃料工业的甲烷减排成本,很大程度上取决于一些利用捕获甲烷的公司所认定的甲烷价值。在有多种选择的市场中这些措施的利润会减少。最近,世界上不同地区电力生产的产能过剩导致了热电联供电力价格与其他替代能源价格的下降。在这种情况下,要获得对垃圾填埋和化石燃料工业的技术措施投资就会变得更困难。要看到遥远的未来并预测捕获甲烷的利润是非常困难的。这里,我们仅仅做了首次尝试,2025 年以后的结果还是非常初级的。从表 13.7 来看,总的来说,适度甲烷减排策略组合中有回报的减排手段是可能的。表 13.8 中有利可图的最强甲烷减排策略组合似乎还不如一些更贵的减排措施,会导致 P3 方案在 2050 年成本高企,2075 年成本下降,2100 年成本又回升,而 Q3 方案在 2050 年成本高企,2075 年成本下降,而 2100 年则会获得高额利润。

从垃圾填埋场中捕获甲烷具有极高的回报,因为它具有极大潜力被用于能源和相关收益方面。提高了现场甲烷利用率的污水处理设备仍是非常昂贵的,因为所产生的能源并不对外出售。在污水处理中,仅甲烷减排一项的投资成本就非常高,而且目前在世界上很多地区还没有污水处理设备。但是,对此进行投资的好处可能包括改善人类健康和减少水污染。在更长的时间尺度上,煤炭、石油和天然气领域的甲烷捕获会变得非常昂贵,因为廉价或高回报的措施已经在 2025 年前被采用了。

13.7 结　　论

我们计算了 CH_4 减排的技术潜力,采用已论证的技术或实践,减排温室气体总量或提高能源利用效率将是可能的。CH_4 减排量是基于我们开发的基准情景计算的。

通过创造市场、减少市场失灵、增加金融支持和技术转移,实现甲烷减排和能效提高的成本高效化,经济潜力就是上述这些技术潜力之间的比例。经济潜力需要额外的政策和措施来打破市场壁垒以见成效。当减排措施带来的好处大于成本(包括利息和折旧)时,就是具有成本效率的。我们无法计算 CH_4 减排的经济潜能,因为难以评价未来政策中通过减少市场失灵来刺激甲烷减排的方向是什么。未来油价也难以评估,而油价有助于指示原油替代品的意愿强度。

我们研究的问题是:哪种可利用的措施能减少甲烷排放?基于已被证实可立即采用的技术,我们共总结出 28 种措施。我们研究的另一个问题是:该措施的总成本是多少?根据最强甲烷减排策略 P3 和 Q3 中对总成本的计算,我们得出结论,垃圾填埋场的甲烷减排是一种非常有前途的措施。2025 年之后,对化石燃料行业中的泄漏所采取的减排措施会变得非常昂贵。下水道处理中的甲烷减排措施也很昂贵,因其投资成本高,同时收集的甲烷很少会卖给第三方。

总的来说,在 2050—2100 年间,甲烷减排是非常廉价的,小于 GDP 的 0.1%。而所带来的好处则包括全球气候变化减缓以及当地空气质量提高所带来的公众健康改善。对 Q3 情景来说,到 2025 年甲烷减排都将是盈利的,同时在 2075 年和 2100 年将再次盈利。2025 年后,减少石油和天然气开采中甲烷泄漏的措施会变得更昂贵。2025 年后通过垃圾填埋方式减排甲烷仍是有利可图的。这种措施利润很大,以至能降低所有措施的整体成本。如果收集到的甲烷能卖给第三方,则下水道处理也将产生利润。

参 考 文 献

AEAT (AEA Technology) (1998) *Options to Reduce Methane Emissions*, AEAT-3773, issue 3, European Commission, Brussels

Blok, K. and de Jager, D. (1994) 'Effectiveness of non-CO_2 greenhouse gas reduction technologies', *Environmental Monitoring and Assessment*, vol 31, pp17–40

Byfield, S., Marlowe, I. T., Barker, N., Lamb, A., Howes, P. and Wenborn, M. J. (1997) *Methane from Other Anthropogenic Sources*, AEA Technology, Culham, Oxford, UK

Callan, S. J. and Thomas, J. M. (2000) *Benefit-cost Analysis in Environmental Decision Making*, The Dryden Press, Orlando, CA

De Jager, D., Oonk, J., van Brummelen, M. and Blok, K. (1996) *Emissions of Methane by the Oil and Gas System: Emission Inventory and Options for Control*, Ecofys, Utrecht, The Netherlands

De la Chesnaye, F. C. and Kruger, D. (2002) 'Stabilizing global methane emissions. A feasibility assessment', in J. van Ham, A. P. M. Baede, R. Guicherit and J. G. F. M. Williams-Jacobse (eds) *Non-CO_2 Greenhouse Gases: Scientific Understanding, Control Options and Policy Aspects, Proceedings of the Third International Symposium*, Maastricht, The Netherlands, Millpress, Rotterdam, Netherlands, pp583–588

Delhotal, K. C., de la Chesnaye, F. C., Gardiner, A., Bates, J. and Sankovski, A. (2005) 'Mitigation of methane and nitrous oxide from waste, energy and industry', *Multigas Mitigation and Climate Change*, Special Issue no 3, *The Energy Journal*, pp45–62

Delmas, R. (1994) 'An overview of present knowledge on methane emissions from biomass burning', *Fertilizer Research*, vol 37, pp181–190

Denier van der Gon, H. A. C. (2000) 'Changes in methane emissions from rice fields from 1960 to 1990: Impacts of modern rice technology', *Global Biogeochemical Cycles*, vol 14, pp61–72

Doorn, M. and Liles, D. (2000) 'Quantification of methane emissions from latrines, septic tanks and stagnant open sewers in the world', in J. van Ham (ed) *Non-CO_2 Greenhouse Gases*, Kluwer Academic Publishers, Dordrecht, pp83–89

EPA (US Environmental Protection Agency) (1998) *Inventory of US Greenhouse Gas Emissions and Sinks 1990–1996*, EPA 236-R-98-006, EPA, Washington, DC

EPA (2003) *Assessment of Worldwide Market Potential for Oxidizing Coal Mine Ventilation Air Methane*, EPA, Washington, DC

Gallaher, M. P., Petrusa, J. E. and Delhotal, C. (2005) 'International marginal abatement costs of non-CO_2 greenhouse gases', *Environmental Sciences*, vol 2, pp327–339

Graus, W., Harmelink, M. and Hendriks, C. A. (2003) *Marginal GHG-abatement Curves for Agriculture*, Ecofys, Utrecht, The Netherlands

Gunning, P. M. (2005) 'The methane to markets partnership: An international framework to advance recovery and use of methane as a clean energy source', *Environmental Sciences*, vol 2, pp361–367

Harmelink, M. G. M., Blok, K. and ter Avest, G. H. (2005) 'Evaluation of non-CO_2 greenhouse gas emission reductions in the Netherlands in the period 1990–2003', *Environmental Sciences*, vol 2, pp339–351

Hendriks, C. A. and de Jager, D. (2000) 'Global methane and nitrous oxide emissions: Options and potential for reduction', in J. van Ham et al (eds) *Non-CO_2 Greenhouse Gases*, Kluwer Academic Publishers, Dordrecht, pp433–445

Hunter, R. (2004) 'Characterization of the Alaska north slope gas hydrate resource potential: Fire in the ice', *The National Energy Technology Laboratory Methane Hydrate Newsletter*, Spring

IEA (International Energy Agency) (1999) *Technologies for the Abatement of Methane Emissions*, Report SR7, International Energy Agency Greenhouse Gas Research & Development Programme, IEA, Cheltenham, UK

IEA (2003) *Non-CO_2 Greenhouse Gas Network: Greenhouse Gas Reduction in the Agricultural Sector*, Report PH4/20, International Energy Agency Greenhouse Gas Research & Development Programme, IEA, Cheltenham, UK

IPCC (Intergovernmental Panel on Climate Change) (2000) *Special Report on Emissions Scenarios*, Nakicenovic, N., Alcamo, J., Davis, G., de Vries, B., Fenhann, J., Gaffin, S., Gregory, K., Grübler, A. et al, Working Group III, Intergovernmental Panel on Climate Change (IPCC), Cambridge University Press, Cambridge, 595pp, available at www.grida.no/climate/ipcc/emission/index.htm

IPCC (2006) *IPCC Guidelines for National Greenhouse Gas Inventories*, Prepared by the National Greenhouse Gas Inventories Programme, H. S. Eggleston, L. Buendia, K. Miwa, T. Ngara and K. Tanabe (eds), IGES, Japan

IPCC (2007) *Climate Change 2007: The Physical Science Basis. Contribution of Working Group I to the Fourth Assessment Report of the Intergovernmental Panel on Climate Change*, S. Solomon, D. Qin, M. Manning, Z. Chen, M. Marquis, K. B. Averyt, M. Tignor and H. L. Miller (eds), Cambridge University Press, Cambridge and New York

Kruger, D. (1993) 'Working group report: Methane emissions from coal mining', *IPCC Workshop on Methane and Nitrous Oxide*, National Institute for Public Health and the Environment, RIVM Bilthoven, The Netherlands, pp205–219

Leemans, R., van Amstel, A. R., Battjes, C., Kreileman, E. and Toet, S. (1998) 'The land cover and carbon cycle consequences of large scale utilization of biomass as an energy source', *Global Environmental Change*, vol 6, no 4, pp335–357

Lettinga, G. and van Haandel, A. C. (1993) 'Anaerobic digestion for energy production and environmental protection', in T. B. Johansson, H. Kelly, A. K. N. Reddy and R. H. Williams (eds), *Renewable Energy*, Island Press, Washington, DC, pp817–839

Lexmond, M. J. and Zeeman, G. (1995) *Potential of Controlled Anaerobic Waste Water Treatment in Order to Reduce the Global Emissions of the Greenhouse Gases Methane and Carbon Dioxide*,

Wageningen University Technology Report 95-1, The Netherlands

Maione, M., Arduini, I., Rinaldi, M., Mangani, F. and Capaccioni, B. (2005) 'Emission of non-CO_2 greenhouse gases from landfills of different age located in central Italy', *Environmental Sciences*, vol 2, pp167–177

Mattus, R. (2005) 'Major coal mine greenhouse gas emission converted to electricity – first large scale installation', *Environmental Sciences*, vol 2, pp377–382

Meadows, M. P., Franklin, C., Campbell, D. J. V., Wenborn, M. J. and Berry, J. (1996) *Methane Emissions from Land Disposal of Solid Waste*, AEA Technology, Culham, UK

OLF (The Norwegian Oil Industry Association) (1994) 'Environmental Programme Phase II Summary Report', Stavanger, Norway

Oonk, H., Weenk, A., Coops, O. and Luning, L. (1994) *Validation of Landfill Gas Formation Models*, TNO-MEP, Apeldoorn, The Netherlands

Pacala, S. and Socolow, R. (2004) 'Stabilization wedges: Solving the climate problem for the next 50 years with current technologies', *Science*, vol 305, pp968–972

Schipper, L. (1998) *The IEA Energy Indicators Effort: Extension to Carbon Missions as a Measure of Sustainability*, IPCC Expert Group Meeting on Managing Uncertainty in National Greenhouse Gas Inventories, 13–15 October 1998, Maison de la Chimie, Paris

Thorneloe, S. A. (1993) 'Methane from waste water treatment', in A. R. van Amstel (ed) *International IPCC Workshop on Methane and Nitrous Oxide, Methods in National Emission Inventories and Options for Control*, RIVM, Bilthoven, The Netherlands, pp115–130

Ugalde, T. M., Kaebernick, M. Slattery, A. M. W. J. and Russell, K. (2005) 'Dwelling at the interface of science and policy: Harnessing the drivers of change to reduce greenhouse gas emissions from agriculture', *Environmental Sciences*, vol 2, pp305–315

Van Amstel, A. R. (2005) 'Integrated assessment of climate change with reductions of methane emissions', *Environmental Sciences*, vol 2, pp315–327

Van Amstel, A. R. (2009) 'Methane: Its role in climate change and options for control', Thesis, Wageningen University

Van Amstel, A. R., Swart, R. J., Krol, M. S., Beck, J. P., Bouwman, A. F. and van der Hoek, K. W. (1993) *Methane, the Other Greenhouse Gas*, Research and policy in the Netherlands, RIVM, Bilthoven, The Netherlands

Zeeman, G. (1994) 'Methane production and emissions in storages for animal manure', *Fertilizer Research*, vol 37, pp207–211

第 14 章

总 结

André van Amstel, Dave Reay and Pete Smith

14.1 甲烷与气候变化

自然温室效应是我们得以在地球上生生不息的原因之一。尽管来自太阳的短波辐射可穿透温室气体(如 CO_2、CH_4、N_2O),但从地球发射回空间的长波辐射(热量)则可被温室气体部分吸收。若无大气中温室气体这层天然毛毯的包裹(例如大气中仅含氧气和氮气),地球上的平均温度将是 $-18°C$,而非现今更为宜人的 $+15°C$。由于人类活动导致温室气体排放增加,从而引起温室效应增强,这造成了地球表面和对流层的平均温度上升。

甲烷是大气中最丰富的有机痕量气体,这种温室气体因人类活动而释放,其重要性占据第二位,仅次于二氧化碳。全球甲烷平均浓度已高出前工业化时代两倍之多,按体积计算已从 700 ppbv 增加为 1 750 ppbv。北半球甲烷浓度高于平均值,为 1 800 ppbv。在甲烷排放的主要来源区如西欧,其浓度有时会增至 2 500 ppbv。

14.1.1 气候控制

甲烷与其他温室气体的排放问题已在全球范围内得到一并关注,这归功于 1992 年里约热内卢地球峰会(Earth Summit)签署的《联合国气候变化框架公约》(UNFCCC),以及随后于 1997 年签订的《京都议定书》。尽管甲烷对增强全球变暖的贡献不及 CO_2,但在制定减排政策时也对考虑 CH_4 问题很感兴趣,因为 CH_4 在大气中存留时间短暂(约 10 年)但 GWP 较高(约为 25)。因此人为 CH_4 排放的显著降低,将对在数十年内减少气候强迫(climate forcing,也有译作"气候营力"的)有可观的影响。

14.1.2 《联合国气候变化框架公约》

UNFCCC 呼吁力求把大气中温室气体的浓度稳定在某一水平,从而防止人类干扰对气候系统产生危险的影响。这种水平将在一项时间表内达到,其具有足够长的时限允许生态系统自然地适应气候变化,从而确保粮食生产不受威胁,使经济的发展能以可持续方式进行。作为实现这个目标的第一步,要求工业化国家[①]控制温室气体排放量,使其在 2000 年前回到 1990 年水平,该步骤以失败告终。但大多数经济合作与发展组织(OECD)成员国所采用的国家减排目标与该要求是一致的。无疑,这相当于采取了一种综合方法,考虑所有温室气体的全部源与汇。同样,公约中所有工业化缔约国必须报告其全国温室气体的排放情况以及采取的对应措施。排放情况和气候措施在公约缔约国通讯(National Communication of the Parties to the Convention)中进行报道。温室气体排放与汇的清单要求每年提交,并由公约缔约国集体提名任命的独立专家来评审这些国家通讯。

14.1.3 《京都议定书》

各国在 1997 年于日本签署的《京都议定书》中,协商了 2000 年后温室气体的进一步减排计划。与会国一致同意,在 2008—2012 年的承诺期内,工业化国家温室气体的平均排放量比 1990 年的排放量要降低 5%。欧洲同意减少 8%,日本同意减少 7%,美国同意减少 6%。不久,美国退出了《京都议定书》,但其后随着俄罗斯的认可,2005 年 2 月《京都议定书》开始生效。

在国际谈判中,就如何最优减少温室气体排放的一项关键症结是资金问题,因为某些经济学模型预测《京都议定书》中所列出的实施方案部分需要花费巨资。不过,当减排不局限于二氧化碳,而包括"非 CO_2"温室气体如 CH_4 的减排时,则减排的预估花费将大大降低(Reilly et al,1999)。

在《京都议定书》里,采用了"净通量"方法来计算一揽子温室气体,包括二氧化碳、甲烷、氧化亚氮、氢氟碳化物、全氟碳化物和六氟化硫(SF_6)。应用净通量方法,砍伐森林所释放的 CO_2 被视为是一种排放,不过 1990 年后种植树林所吸收的二氧化碳会从该项排放中减去,碳汇分类的进一步细化如土壤则仍在协商之中。

14.1.4 国家温室气体排放清单

为推进气候公约框架中的报告和评价工作,需要各国提供可信且可比的数据。因此 IPCC 联同 UNEP、WMO、国际能源机构(IEA)及 OECD,制定了国家温室气体排放源汇清单指南(Guidelines for National Inventories of Greenhouse Gas Emissions and Sinks)的草案。公约缔约国已正式采用这些指南作为国家碳清单估算的通用方法。为了对该方法的使用达成共识,各国专家多年来已对此指南草案进行了广泛的讨论和检验。基于此,IPCC 在 1996 年重新修订了这些指南。附属科学与技术咨询机构(SBSTA)推荐将该修正版用于工业化国家的碳清单估算。为了报道《京都议定书》框架下国家的温室气体排放和汇,IPCC 还准备了最佳实施指南(Good Practice Guidelines)。由于碳清单固有的不确定性,年度碳清单的质量评价和控制发挥着重要作用。新的 IPCC 指南于 2006 年发布(IPCC,2006),在这些指南中,不确定性管理和质量控制是清单估算

---

① 公约将参加国分为三类:工业化国家、发达国家、发展中国家。——译者注

方法中的一项主要部分。化石燃料产生的 CO_2 排放可相对简单地利用 IEA 统计中的能源和默认排放因子,并基于燃料含碳量计算获得。

14.1.5 甲烷清单

对于 CH_4,综合性的清单估算方法目前正处于相对早期的发展阶段,因此结果的不确定性范围还很宽。部分不确定性问题与局部通量测定结果转化为更大区域(如国家和大陆尺度)排放估测时的难度有关。另一部分不确定性与生物源,例如通过缺氧土壤中微生物产生 CH_4 的过程复杂性有关(见第2章)。CH_4 的释放与土壤的种类和环境条件有关。人类活动对土壤系统的干扰正影响着 CH_4 的释放。例如,由于水淹时长、温度和土壤碳含量的差异,淹水对 CH_4 释放的影响存在变化(见第8章)。因此,由于 CH_4 的释放对当地气候、土壤以及管理条件的依赖,用局部 CH_4 释放的结果进行外推显得非常困难。

国家碳清单的不确定性范围对来自化石燃料的二氧化碳而言约为 5%～10%,对来自土地利用相关的 CO_2 源和汇来说是 50%～100%,对来自土壤的 N_2O 则是 100%。对于 CH_4 来说,这些不确定性同样很高,而对大多数源来说,这个范围为 30%～35%。碳排放清单有赖于统计信息和释放因子。释放因子可通过野外测定并采用合适的方法向上推绎至国家尺度。在过去几十年中,IPCC 为发展国家碳排放清单指南做出了重大且值得肯定的努力。许多国家为降低不确定性,已对非 CO_2 的温室气体开展了测定活动。在未来数年内,国家碳排放清单的不确定性极有可能会降低。通过测量的进行、统计改进和向上推绎方法的优化,可更好地估算国家碳排放清单。这些改进的报道和档案编集可能会增加国家碳清单估算的可信度。

Van Amstel(2009)比较了官方 CH_4 清单估算和权威数据源即 EDGAR(电子化数据收集、分析及检索)数据库,发现产生差异的主要原因是使用了不同的排放因子和活动数据(activity data)所致。最后,我们希望这类比较可对国家碳清单估算和 EDGAR 两者的验证与核实均有所帮助,同时还能改善 CH_4 收支的估算方法。

卫星

欧洲航天局于 2002 年 3 月 1 号发射了 Envisat 卫星。在 Envisat 上搭载的 SCIAMACHY 传感器史上首次显示了对流层中实时 CH_4 浓度场及其剖面分布。这些结果有助于提供一幅更清晰的全球 CH_4 排放量和浓度时空分布图,因此改善了建模者的"先验"估计。地面站点的局部测定值现已可与航天测量进行验证,由此已实现了对数据不确定性的降低。

14.2 甲烷与气候变化的未来

纵观本书,各章节的作者们都尝试提供这样一项认识:同时响应于人类活动和气候变化,未来的 CH_4 释放将如何变化。在对气候变化的响应中,高纬地区的气温上升会导致湿地 CH_4 释放增强,以及存储在可燃冰(甲烷与水的水合物)中的大量 CH_4 可能会变得不稳定,这看来代表着最受关注且不确定性最大的一类气候反馈。

而就人类活动而言,未来数年到数十年间很明显有诸多机会来改进CH_4减排。Van Amstel(2005,2009)在设定CH_4排放不减弱与减弱的情景下,进行了一项21世纪气候变化影响的综合分析。该分析基于整合了IMAGE模块的评价模型来运行。在IMAGE模块中,发展了与IPCC密切合作中的一套情景,用以辅助《京都议定书》中的气候谈判。选用IMAGE模型是由于其包括决定不确定性的主要过程信息,而其他模型没有这个功能。分析显示,未来可在较低成本下来减排CH_4,同时仍在减缓气候变化和阻止海平面上升方面扮演重要角色。到2100年,仅减缓CH_4(即忽略其他温室气体减排)就可使预计的温度升高值比未进行减缓CH_4场景低半度,而海平面上升的高度将减少4 cm。

14.3 结 论

显著降低全球CH_4释放不仅在技术上可行,在许多情况下还是相当经济有效的减缓气候变化策略。未来数年到数十年间,要更广泛地实施这些策略,很大程度上依赖于2010年墨西哥及2011年南非UNFCCC缔约国会议中传递的政策和市场信号。但若没有在全球范围内充分利用CH_4减缓潜力,而只是单独通过CO_2减排,必然会使有效减缓气候变化变得更为困难。科学界可以提供CH_4通量估算的改进版方法,降低不确定性,并加强我们对气候变化核心反馈机制的了解,如来自高纬湿地及存储在甲烷水合物内的CH_4释放。在许多重要领域中,用于深度削减CH_4排放的技术已经存在。为将CH_4减排置于一个强健的、全面整合的处理全球气候变化工作框架的核心,需要对国内国际政策进行完善以促进技术快速传播并提供经济奖励,这将在全球范围内确保能将有效减少CH_4排放的大量潜在机会转变为现实。

参 考 文 献

Amstel, A. R. van (2005) 'Integrated assessment of climate change with reductions of Methane emissions', *Environmental Sciences*, vol 2, pp315-326

Amstel, A. R. van (2009) 'Methane: Its role in climate change and options for control', Masters dissertation, Wageningen University, Wageningen, The Netherlands

IPCC (Intergovernmental Panel on Climate Change) (2006) *2006 IPCC Guidelines for National Greenhouse Gas Inventories*, S. Eggleston, L. Buendia, K. Miwa, T. Ngara and K. Tanabe (eds), Institute for Global Environmental Strategies, Kanagawa, Japan, www.ipcc-nggip.iges.or.jp and www.ipcc.ch

Reilly, J., Prinn, R., Harisch, J., Fitzmaurice, J., Jacoby, H., Kicklighter, D., Melillo, J., Stone, P., Sokolov, A. and Wang, C. (1999) 'Multi-gas assessment of the Kyoto Protocol', *Nature*, vol 401, pp549-555

作者列表

主编

戴夫·雷伊(Dave Reay):英国爱丁堡地球科学学院碳管理高级讲师(David.Reay@ ed.ac.uk)

皮特·史密斯(Pete Smith):英国阿伯丁大学生物科学学院生物与环境科学研究所,英国皇家学会-沃尔夫森土壤与全球变化方面的教授(pete.smith@ abdn.ac.uk)

安德烈·范·阿姆斯特尔(André van Amstel):荷兰瓦赫宁根大学环境环境科学系助理教授(andre.vanamstel@ wur.nl)

章节撰稿人

大卫·比格内尔(David E. Bignell):英国伦敦大学玛丽皇后学院生物和化学科学学院动物学教授(d.bignell@ qmul.ac.uk)

琼·博格纳(Jean E. Bogner):美国伊利诺伊州惠顿垃圾填埋公司总裁(jbogner@ landfillsplus.com)

托本·克里斯坦森(Torben R. Christensen):瑞典隆德大学地球生物圈科学中心教授(torben.christensen@ nateko.lu.se)

哈里·克拉克(Harry Clark):新西兰 AgResearch 研究所气候土地与环境部经理(harry.clark@ agresearch.co.nz)

弗朗茨·科侬(Franz Conen):瑞士巴塞尔大学地球科学系环境地球科学研究所研究人员(franz.conen@ unibas.ch)

亨德里克·简·范·多伦(Hendrik Jan van Dooren):荷兰瓦赫宁根大学与研究中心牲畜研究所(hendrikjan.vandooren@ wur.nl)

米里亚姆·范·艾克特(Miriam H. A. van Eekert):荷兰莱廷格联合基金会(LeAF)高级研究人员(miriam.vaneekert@ wur.nl)

朱塞佩·爱提欧皮(Giuseppe Etiope):意大利国家地理学暨火山学研究所(INVG)高级研究人员(giuseppe.etiope@ ingv.it)

奥克·考斯川德(Åke Källstrand):瑞典 MEGTEC Systems 开发经理

弗朗西斯·凯利赫(Francis M. Kelliher):新西兰林肯大学土壤与物理学系林肯研究中心

AgResearch 研究所专业研究人员（Frank.Kelliher@ agresearch.co.nz）

弗兰克·开普勒（Frank Keppler）：德国马克斯·普朗克研究所大气化学部研究助理（frank.keppler@ mpic.de）

乔尔·莱文（Joel S. Levine）：美国国家航空航天局（NASA）兰利研究中心科学理事会高级研究人员（joel.s.levine@ nasa.gov）

马里奥·莱科斯蒙德（Marjo Lexmond）：荷兰瓦赫宁根大学环境技术分部莱廷格联合基金会（LeAF）主任（marjo.lexmond@ wur.nl）

理查德·马图斯（Richard Mattus）：瑞典 MEGTEC Systems AB 管理主任（RMattus@ megtec.se）

安迪·麦克劳德（Andy McLeod）：英国地球科学学院高级讲师（Andy.McLeod@ ed.ac.uk）

卡罗琳·普拉奇（Caroline M. Plugge）：荷兰瓦赫宁根大学微生物实验室助理教授（Caroline.Plugge@ wur.nl）

基思·史密斯（Keith A. Smith）：英国地球科学学院高级荣誉教授（Keith.Smith@ ed.ac.uk）

库尔特·斯波卡斯（Kurt Spokas）：美国明尼苏达大学土壤与水资源管理研究所土壤学家（Kurt.Spokas@ ars.usda.gov）

阿尔方斯·斯塔姆（Alfons J. M. Stams）：荷兰瓦赫宁根大学微生物实验室微生物学教授（fons.stams@ wur.nl）

八木一行（Kazuyuki Yagi）：日本农业环境技术研究所（kyagi@ affrc.go.jp）

格瑞艾特·塞曼（Grietje Zeeman）：荷兰莱廷格联合基金会（LeAF）高级研究人员、瓦赫宁根大学环境技术分部副教授（Grietje.Zeeman@ wur.nl）

缩略语对照表

AD（anaerobic digestion，厌氧消化）

AEEI（autonomous energy efficiency improvement，自主能效提高）

ALGAS（Asia Least Cost Greenhouse Gas Abatement Strategy，亚洲温室气体减排成本最小战略）

ALMA（airborne laser methane assessment，机载激光甲烷评估）

AR4（Fourth Assessment Report，第四次评估报告）

BAU（business as usual，一如既往）

BIG/ISTIG（biomass integrated gasifier/intercooled steam-injected gas turbine，生物质集中气化炉/中冷注蒸汽燃气涡轮机）

BMP（biochemical methane potential，生化产甲烷潜能）

BOD（biological oxygen demand，生物需氧量）

C（carbon，碳）

CBM（coal bed methane，煤层甲烷）

CCN（cloud condensation nuclei，云凝结核）

CDM（Clean Development Mechanism，清洁发展机制）

CER（certified emission reduction 核证减排量）

CH_4（methane，甲烷）

$CHCl_3$（chloroform，氯仿）

CHP（combined heat and power，热电联供）

CO（carbon monoxide，一氧化碳）

CO_2（carbon dioxide，二氧化碳）

CO_2-eq（carbon dioxide equivalents，二氧化碳当量）

COD（chemical oxygen demand，化学需氧量）

COS（carbonyl sulphide，硫化羰基）

CSTR（continuously stirred tank reactor，连续搅拌槽反应器）

CV（coefficient of variation，变异系数）

DIAL（differential absorption lidar，差分吸收激光雷达）

DM（dry matter，干物质）

DMI（dry matter intake，干物质摄入量）

DS（dry solids，干燥固态物）

EF（emission factor，排放因子）

EGSB（expanded granular sludge bed，膨胀颗粒污泥床）

EMF21(Energy Modelling Forum 21,21世纪能源建模论坛)
EPS(extra-polymeric substance,污泥胞外多聚物)
FAO(United Nations Food and Agriculture Organization,联合国粮食及农业组织)
Fd(ferredoxin,铁氧化还原蛋白)
FOD(first-order decay,一级腐败法)
FTIR(Fourier transform infrared,傅里叶变换红外)
GCM(Global Circulation Model,大气环流模型)
GDP(gross domestic product,国民生产总值)
GE(gross energy,总能量)
GWP(global warming potential,全球增温势)
H_2(hydrogen,氢气)
H_2S(hydrogen sulphide,硫化氢)
H_4MPT(tetrahydromethanopterin,四氢甲烷蝶呤)
HRPM(horizontal radial plume mapping,水平径向烟流映射)
HRT(high-rate tank,高效池)
HS-CoM(coenzyme M,辅酶 M)
HS-CoB(coenzyme B,辅酶 B)
IBP(International Biological Program,国际生物计划)
IDW(inverse distance weighting,反距离加权)
IEA(International Energy Agency,国际能源署)
IPCC(Intergovernmental Panel on Climate Change,政府间气候变化专门委员会)
kJ(kilojoule,千焦耳)
LEL(lower explosion limit,爆炸下限)
LPG(liquefied petroleum gas,液化石油气)
LW(live weight,活重)
MCF(methane correction factor,甲烷修正系数)
ME(metabolizable energy,可代谢能)
MEGAN(Model of Emissions of Gases and Aerosols from Nature,气体与气溶胶自然释放模型)
MFR(methanofuran,甲烷呋喃)
Mha(million hectare,百万公顷)
N(nitrogen,氮)
N_2O(nitrous oxide,氧化亚氮)
ng(nanogram,纳克)
NGGIP(National Greenhouse Gas Inventories Programme,国家温室气体排放清单方案)
NH_3(ammonia,氨)
nm(nanometre,纳米)
NMHC(non-methane hydrocarbon,非甲烷碳氢化合物)
NPP(net primary productivity,净初级生产力)

OECD(Organisation for Economic Co-operation and Development,经济合作与发展组织)
OH(hydroxyl,羟基)
P(phosphorus,磷)
Pa(pascal,帕斯卡)
ppb(parts per billion,十亿分之几)
ppm(parts per million,百万分之几)
ROS(reactive oxygen species,活性氧)
SBSTA(Subsidiary Body for Scientific and Technical Advice,附属科学与技术咨询机构)
SCIAMACHY(scanning imaging absorption spectrometer for atmospheric chartography,扫描成像大气吸收光谱仪)
SO_2(sulphur dioxide,二氧化硫)
SO_4^{2-}(non-volatile sulphate,非挥发性硫酸)①
SRT(slow-rate tank,低效池)
T(temperature,温度)
TFI(Task Force on National Greenhouse Gas Inventories,国家温室气体清单特别工作组)
Tg(teragram,太克,1 Tg=100万t)
TPM(total particulate matter,总颗粒物)
TPS(total petroleum system,总油气系统)
UASB(upflow anaerobic sludge blanket,上流式厌氧污泥床)
UNEP(United Nations Environment Programme,联合国环境规划署)
UNFCCC(United Nations Framework Convention on Climate Change,《联合国气候变化框架公约》)
US EPA(United States Environmental Protection Agency,美国环境保护局)
UV(ultraviolet,紫外线)
V(volume,体积)
VAM(ventilation air methane,乏风瓦斯)
VES(Veolia Environmental Services,威立雅环境服务公司)
VOC(volatile organic compound,挥发性有机化合物)
VRPM(vertical radial plume mapping,垂直径向烟流映射)
VS(volatile solids,挥发性固体)
WestVAMP(West Cliff Colliery Ventilation Air Methane Plant,西崖煤矿乏风瓦斯装置)
WHO(World Health Organization,世界卫生组织)
WMO(World Meteorological Organization,世界气象组织)
WMX(Waste Management, Inc.,废物管理公司)

---

① 原著中为 SO_4^-,有误,特此更正。——译者注

索 引

B

靶标式操控　123
半导体组件　43
边际减排成本曲线　177
冰芯　1,69,70,96
不确定性　5,25,46,53,88,135,153,185

C

采空区钻井　181
采食量　118-121,123
草型群落　72
差分吸收激光雷达　151
产烷古生菌　11,18
产烷菌　11-13,17
产烷生物　11,12,14-16,18,19
产烷微生物　4,13,15,23,75,130
长壁开采　181
尺度上推　6,44,46,53-56,68,71,96
垂直径向烟流映射　151

D

大气传输模型　69
大气环流模型　28
氮氧化物　83,86,91,121,172,187,190
倒转漏斗系统　42
地表分析技术　148
地幔排气　41
地面微气象学技术　148
地球排气　35,36
地热释放　36,40
地下剖面技术　148
地质甲烷　5,35,36,41,43-45
地质甲烷源强度　46

地质渗漏　35,36
点源　44
电子供体　12,13,98
电子受体汇　14
凋落物　24,56,63,72
动态和静态烟流法　151
动态箱法　148
堆肥　102,133,138,152,186,193
对流层　2-4,83,86,200,202

E

二氧化碳当量　3,179,180

F

乏风瓦斯　167
反刍动物　4,63,96,115-119,121-123,146,182,192
反刍食物　115
反刍现象　115
反距离加权　149
反硝化处理　140
反演模型　26,96
房柱式开采　181
非烃类气体　35
分馏系数　100,153
焚烧秸秆　102
封闭箱法系统　42
辐射强迫　52,175
"负"通量　154

G

干渗漏　37,42
干物质摄入量　116
高地稻田　101,107
高斯扩散法　151

灌溉稻田　101,103,106,107
"灌木型"群落　72
国际生物计划　22
国民经济成本　178
国民生产总值　178
果胶　63,65-68,74,75
过程模型　156

H

海岸泥火山　36
海岸渗漏　36
海岸微渗漏　36
海底麻坑　40
寒带森林　71,82,84-87
好氧处理　128
核证减排量　156
红外激光传感器　43
宏渗漏　36,42,44-46
宏渗漏群体　45
互养合作　11,16
互养联合体　19
互养群落　18
"化石"甲烷　41
化学清除剂　86
化学需氧量　128
环境胁迫　76
挥发性有机化合物　64
活土层　24,27
活性氧化作用　25
活重　118,120
火山喷发　36
火山群　40
火山释放　40,45
火烧生态学　82

I

IPCC 第四次评估报告　4,25,36,108

J

机理模型　24,28
机载激光甲烷评估　151
基准情景　177,188,194,196

激光雷达　148
吉布斯自由能　12,17
集群　52-54,58
季节性洪水　26
甲烷的有氧形成　76
甲烷分析仪　72
甲烷汇　54
甲烷生成　74
甲烷释放因子　55,106,107,138
甲烷水合物　5,35,179,203
甲烷氧化菌　46,75,76,100,138,153,154,158
甲烷营养　23,74
间歇性　86
减排成本　101,175,180-184,187,191,196
减排方案　178
秸秆堆肥　107
秸秆还田　104,105
解冻湖泊　27
近海(海底)宏渗漏　36
《京都议定书》　1,156,176,200,201,203
经验模型　156
精处理塘　136
景观水平　56
净初级生产力　63,68,69
竞争抑制剂　24
静态箱法　56,148,149,151-154

K

可代谢能　116
可调谐二极管激光　148
可燃冰　202

L

垃圾填埋　4,146-158,167,186,190
冷泉　40
《联合国气候变化框架公约》　106,116,176,200
流量计　42
瘤胃　7,74,115-117,183,192-194
瘤胃改良　122
六氟化硫　117,201

M

冒泡池塘　37

冒泡泉水　　37, 43
冒泡作用　　26
煤层甲烷　　168, 181
煤化作用　　168
面源　　44

N

泥火山　　5, 36-38, 40, 42, 44-46, 63
年际变异　　25, 27

P

排放清单　　116-118, 120, 176, 202
排放情景特别报告　　188, 189
排水晒田　　96, 101, 103-108
碰撞模型　　156
平季　　28
平流层　　2-4, 76, 84, 86

Q

气候强迫　　6, 175, 180, 200
气泡迸发　　26
气体交换箱　　72
起泡　　146
氢能经济　　176
氢自养产烷生物　　12
清洁发展机制　　156
情节　　188
情景　　28, 35, 46, 53, 176, 188-191, 194, 203
全球甲烷收支　　3, 25, 54
全球增温势　　2, 103, 146

R

燃排　　132, 141, 148, 168, 178-180, 186, 191
热成像　　149
热带森林　　56, 68, 71, 82, 88-90, 190
热带稀树草原　　71, 82, 84-86, 191, 193
热点　　149
热电联供　　139, 186
热泉　　37
热生甲烷　　36, 37

S

三氚标记　　74

上行方法　　96
蛇纹岩化　　41
社会性昆虫　　52
深水稻田　　101, 107
生长季长度　　63, 68
生化产甲烷潜能　　133
生态系统响应　　76
生物滴滤池　　136
生物覆盖　　154
生物需氧量　　135
生物质燃料　　176
生物质燃烧　　4, 45, 70, 82-88, 127, 187
湿渗漏　　37
食木白蚁　　58
食土白蚁　　56, 58
史蒂克兰德氏反应　　15
释放因子　　42
水稻田　　7, 98-101, 103, 108, 187
水力停留时间　　140
水平对流　　146
水平径向烟流映射　　151
饲养水平　　119

T

碳捕获与储存　　176
碳封存　　76
碳信用额　　171, 172
碳循环模型　　28
碳周转　　97
烃类气体　　35
停留时间　　129, 130, 135, 139
通气组织　　25, 73, 99
同位素比率　　69
同位素标记　　64, 74
脱瓦斯作用　　169

V

VAM 立方体　　172

W

微气象学方法　　117, 151
微渗漏　　36, 38-40, 42, 44-46

温带森林　84
稳定同位素比率　70
稳定同位素比值法　56
稳定同位素分析　74
稳定楔子　176
涡度协方差技术　72,151
涡流相关　148
污泥胞外多聚物　156
物质平衡　69

X

下行方法　70,96
先进超高分辨率辐射计　85
现存生物量　69
协同克立格法　149
新构造运动　46
薪材燃烧　84

Y

盐构造　47
厌氧氨氧化　140
厌氧处理　128
厌氧反应器　131,135
厌氧过程　23

厌氧食物链　14,18
厌氧细菌　11
厌氧消化　8,11,127,132,135,147,192
氧化还原电位　98,99
氧化基线　152
遥感技术　148
叶片生物量　63,68,69
一级腐败法　137,155
永冻层　26
油脂相　73
有氧甲烷释放　71,75
雨养稻田　7,101,103,107
源强度　8,24,76,116
云凝结核　84

Z

沼气　1,22,127-130,132,138-140,193
蒸腾流　73,74,76
正反馈机制　7
质量平衡　148
自然源　5,41,53,54
总颗粒物　88
总油气系统　38
最大甲烷生产能力　134

郑重声明

高等教育出版社依法对本书享有专有出版权。任何未经许可的复制、销售行为均违反《中华人民共和国著作权法》，其行为人将承担相应的民事责任和行政责任；构成犯罪的，将被依法追究刑事责任。为了维护市场秩序，保护读者的合法权益，避免读者误用盗版书造成不良后果，我社将配合行政执法部门和司法机关对违法犯罪的单位和个人进行严厉打击。社会各界人士如发现上述侵权行为，希望及时举报，本社将奖励举报有功人员。

反盗版举报电话　（010）58581999　58582371　58582488
反盗版举报传真　（010）82086060
反盗版举报邮箱　dd@hep.com.cn
通信地址　北京市西城区德外大街4号　高等教育出版社法律事务与版权管理部
邮政编码　100120

图字：01-2011-7000 号

Methane and Climate Change/edited by Dave Reay, Pete Smith and André van Amstel

© Dr David R. Reay, Professor Pete Smith and Dr André van Amstel, 2010
All Rights Reserved.Authorized translation from the English language edition published as an Earthscan title by Routledge, a member of the Taylor & Francis Group.

Higher Education Press Limited Company is authorized to publish and distribute exclusively the **Chinese (simplified characters)** language edition. This edition is authorized for sale throughout **Mainland China**. No part of the publication may be reproduced or distributed by any means, or stored in a database or retrieval system, without the prior written permission of the publisher. 本书中文简体翻译版授权由高等教育出版社有限公司独家出版并仅限在中国大陆地区销售。未经出版者书面许可，不得以任何方式复制或发行本书的任何部分。

Copies of this book sold without a Taylor & Francis sticker on the cover are unauthorized and illegal. 本书封面贴有 Taylor & Francis 公司防伪标签，无标签者不得销售。

图书在版编目（CIP）数据

甲烷与气候变化／（英）雷伊（Reay, D.），（英）史密斯（Smith, P.），（荷）阿姆斯特尔（Amstel, A.）主编；赵斌等译．--北京：高等教育出版社，2016.4
书名原文：Methane and Climate Change
ISBN 978-7-04-045002-6

Ⅰ．①甲… Ⅱ．①雷… ②史… ③阿… ④赵… Ⅲ．①甲烷－关系－气候变化－研究 Ⅳ．①S216.4②P467

中国版本图书馆CIP数据核字(2016)第042343号

| 策划编辑 | 柳丽丽 | 责任编辑 | 柳丽丽 | 封面设计 | 张 楠 | 版式设计 | 马敬茹 |
| 插图绘制 | 杜晓丹 | 责任校对 | 胡美萍 | 责任印制 | 朱学忠 | | |

出版发行	高等教育出版社	咨询电话	400-810-0598
社　　址	北京市西城区德外大街4号	网　　址	http://www.hep.edu.cn
邮政编码	100120		http://www.hep.com.cn
印　　刷	高教社（天津）印务有限公司	网上订购	http://www.hepmall.com.cn
			http://www.hepmall.com
			http://www.hepmall.cn
开　　本	787mm×1092mm　1/16		
印　　张	14.25	版　　次	2016年4月第1版
字　　数	340千字	印　　次	2016年4月第1次印刷
购书热线	010-58581118	定　　价	48.00元

本书如有缺页、倒页、脱页等质量问题，请到所购图书销售部门联系调换
版权所有　侵权必究
物　料　号　45002-00